spot

context is all

SPOT 38

一九一一，台北全滅：
台灣百年治水事業的起點及你不可不知的重大水利故事

作　　者：林煒舒
責任編輯：李清瑞
美術設計：簡廷昇
內頁排版：宸遠彩藝
印務統籌：大製造股份有限公司
出　　版：英屬蓋曼群島商網路與書股份有限公司臺灣分公司
發　　行：大塊文化出版股份有限公司
105022 台北市松山區南京東路四段 25 號 11 樓
www.locuspublishing.com
locus@locuspublishing.com
讀者服務專線：0800-006-689
電話：02-87123898
傳真：02-87123897
郵政劃撥帳號：18955675
戶名：大塊文化出版股份有限公司
法律顧問：董安丹律師、顧慕堯律師

總 經 銷：大和書報圖書股份有限公司
新北市新莊區五工五路 2 號
電話：02-89902588
傳真：02-22901658

初版一刷：2024 年 6 月
定　　價：450 元
ISBN：978-626-7063-70-5

國家圖書館出版品預行編目 (CIP) 資料

一九一一，台北全滅：台灣百年治水事業的起點及你不可不知的重大水利故事 / 林煒舒著 . -- 初版 . -- 臺北市 : 英屬蓋曼群島商網路與書股份有限公司臺灣分公司出版 : 大塊文化出版股份有限公司發行 , 2024.06
360 面 ; 14.8×21 公分 . -- (Spot ; 38)
ISBN 978-626-7063-70-5(平裝)

1.CST: 水利工程 2.CST: 農業水利 3.CST: 歷史 4.CST: 臺灣

443.6933　　113004947

一九一一，台北全滅

台灣百年治水事業的起點
及
你不可不知的重大水利故事

林煒舒　著

目錄

推薦序

打開「日治台灣史」的另一扇窗

陳耀昌／台大醫師、台灣史作家

知道「林煒舒」，是大約在一年前看到了他臉書上的貼文。他討論「陂」、「埤」的漢字字義，表示都是「水潭」之意。

對這兩個字，我也很有感覺。台北板南線有個「後山埤」站，我知道以前叫「後山陂」。這裡後山山麓過去有不少大、小水潭或水塘，因此「陂」就是水潭之意。但是鄰近的路卻稱為「中坡北路」與「中坡南路」，顯然這個「坡」是由「陂」而來。因此應該是「中陂南路」或「中陂北路」。稱為「坡」，會誤以為是山坡，其實錯了，不是山，是水。

至於「埤」，則與我更早寫《獅頭花》有關。鳳山古稱「埤頭」，後來看了鳳山古地圖，我才知道鳳山城面對一個大湖泊「武洛塘埤」，旁邊的山就稱「武洛塘山」。武洛塘山上有光緒二年蓋的「淮軍昭忠祠」。但現在山不見了（因為一九一八年築鐵路剷平了），水也不見了

（現在的大東文化園區）。我也才知道，鳳山、鳥松一帶，本來還有許多「埤」，例如「大貝湖」（台語）本是「大埤」，而「小埤」則現在已不見。

我一直奇怪，「埤」既然是水塘，為什麼從「土」部（然後「塘」也是土部），但「陂」如果從土部就成了山坡了，於是乎……

我看煒舒的文章談桃園的溪、埤、陂、潭，愈看愈有趣。我想，怎麼會有一個人對桃園的地理那麼有興趣，那麼有研究。我以前只知有對日本時代台灣地名的研究，不知有對日本時代台灣地理的研究。

煒舒又繼而由水流談到水災，又由水災談到治水，再談到日本時代的水利技師對台灣的貢獻。我竟然不知道台北在二十世紀初有這麼大的水災，那時是佐久間左馬太擔任台灣總督。煒舒展出佐久間及僚屬的救災照片、救災公文、救災文獻，精彩極了。足見他用功之勤，鉅細靡遺。我過去只知道日本時代台灣政治史，對社會經濟史的了解相當淺薄。這又讓我聯想到我參觀過的台南水道博物館，日本技師「濱野彌四郎」對台灣「水道水」（「自來水」的台語）的貢獻，也是在一九一〇年代。

日本工程技師對台灣各方面的貢獻，一直被戰後的台灣人忽視。水利方面，我們大概只知道「八田與一」；農業方面，我們知道蓬萊米之父「磯永吉」；建築方面，我們知道「森山松之助」。除了這些代表性人物的人名，我們對他們的生平及歷史細節很缺乏全盤了解。又如交通方面，日本在來台二十五年的一九二〇年左右，就完成了縱貫鐵路，效率驚人，我必須查網路才知道係由「長谷川謹介」所建。築鐵道是大工程，必須逢山開隧道，遇水搭鐵橋，非常艱辛複雜，因此，尚需要各行專業技師。台灣能現代化，這些日本技師厥功甚偉，而台灣人大都吃了果子，卻忘了拜樹頭。

日本技師來到台灣，為了建造這些台灣的基礎建設，他們不辭勞苦，跋山涉水。而二十世紀初的台灣，衛生環境欠佳，工難頻頻，這些日本技師在台病死或傷死者甚眾。

我知道有多位日本人，因為他們的祖父或曾祖父那一代，曾經來台參與建設台灣。這些日本技師的後代子孫，也常常對台灣充滿了感情。他們大都身在壯年，事業有成，於是來台灣尋找他們祖上在台灣的遺跡。

這與一、二十年前我們所說的「灣生」不同。「灣生」大多已垂垂老矣。這些在台灣貢獻過的日本技師的後代，則以青壯之身，承續上一代的台日之情，銜接前代，與台灣建立合作關係。

我自小就驚訝高屏溪（下淡水溪）的寬闊及橫跨溪流鐵橋的宏偉。這個鐵路／鐵橋都是一九二〇年代初就完工的，比橫跨濁水溪的西螺大橋早了三十年。遙想家母自昭和十年至十四年（一九三五－一九三九），每天自鳳山火車站搭火車，先經被削平的武洛塘山，再經高屏溪鐵橋到屏東女中上課。這是她的日常，但對建造鐵橋的日本技師而言，在當年，其難度大概在日本本土所未見吧。

一直要到最近，我才知道，建設這個鐵橋的日本技師，服務台灣十多年，卻在鐵橋完成之前，一九一三年，因瘧疾病逝台灣。在鳳山九曲橋車站（鐵橋的起點），有一個石碑紀念這位飯田豐二先生。石碑依舊在，可是台灣人知道這個石碑的可能很少，會去向石碑致敬的，想必更少。飯田豐二的曾孫，現在就職於日本大商社，也擁有先進技術，也正在和台灣合作中。

日治時期日本技師的故事，綜合起來就是台灣現代化的故事。這些日本技師，來自許多不同領域。煒舒這本北台灣水利史，寫得生動活潑，讓我們得以了解台灣地理、歷史、工程，而且處處讓讀者有領悟，有反思。煒舒為「日治台灣史」打開一扇不一樣的門窗。一百年後，日本技師貢獻台灣的詳細歷史，終於重新為台灣人所重視及懷念。

序

書寫我們台灣人自己的歷史

台北市，曾經是一座苦於「青暝蛇」肆虐的城市，幾乎年年颱風季節來臨，洪流四溢的景觀都會一再地上演。台北史上最悲慘的災難出現在一九一一年八月二十七日至九月一日間，六天內兩個強烈颱風分從南北夾擊，帶來災難級的洪水，猛然灌爆台北盆地，當時台灣總督府的報告資料使用了「台北全滅」，看似驚悚至極、令人震撼不已的用語！

弔詭的是，這場堪稱台灣史上最嚴重的天然災害，理應是台灣人、台北人熟悉的歷史，卻幾乎沒有什麼台灣人知道！在政府資料、學術論文、報章媒體和網路的討論之中，往往千篇一律地談及關刀山、九二一、梅山的大地震，或者是八七水災、八八風災，卻幾乎見不到一九一一辛亥大洪災的討論，彷彿這是一場不曾存在於台灣人記憶裡的事件！從現存檔案和文獻的記載，以及當時留下的影像資料，可以得知，「台北全滅」這個用語，其實是總督府官吏在災難現場觀察的結論，相當貼近真實的情況。

台北盆地內，現在設置了台北市和新北市，兩個直轄市級的地方行政單位，人口總數多達六百六十八萬，形成了台灣本土人口最稠密的大都會區。令人難以置信的，六百多萬人口安身立命的地方，理應是首善之區的兩京要地，百年前卻是幾乎年年上演淹水慘劇的淡水河洪泛區！

相信瞭解日治中期直至今日，如此華美繁榮城市景觀的原由，對於台北人、台灣人而言，理應是重要的課題。如此慘重的災難，台北盆地成為兩個現代化新興大都會區的由來，不應該是台北人、台灣人的基礎知識嗎？

在筆者生長的世代裡，熟背中國的歷史與地理，是高中、大學、高普特考必備的考試技能；在當時的學子們，可以把中國所有的史地知識，默背得滾瓜爛熟。但是，筆者在考上研究所時，對於台灣的歷史和地理，還處在幾乎一無所知的狀態。

考入碩士班時，原本想做的是對我來說比較容易上手的中國古代史研究，但由於會計系的背景，以及指導教授李力庸老師的啟發與指引，於是決定耗費比其他同學更長的時間與精力，到劉元孝老師的忠孝日語補習日文，來完成台灣歲計制度起源的研究；從而確定了源起於日本帝國主義統治時期的國家總預算、總決算制度的成立，是台灣邁向文明國家重要的一步。

考入博士班時，原本想要偷懶延續碩士論文的題目，完成台灣總督府的財政、稅政、計政等項目的研究計畫。由於我曾經參與李力庸老師的「桃園農田水利會九十年誌計畫」，指導教授張素玢老師認為應該做能更接地氣的研究會比較好，於是決定以桃園大圳作為寫作的題材，卻在廣泛搜羅之後，進而發現了困擾台灣史學研究長達半世紀以上的「昭和水利事業計畫」，其實是不存在的。推動台灣長期經濟成長的「台灣水利事業計畫」，反而不為人們所知。八田與一曾經完成「世界第二高壩」的計畫，也在一九四三年動工……。

為什麼我能找到這些關鍵的史料？我在看為數數百萬頁的《台灣總督府公文類纂》，是一頁一頁地看，一頁一頁地確認再確認，如此讀了難以計數的史料，才發現了「台灣水利事業計畫」存在的最原始證據，也發現了張令紀才是桃園大圳真正的設計師。

這就是我做學問的態度。因此，我的碩士論文和博士論文都寫得異常辛苦。在史料難尋的狀況下，只能日日夜夜，月月年年難以成眠，不斷地搜尋。曾經，幾度想要放棄，卻又極其不甘；健康雖然也出現了難以逆轉的狀況，不斷生病變成常態。終於咬緊牙根，耗盡心血，完成兩本還算看得過去的台灣史論文，也無愧於「母親台灣」。

在寫完博士論文之後，不禁深深感歎，台灣的歷史學研究，至今為止在學院內的主力都是「中國史」。在自己的土地上，學院內的「台灣史」研究恐怕連十分之一都不到，這點只要看一級期刊的數量，和書肆上滿櫃的中國史書籍，以及一小格的台灣史書籍，就可以清楚明瞭，為什麼對我們自己的認識會如此薄弱的原由了！

曾經，在一次的演講場合裡，以武俠小說為題，談論了眾多詩詞、歷史等內容，也獲得滿場聽眾的掌聲。散場時，一位壯世代級的婦女直接來找我，她很好奇為何我對金學小說的研究會如此深入？下意識裡或許直接認定我應該是研究中國文學或歷史的。

我永遠都記得那一幕場景，當我說出：「我是做台灣史研究的。」當下她幾乎不假思索，脫口而出：「台灣的歷史只有四百年，有什麼好研究的？」

這句話，這一幕場景，深深刻在我的腦海裡，永遠忘不了！

這大概就是經歷過戒嚴時期教育體制的世代，曾經接收過的共同觀念吧！

台灣水利的現代化源起於一九〇八年三月三日，立法通過的「台灣水利事業計畫」。八田與一曾說：「『水利』與『交通』是台灣經濟發展的兩大事業。」其中引人矚目的是：藉由水利事業的施行，在台北盆地打造了「台北大都會」，在桃園臺地形成了「北台糧倉」，兩個發展方向差異極大的區域。因而，與主題連結的台北盆地和桃園臺地，是本書關心和聚焦的核心。

在本書內文所討論的內容，相當大篇幅是大部分台灣人都不知道的故事，尤其全台最大都會區台北市的現代化與台灣百年治水事業的起點，其實是源自於一九一一年「台北全滅」的慘劇；之後，這個重新擘畫台北市的經歷，在一九二三年「東京大地震」被後藤新平*作為參考案例，深刻地影響著世界級都會區東京都的出現。另外，桃園大圳灌溉區是一個令人驚奇的，值得深入認識的地理區域；在台灣全島，擁有著數百口水域面積達十公頃以上的埤塘，只存在於桃園臺地；為了灌溉缺水的高地，而在水利上形成如此獨特的地理景觀，更因此產生豐富的水利信仰與值得深入認識的文化。

戰後早期由於對曹謹等清朝治下台灣官員的神化過程，深刻地影響著現在我們對台灣水利史的認識。對於清代的志書，筆者頗為熟悉，尤其《淡水廳志》幾乎是每天都會翻閱。每當讀清領時期修撰的各種官方志書時，總是會產生一些很奇怪的感覺：在這些志書上所寫的每一個派到台灣任職的官吏，都是大清國盛世之下，不可多得的、剛正廉明的大好官，或者是操守堅貞的大清官。像韋小寶那種到台灣搜括的大貪官，在清領台灣的志書上，是絕對不可能出現的。這就是最令人好奇的地方了，也是最不合理的地方了。如果當時從中國派到台灣治理的官員，都是大好官、大清官，為何會出現「三年一小反，五年一大亂」？為何不斷出現「窮刁小民，鋌而走險」的民不聊生景象？顯然清領台灣的地方志書，在地方治理上的參考價值，必須重新檢視。本書因而收錄一篇學術體例的論文，探討曹謹計畫開大圳的種種不合情理的問題。

為了深入聚焦在「台北全滅」的主題，本書大部分的內容都以台北盆地和桃園臺地，這兩個緊密相連、卻又完全不同的地理區為主。未來如果能再寫下一部與水利相關的作品，我想選擇的主題可能會是蘭陽、花東與嘉南，還有八田與一留給台灣的全面現代化計畫。另外，因研究桃園大圳而了解到的「女坑工」故事，也是我想深入的課題。

今天，日本人和台灣人，連篇累牘談論「台積電」熊本廠完工生產，是「黑船來襲」的再現；百年前，在廢墟中重建台北市的經驗，對東京都的影響，卻幾無人知！對中國的史事如數家珍，對自己的歷史卻知之甚少，如此要如何凝聚台灣意識？不禁令人好奇！

本書有著相當部分內容，脫胎自筆者的博士論文；由於論文的篇幅頗長，也受限於嚴格的學術格式和遣詞，比較難以親近，因此將故事性比較強的挑出，重新整理撰成文稿。在徵引書目的參考與引用，由於全書的徵引出處如果盡數列入，將會增加兩萬字以上，因而不得不將部分史料文獻精簡。

同時也在此深深感謝郝明義董事長的青睞，《上下游副刊》古碧玲總編輯的協助，李清瑞總編輯和大塊團隊的辛苦編校，以及我個人佩服至極的陳耀昌老師的推薦序，還有推薦這本書的學者專家們。當然，還有不斷推著我前進的家人。

＊　後藤新平是台灣總督府首任民政長官，一九二三年九月東京大地震之時，時任東京市長，震災發生後日本政府隨即創設「帝都復興院」，由後藤新平擔任全權負責東京市重建任務的總裁，他在任內主要的任務是災後復原的規劃任務。

第一篇
馴服「青瞑蛇」的起點

原始型態的河川，河道飄忽不定，往往隨水流而變動，因此被稱為「無定河」。台灣最有名的無定河就是「濁水溪」，河道的南北飄移幅度，超過五十公里；濁水溪被稱為「溪王」，是有其道理存在的。

治水工程的意義，就是要把飄移的河道，建造堤防，將河水收束在一定範圍的流路之中，此種經過人工改造的溪河，可稱為「永定河」。清朝統治台灣時期，不管灌溉用的水圳、埤塘，或者是治水的堤防，都是由民間自行出資、出力，官方只是出個名，掛個官員頭銜而已。對台灣的河川工程，清朝官方幾乎沒有任何作為；在清代，台灣的河川都是「無定河」，台灣話會稱此種河道朝夕飄移不定的河川為「青瞑蛇」，意思是「無定河」就像條瞎眼的大蟒蛇一樣地狂暴肆虐，被掃到的無不柔腸寸斷。

一九〇一年，台灣總督府聘請河川調查專家今野軍治領導的一支五人團隊，進入淡水河流域的大嵙崁溪（今大漢溪）、新店溪等幹支流進行調查。但是，全台灣的河川調查，一直遲到一九一一年八月末的辛亥大洪災之後，才正式開始。自此之後所進行的大規模河川調查，在一九一四年至一九二〇年間，陸續繪製了九大河川的「河性圖」，從瞭解各大河川的「河川屬性」開始，規劃各大河川的治水策略，因此在一九一七年、一九二〇年完成兩個版本的《台灣治水計畫說明書》。九大河川「河性圖」的繪製完成，堪稱台灣河川水利史上的頭等大事。

「青暝蛇」是如何被馴化的？這裡擬出了五個值得探討的方向：百年治水事業的起點始於台灣與台北史上最慘烈的天然災害；台北容易淹水的原因；台灣河川現代化的起點；第一大河的源頭調查；如何定義現代化的「水利」。

從上列的五個方向，讓讀者能深入「馴服『青暝蛇』的起點」。我們不能、也不應該忘記，就在距今僅僅百年之前，台灣的河川還是原始型態的「無定河」。究竟是如何從狂暴、凶猛的、會噬人的「青暝蛇」，馴化成為「寵物蛇」？馴服「青暝蛇」的過程，是台灣歷史上最精彩的篇幅之一。這個馴化的過程，就是從淡水河的主幹流「大嵙崁溪」開始的，且讓我們揭開這一頁精彩的篇章……

百年治水事業的起點

辛亥大洪災，台灣與台北史上最慘烈的天然災害

嗚呼我台灣全島。罹暴風雨水之慘害。豈尠鮮哉。壞人家屋。流人田園不可以數計也。或市街村落全滅。或闔家男女老幼。皆為壓死溺死。死者長已矣。生者何以圖存。富者自若也貧者直顛連於道路。委頓於溝壑矣。

——〈水害告我全島〉，一九一一年九月十六日

日治時期唯一一篇，因水害而發出的「告我全島」同胞書

今天如果要提到台灣歷史上最慘重的洪水災害，究竟是那一場的問題，大概沒有什麼人能夠回答得出來，或者是回答出比較正確的答案。過往，對於日治時期發生的洪災水患，大家比較熟悉、還能回答出來的是「戊戌年大水災」，在相關的學術論文和書籍，大概也都會認定一八九八年「戊戌年大水災」是日本統治五十年台灣最嚴重的洪災。

這種認知，和真實的歷史差距極大。在台灣，鮮少人知道的是在一九一一年八、九月之交發生一場堪稱巨大浩劫的大洪災，由於時值辛亥年，而且這場大洪災和武昌起義、中華民國的建立，只差了四十天。現在的台灣人年年辦理盛大隆重的典禮，紀念「雙十國慶」、辛亥革命之際，卻幾乎沒有什麼人知道，一九一一年九月至十月之間的台灣人、台北人，正遭逢史無前例的滅頂之災。

為什麼是「前代未聞」的災難呢？想想看，在一九一一年九月一日量到的淡水河濁浪，比平常的水位高了「三丈」，這是什麼意思呢？日制的三丈，等於九．〇九公尺，也就是九百零九公分。以當代人們相當熟悉的二〇一一年三月十一日「三一一東日本大地震」為例，當時日本的東北地方、關東地方和北海道地方，都受到了海嘯巨浪的衝擊，三個地方大部分地區都出現了超過三公尺的巨浪，但是受到衝擊最嚴重的東北三縣：岩手縣、宮城縣和福島縣的海嘯，高度在十至十五公尺之間。也就是說，辛亥大洪災的淡水河水位高度，是和「三一一東日本大地震」的海嘯同等級別的！在淡水河上游的大嵙崁溪和新店溪、基隆河匯流後，非但排不出去，而且和倒灌入台北盆地的大潮水合流，再灌入台北盆地，因此才出現了九百零九公分，如同「三一一大地震」海嘯等級的「河嘯」！

由於災情的悲慘令人觸目驚心，到了九月十六日，距離辛亥革命爆發僅剩二十五天，《台灣日日新報》刊出了在日本統治五十年間，唯一一篇〈水害告我全島〉同胞書，呼籲島內外的台灣同胞和日本本土的日本人，能以民胞物與的同情心，發起大規模的救災行動。除了挽救眾多瀕於餓死邊緣的災民，也試圖復甦已近於崩潰的農業生產體系，始之早日恢復生產。

在台灣的河川治水歷史上，最重要的文獻是一九一七年、一九二〇年兩本《台灣治水計畫說明書》；尤其一九二〇年版的《台灣治水計畫說明書》，直到一九四五年日本統治結束為止，都是台灣的治水事業最重要的計畫綱要，卻鮮為今日的台灣人所知道。在這兩本決定台灣全島治水政策的說明書之中，開宗明義就提出：台灣的治水計畫源起於一九一一年八、九月之交的大水災。由於這一次水災的死亡、受傷、失蹤和罹災人數，以及財產、災損範圍都創下歷史紀錄；而且，與歷史上的眾多風水災害不同的，一九一一年大洪災最悲慘的受災區是台北盆地，尤其台北市幾乎成為廢墟。

如此慘痛的教訓，讓台灣總督府制定出台灣治水計畫，為百年來台灣的治水事業定出了施行的政策方向。這次堪稱台灣史上，尤其是台北盆地歷史上，最慘重的颱風洪災，在過往百年間卻幾乎沒有什麼台灣人知道！我們和自己的歷史，斷鏈得很嚴重啊！現代的台灣人大概都能琅琅上口的「八七水災」，對台灣史比較了解的也能講出「戊戌年大水災」，但是對這場台灣史上最嚴重的洪災，對台灣歷史影響極其深遠，尤其對治水歷史影響最大的大水災，卻幾乎完全被隱沒於史料文獻之中，少有人知。

弔詭的是，在《台灣總督府公文類纂》之中，關於一九一一年大洪災的史料，多達四千頁上下，其中登記的受災名冊多達三千四百八十五頁以上，每頁登記受災名冊約莫二十四戶，概估有資格領取受災戶救濟的人數，應在八萬戶以上；注意喔，檔案有記載的是將近「四千」頁，不是「四十」頁！當時台灣總督府發起的捐款救助災民活動，是台灣史上第一次遍及全台與日本本土的救濟運動。

因此，一九一一年在辛亥革命發生之前四十天的大洪災，應該正名為「辛亥大洪災」，在台灣史上它有幾個重要的歷史意義：

一、台灣百年治水事業的起始點。

二、台灣的現代化治水工程的起點。

三、台灣大規模河川調查的開始。

四、政府救災及防災系統建置的起點。

五、災民救濟安置機制建置的起點。

以上所列「辛亥大洪災」在台灣歷史上重要的歷史意義，計有五項，但是，還有一項一樣重要的第六項，就是本篇開頭就提到的，將「無定河」收束入固定河道，改造成「永定河」。

在清領時期台灣的河川，從來都是河道不固定的「無定河」；一九〇八年「台灣水利事業計畫」通過實施後，總督府企圖運用現代化、西方式的水利工程，將台灣的河川全面改造，但是在一九〇八年創設「水利局」胎死腹中之後，至一九一一年的四年間，大概是比較有氣無力的執行。

直到一九一一年辛亥大洪災之後，總督府決定創設「臨時台灣總督府工事部」，並且直隸於台灣總督之下，與民政部平行的一級單位，專責水利工程和築港事業。大規模的水利工程項目也從一九一二年的「二層行溪（今二仁溪）水利事業」開始啟動，百年來遂將上千條沒有固定河道的「青暝蛇」，盡數收束，改造成固定河道的「永定河」。

在今日，深刻影響著我們看到河川的感覺，「溪河一定是有著固定河道」，其實這是一種不太正確的觀念，沒有固定河道的才是河川原來的本性。我們今天看的，一定要有固定河道的，才是河川，其原由與一九一一年「辛亥大洪災」之後，百年的河川現代化過程，息息相關。

為什麼辛亥大洪災是台灣史上死傷災損最慘重天然災害？一九一一年八月末九月初，兩個強烈颱風分別從南北夾擊，全台災損慘重，合計死亡七百四十一人，失蹤兩百三十人，受傷七百四十四人。一九〇五年戶口調查時，台灣的人口數約三百一十萬人，死亡率萬分之二·三九，傷亡率達到萬分之五·五三；在二〇〇〇年時，台灣人口總數約兩千兩百二十七萬人，戰後台灣最嚴重的天然災害是一九九九年的九二一大地震，死亡兩千四百一十五人，死亡率萬分之一·〇八。按人口比率計算，一九一一年洪災的傷亡率遠在九二一大地震之上。因此，一九一一年的洪災，才是台灣史上人命財損最慘重的天然災害。

一八九五：台北風水災

自一八九五年（明治二十八）六月殖民政府始政設治在台北市後，不足三個月就已經感受到，在大嵙崁溪的生態環境遭到破壞的狀況之下，每逢颱風洪患來襲，台北淹水問題的威力，這個問題自始至終困擾日本人達半世紀之久，雖然採取眾多方案想要徹底解決，但是自始政至終戰為止，台北的淹水問題仍然是個無以解決的難題。

一八九五年九月一日，台灣總督府迎來始政後第一場颱風暴洪災害。由於大嵙崁溪水暴漲，洪峰連續幾天灌入台北城，形成嚴重淹水災情，更糟糕的狀況，接踵而來。

九月五日颱風再次侵襲北部，僅在基隆部分，負責載送日軍的船艦汽艇「順天號」和艀舩十艘沉沒，排水量四千四百噸「鹿兒島號」與三千八百噸「姬路丸號」等大型運輸艦船，遭受慘重損傷，瀕於沉沒；架在淡水河上的五座木造橋樑斷裂流失，台北城頓時成為孤島；對南方正在進行中的戰爭，已失去中樞指揮作戰的功能。

桃園臺地的桃仔園區域，五段堤防崩潰，埤塘溪水沖毀村落民宅，由於時處乙未戰亂災害之年，人命損失無從估計。

台北至新竹間多座鐵路橋寸斷，基隆支廳、台北縣記載此次五天內被連續兩個颱風侵襲，北部與台北城洪水淹沒的悲慘實況。縱使今日展讀，仍能令人駭然於大嵙崁溪暴洪的威力。

九月四日鐵道部〈暴風災害報告〉提及：「自本月三日左右開始，連續降下的大雨，造成淡水河上游三川洪水暴漲，繼之在五日下了更大的暴風雨。大嵙崁溪、新店溪與基隆河的水位滿溢，靠近淡水河附近的河水氾濫，淹沒了六亟街與淡水河沿岸市街，辦公室附近水淹達丈餘之高，尤其是淡水河橋，更是無比凶險之至。」

一八九五年九月上旬，日本人首次經歷台灣的颱風肆虐後，由基隆廳、台北縣呈送總督府的災情報告書，從此份記載翔實的檔案，得以觀察此次颱風對日本統治者的震撼。一八九五年間出現損失慘重的風災洪水，此時為殖民政府統治初期的戰亂時期，因而對於台灣人民的死傷無以留下相關統計數據；但是日本人到台灣進行統治不足三個月，即遭遇五天之內連續兩場颱風威力，首府台北城被洪水淹沒，更出現霍亂、瘧疾等衛生問題，災損慘重。

值得注意的問題是，為何一八九五年九月殖民政府第一次遭遇台北盆地幾乎被洪患淹沒，災情慘重的颱風洪災，之後幾乎每年都會發生在台北的洪災，其災害的源頭究竟是從何時開始？和今日所知北部在晚清開港之後的主要經濟作物以茶葉、樟腦為主，是否存在著連帶關係？屬於無止盡掠奪山林的樟腦經濟及茶葉產業，對十九世紀中葉後的北部，又帶來何種環境災難？

自一八九五年九月總督府首次遭遇台北市淹沒處境後，幾乎年復一年遭遇台北城淹水困境，治水遂成為政府必須解決的重大難題。日治時期半世紀間，颱風洪水在北部所造成的損失，按廖學鎰揭載資料統計，自一八九七年至一九四五年間，計入統計資料的死亡人數三千八百九十八人、傷四千四百四十二人，房屋全毀二十三萬一千五百九十間、半毀四十八萬八千一百四十間、淹沒七十四萬九千零七十七間，其中洪水災損區域最大的受害區域是台北市。按此，解決台北淹水問題，實為急迫之政務；如不解決風水災害，則台北將無以成為適合居住的城市，自此解決台北水患問題，成為政府必須認真面對的難題。

一八九八：戊戌年大水災與台北洪患

對日本人造成更大震撼的風水災難，在隨後的一八九八年（明治三十一年）降臨。相關報告可以看到，一八九五年八月淡水廳的報告書提出說法：「從來嘗聞淡水附近在每年七、八、九的三個月期間，是一種熱病的流行時期，稱 Suruwo，果真與傳聞相同。」台北市的治水事業首次現代化工程，也是在此次颱風洪災之後設計而成。因此，台北測候所自一八九六年八月十一日對於台北區域周遭水文與颱風侵入路徑進行觀察，淡水河流域的水文相關觀測資料數據，自此開始累積。

在一八九五年八月遭遇颱風侵襲的慘重損失後，時序轉眼進入一八九六年（明治二十九年）九月十七日，總督府剛在慶幸風平浪靜之際，安然度過。當時序進入十月分後的北台灣，仍然出現颱風入侵狀況，這次的颱風水災也造成嚴重的災情，尤其以基隆水邊腳的山坡崩塌，鐵道運輸斷絕。一旦洪水災害的根源沒有解決，台北年復一年被洪水淹沒的情況，就不可能改善。

一八九八年歲次「戊戌」，對於居住在台北盆地和台北市的民眾而言，是相當悲慘難熬的一年。這一年的八月九日，就職剛滿半年的民政長官後藤新平提筆寫下這樣子的文字：「本月六日颱風侵襲本島，台北市街死傷損害概況及賡續報告，今日本府所屬各官衙及地方各項報告，持續整理中。」此份報告在三日內就呈報給內務大臣。

戊戌年大水災，過往比較重視的是農業區的災損，但是，這次水災的重災區是台北盆地。這是自台北建城以來，悲慘的一次颱風水災，雖然之後在一九一一年（明治四十四年）、一九一二年（明治四十五年）、一九二四年（大正十三年）台北市也被洪峰淹沒，但是戊戌年大水災所造成的損害嚴重程度，對殖民政府的統治者而言，震撼相當巨大。之後，比戊戌年大水災更大的震撼，接踵而來，直到一九一一年辛亥大洪災的降臨為止。

對於甫就任半載的總督兒玉源太郎和民政長官後藤新平而言，必須迫切處理的目標是「解決台北淹水問題」。戊戌年大水災，不只催生了台北市的防洪減災計畫，也是桃園大圳計畫誕生的關鍵因素之一。在一八九七年（明治三十年）八月的風水災之中，台北測候所紀錄曾形容為「未曾有過的猛烈颱風」，難以預料者，此處所提及的「未曾有過」，在經過不足一年時間，台北盆地卻迎來自有氣象紀錄以來，損害慘重的洪水災難。

一八九八年八月四日，總督府報告寫著：「本島氣壓下降，天候出現異狀，下午四時全島沿海進入警戒狀態。」這是大災難來臨前的警示。五日下午一點暴風圈進入石垣島範圍，當石垣島處在風狂雨驟之下，台灣島的天色卻異常良好，甚至有著軟軟徐徐的微風吹拂，這種狀況和一八九七年八月八日颱風侵入前，幾乎一模一樣。也和造成台北「全滅」的辛亥大洪災來臨前的颱風景況，幾乎完全相同。

五日下午五點，台灣全島進入陸海全面警戒狀態。由於這是日本政府在石垣島設置觀測站，開始記錄颱風路徑以來，風速最強烈的一個。六日凌晨，暴風圈在石垣島突然急轉，轉向南方行進。台灣本島最大風速出現在八月六日下午一點至兩點之間，在基隆東北東方向測得每秒二十八・二公尺，相較而言，一八九七年八月上旬造成台北災情慘重的颱風，風速也不過每秒十四・六公尺；造成戊戌年大水災的颱風，強度是前一年颱風的兩倍大，所造成的破壞自然更加驚人。

八月六日登陸的強烈颱風造成全台死傷慘重，總計死亡一百八十二人，傷九十八人；在此之前自一八九五年至一八九七年為止的颱風，人命的傷亡相對輕微。就算是拿來和二十世紀侵襲台灣的颱風比較，這個傷亡數據仍然是相當驚人，因而被載入歷史紀錄，並被稱為「戊戌年大水災」。按照總督府留下的史料可以得知，戊戌年大水災在北部造成的災損是全台之最，從八月六日至九月三十日，連續三個強烈颱風，造成台北區域死傷慘重。

翌年（明治三十一年）八月中旬，總督府將戊戌年大水災台北淹水的照片以圖錄方式，呈送宮內省。但是，遠比戊戌年大水災的損失更加慘重，堪稱台灣颱風史上傷亡與災損之最的暴風洪水災害，卻在十三年後降臨。

驚悚的一九一一：辛亥革命前四十天，台北全滅！

一九一一年八月二十六、二十七日，兩天狂襲的第一次颱風和三十一日、九月一日侵襲的第二次颱風，所帶來的大洪災，是台灣自有颱風觀測以來，災損最慘重的一次。總督府史料直稱一九一一辛亥年的颱風水災，是「台灣有史以來最大的暴風雨」，損害最嚴重的重災區，則是台北盆地。為什麼一九一一年辛亥大洪災是造成最慘重災害的颱風？

從一八九七年開始有紀錄，直到一九一〇年為止的十四年間，總共有四十九個颱風侵襲台灣，平均每年三．五個，總計造成四百六十五人死亡；但是，一九一一年辛亥大洪災的死亡、失蹤人數，是一八九七年至一九一〇年的十四年間，死於水災人數總和的兩倍多。而且，在八

颱風過境，台北市府後街道路中央房舍倒塌的慘狀。《辛亥文月臺都風水害寫真集》（明治四十四）。圖片提供：國立臺灣圖書館。

台北市泥湖中的北門口街一帶景況。《辛亥文月臺都風水害寫真集》（明治四十四）。圖片提供：國立臺灣圖書館。

月二十七日第一個颱風的暴洪，剛剛灌入大嵙崁溪，還來不及消退的狀況下，九月一日第二個颱風的暴雨又直接倒入台北盆地和周邊山區，當天測量到的淡水河水位，比平水時期高出了「三丈」，也就是九．〇九公尺，等於九百零九公分。九月二日媒體就直接形容，這個水位高度是六十年來，聞所未聞的洪浪。

以世人熟知的二〇一一年三月十一日「東日本大地震」為例，當時大部分地區出現超過三公尺「海嘯」的地方，死傷慘重，但是衝擊最嚴重的地方，海嘯高度在十公尺，部分地區出現了十五公尺以上的巨浪。如此的對比就應該相當明確了，明治辛亥年台北大洪災的淡水河水位，和三一一「東日本大地震」的海嘯是同等級的！等於是由台北盆地三條河川匯流，再加上大潮回灌關渡門因而產生了「河嘯」！這就是辛亥大洪災最恐怖的地方。

第一個颱風是從南部的貓鼻頭附近登陸，往烏坵方向行進，掃過屏東、高雄、嘉南平原與澎湖列島。第二個颱風是從貢寮登陸，直接穿入台北盆地，從南崁溪口出海，往烏坵方向前進。一南一北兩個颱風的登陸地點和行進方向，都是構成最慘重損害的致命路線。

如此令人驚詫的颱風路徑，在台灣的颱風史上，其實不算罕見，在一九二四、一九四五、一九五二、一九五六、一九五八、一九五九、一九六〇、一九六一、一九六二、一九六五等年分，都出現過類似的路徑，但是所造成的災害與人命的損失，卻以一九一一年為最。

之所以會如此嚴重，除了兩個強烈颱風所帶來的暴雨，關渡門回灌的大潮，也和當時淡水河與台灣的河川多為「無定河」，緊密連結，全然脫不了關係。

而且，當時造成「台北全滅」的暴洪，並不是普通的洪水，而是飽含泥沙的「泥流」，這些泥流倒入台北盆地內的台北市、枋橋（板橋）、新店等各個街庄時，大水褪去後形成一整片黃色的「泥海」，覆蓋了整個台北盆地，幾乎沒有一處倖免。如果從當時留下文獻的形容詞，形容台北盆地內的台北市和台北廳部分，變成一整片「泥海之地」，這就是郁永河筆下的「康熙台北湖」的樣貌。

郁永河在《裨海紀遊》曾經以文字描繪了康熙湖的風景：「余與顧君暨僕役平頭共乘海舶，由淡水港入，前望兩山夾峙處，曰：甘答門，水道甚隘，入門，水忽廣，漶為大湖，渺無涯矣；行十許里，有茅廬凡二十間，皆依山面湖，在茂草中，張大為余築也。」

關於「康熙台北湖」的成因，郁永河也曾引述張大的說法：「張大云：『此地高山四繞，周廣百餘里，中為平原，唯一溪流水，麻少翁等三社，緣溪而居。甲戌（一六九四年、康熙三十三年）四月，地動不休，番人恐怖，相率徙去，俄陷為巨浸，距今不三年耳。』指淺處猶有竹樹梢出水面，三社舊址可識。滄桑之變，信有之乎？」陳正祥曾經運用《裨海紀遊》的記載和陳夢林在《諸羅縣志》卷首干豆門與靈山宮地圖的地理資訊，推測「康熙台北湖」的水域面積相當廣袤，深度應為五公尺，湖岸應與海拔十公尺等高線一致。

如果按照明治辛亥大洪災的淡水河洪水比平水時期高了三丈（九百零九公分）計算，在一九一一年八月末至九月上旬之間，整座台北盆地又恢復到曾經存在約四十至六十年間的「康熙台北湖」原來的樣貌。而且這個存在時間短暫的「明治台北湖」，其水域面積，和陳正祥的推估，相當接近！

被大洪水淹沒的房屋，浸水或半毀可說是幸運的。新店街直接被形容為「新店全滅」，也就是全部倒光，無一逃過；這裡的「全滅」和「台北全滅」的語意並不相同，台北的「全滅」指的是全城被淹沒。而古亭、艋舺、枋橋等雖然也成為廢墟一般的景觀，還是比「全滅」的新店幸運。

撰述於一九二〇年（大正九年）六月的《台灣治水計畫說明書》，內文明確寫到：「明治四十四年發生漫延全島的大洪水，遂決定擴大河川調查規模。」這一段文字自此之後，在台灣總督府歷年所發行的土木工程相關文書資料，不斷被傳抄引用。

可見得辛亥大洪災所造成的傷害，確實已經深刻烙印在總督府的DNA，因此之後的每一年，都不斷地以辛亥大洪災作為警示、誡鑑的典範案例。況且雖然隔年（一九一二年，明治四十五年）的洪災造成的災難也很慘重，但是也比不上辛亥大洪災。也就是說，再也沒有任何一年的洪災比一九一一年更恐怖，人命傷亡，災損都差距甚遠。

僅僅從冷冰冰的統計數字分析，恐怕很難理解災難現場的悲慘狀況，這場發生在武昌起義之前四十天的慘重暴風水災，文獻上留下了相當豐富的記載。

《台灣時報》在一九一一年九月出刊的內容，以無比悲悽的文字，形容此次風災的悲慘程度。如「古亭庄被突然激增的二丈七尺巨浪吞噬」！也就是說，今日台北市中心的古亭，曾經被八．一八公尺的「河嘯」，直接吞下去。「淒厲的叫聲」寫道：暴風挾帶豪雨，頓時天地晦闇，激起的白色巨浪，讓人民無所遁逃，被壓在倒塌房屋內，祈求幫助的淒厲叫聲，從颱風暴雨中傳來，格外令人恐懼。

停靠在港口的船隻，一艘艘在狂風吹襲下沉沒，船員的屍體在港內外飄流，也沒有人力能協助打撈。船隻的損失數據相當驚人，總計全毀六十七艘，沉沒三艘，失蹤一百五十三艘。當時更提及：「一九一一年八月下旬，僅僅一週內前後兩個颱風入侵本島，自有暴風雨記載以來，數十年間還沒見過比這次颱風更強的暴風雨，其強烈暴猛程度，全島都受到災害，到處都是慘不忍睹的災情。」另外還有在淡水河裡，一則又一則「浮屍漂流」的紀錄，能令人產生更加驚懼的聳動文字。

水災所造成的傷害，全島的台灣人無不戰慄恐惶，悲慘的情況由媒體報導到日本時，連日本人也驚愕不安，查問平安與否的電報、郵件，絡繹不絕地發送到台灣，對於台灣民眾遭遇的慘況，更激起日本人的民胞物與之心，情誼上的救濟聲浪與同情者，紛紛蜂湧而起。

《台灣日日新報》、《台南新報》和《台灣新聞》等三家報社首倡捐款救助災民義舉；日本本土由《東京朝日新聞》、《大阪朝日新聞》兩家報社最早呼籲民眾捐款救助台灣的災民，因此台灣人和日本人紛紛捐出善款。台灣島內也以各種方法，包括募款演藝會等，推動義捐金募集義舉，寄望於島內與日本的善心人士能慷慨捐輸，更希望災民能振作精神，恢復元氣。

從台北測候所提出〈明治四十四年八月下旬南部及北部的暴風報告〉內文之中，曾經敘述的用語：「暴風中心的深厚及風速，為領台以來首見。」「此次暴風雨在一週之間釀成的災害，新店溪與淡水河洪水氾濫被害之鉅，為領台以來首見。」

而一九一一年辛亥大洪災對於日後台灣在河川治理上的影響甚大，當時已經提及「此次暴風雨自南部迄於北部，其逞暴施威甚烈，應記取教訓，深刻檢討現有的

辛亥大洪災，民政長官代理巡視府後街倒塌家屋的慘狀。《辛亥文月臺都風水害寫真集》（明治四十四）。圖片提供：國立臺灣圖書館。

防災機制，作為將來進行風水害救難設施的標準，與因應作為的參考標的」。

由此即可得知，一九一一年暴風水災對大嵙崁溪水利事業的深遠影響，也可以得以明白，對於淡水河流域的全面調查與治理、台北市的現代化，以及台灣的河川進行全面的調查與改造，即為辛亥大洪災的教訓所造就。

在一九一一年八月三十一日至九月一日的二十四小時之間，台北中心地區測到的雨量達到三百三十二毫米，而台中達到三百六十毫米，阿里山的奮起湖則測到一千以上的降雨量。台灣自有雨量觀測以來，測得單日降雨量最高的前三十五個地方，僅僅一九一一年八月三十一日的一天之內，就占了五個之多，且其中還有破千的降雨量，這個紀錄非常驚人！

就在一九一〇年（明治四十三年）七月上旬以東京為中心發生的洪水，是自江戶末期以來的半世紀間，未曾發生過之事，東京的降雨，自八月一日開始至十二日雨勢才停歇，在七日至十日之間，即為洪水氾濫直接原因。在四天內的豪雨，東京兩百八十三毫米、熊谷兩百八十九毫米、足尾三百九十三毫米、前橋兩百五十七毫米、宇都宮兩百四十八毫米，這些觀測地點都在利根川的主流或流域之內，因而都是直接和東京的洪水有著連帶關連性存在。

相對而言，東京的四天豪雨造成一千三百七十九人死亡和失蹤，家屋全壞逾五千戶，半毀家屋五十一萬八千戶，堤防潰決七千兩百六十六處，受災難民一百五十萬人，損失一億兩千萬圓，相當於一九一〇年日本國內生產毛額的百分之四．二，災情可謂慘重之極。一九一〇年八月的風水災害，其慘烈情況，堪稱日本本土洪災史悲慘景象之最。

比較令人難以想像者，隔年八月末同樣慘重的場景反而換到台灣，可見得在一九一〇年代初期東亞區域氣候的異常現象，以及砍樟煉腦、山地種茶、濫伐森林、燒墾山耕的人禍所帶來的災害，遭致自然生態的反撲。

明治四十四年：台灣治水事業的起點

明治辛亥年文月，台灣全島遭逢史上最慘重的暴風洪災，當時就留下了眾多述說各地慘狀的文學作品，我想《全台文》應該要盡數收錄。當時署名伊藤陽谷寫了一首詩〈暴風雨行〉：「明治辛亥秋八月。風雨激甚連昏夙。近歲風雨頗調順。豈圖今年極慘酷。風二百里雨十斛。（風一時間奔二百里一晝夜降十斛故云）淙淙飂飂相追逐。淡江水漲二三丈。橫流泛濫沒平陸。警官冒險馳東西。城內行舟拯窮蹙。大廈高樓將倒棋。土崩瓦解無全屋。北路被害猶未詳。亡產隕命幾氏族。人言南路或甚焉。數萬飢民窮途哭。寄語世間殷富人。為仁樹德恤孤獨。」讀之令人悽愴難復啊！

這首詩內容所提到：「北路（北台灣）被害猶未詳。亡產隕命幾氏族。人言南路（南台灣）或甚焉。數萬飢民窮途哭。」也就是說，北台人民的處境雖然是在水災當下，傷亡遍地，屋傾財損，田園流失慘重；但是，南台民眾的處境更慘，飢民遍野，在等待伸出救援之手之際，恐怕已經餓死不少人了！所以啊，怎麼還能夠容忍「無定河」的存在？

對各大小河川施以現代化的改造工程，將河川流路永遠固定，不許再亂跑；再加上上游的砂防工程與造林植林，中游疏浚與大型水庫工程，下游河床的浚渫工程，將清領時期被濫墾濫伐的山林，回復原貌，這是洪水尚未消褪之際，就已經提出來的治本之道。

撰稿於一九一七年（大正六年）的《台灣治水計畫說明書》，提出一個明確清楚的講法：一九一一年全台大洪水是台灣總督府決定擴大施行全台河川調查與治水事業現代化的關鍵轉折年分。發生於一九一一年八月二十七日至三十一日，橫掃全台的狂暴風水災，是前所未見的大災難，卻也是對於當時的台北城市進行現代化改造的契機。

此次颱風和洪水的破壞，不僅艋舺、大稻埕，而且台北城內也無法倖免的被淹沒，由於台灣傳統的房屋是採用土埆（曬乾的土磚）所建造，被洪水浸泡後就盡數倒塌。總督府以此為契機，決定要求民眾改採紅磚、混凝土等材料，取代無法耐震，也抵擋不了水患沖刷，且容易崩塌的土埆厝，對台北城內的建築進行全面性的市區改造。

台灣總督府運用官民聯合協議方式，制定了府前街、府中街、府後街、文武街等四條街道的房屋改造計畫。若以總督府水利技師十川嘉太郎在同年八月三十一日所撰寫文章的觀點，從而可以得知關東所遭逢五十年未見的大洪災，然而其最大降雨量也僅為同年八月上旬橫掃台南颱風的不到一半，頗值得比較的部分是，台灣遭受更強的風水災害，災情卻不如日本本土如此慘重，由於日本在明治維新之後也歷經大規模採樟煉腦歷程，其問題的根源其實和台灣是一樣的。十川技師所寫的文章僅僅經過一年，台北就迎來滅頂的洪災。

辛亥大洪災的暴風雨在一週之間釀成的災害，大嵙崁溪、新店溪、基隆河與淡水河洪水氾濫被害之鉅，為日治時期之最。由於颱風暴雨從南至北狂掃，所造成的損害劇烈，在此之後總督府不斷提出應當記取一九一一年暴風洪災的經驗，並檢討災防體制上的不足，作為往後在遭遇幾乎年年都會遇到的颱風洪害上，必須建置的防災救難設置的標準，與有關作為上的參考依據。也由於辛亥大洪災的經驗過於慘痛，台灣和日本分別發起捐款救助災民的運動。

總督府官媒《台灣日日新報》更在九月十六日刊出日治時期唯一一篇因為風水災害，而發出的〈水害告我全島〉同胞書，讀之令人驚駭不已。另外，在官方的報導之中，像這種紀實文字：「頂溪洲浮屍二具。一男一女。不知何處漂至。現在該處田中。未行收拾。附近被害家有眷族流失者。不可不一行認視。（失屍主）景尾派出所拾一男屍。年約十二三歲。以屍主無從察覺。昨日已為葬于景尾山。（權宜計）」在一九一一年九月裡，幾乎連篇累牘的呈現。

除了官方對暴風洪患的控訴之外，九月十七日《漢文日日新報》刊出桂圓居士〈感水災七絕六首〉：

風師雨伯怒秋初，拔本偃禾慘澹如；天意茫茫何自問，有誰更啟金縢書。旱魃為災苦去年，又遭風雨暴連天；禾苗慘境猶其外，沒盡田疇渾陌阡。慘遭豪雨與狂風，氾濫橫流遍海東；不獨飄搖傾棟宇，許多人畜葬魚中。誰拯災黎洪水中，地方良吏發慈衷；流離失所悲無數，忍聽嗷嗷哀雁鴻。火災纔脫水災侵，當局恤災費苦心；慘況奏聞天子聽，也傾府庫萬千金。數十年中罕此災，彼蒼獲罪孰招來；世風澆薄移淳厚，悔禍天心定挽回。

因而一九一一年八月末的風水災害，有以下重要的影響。

第一，台灣治水事業現代化的起點。按照一九二〇年《台灣治水計畫說明書》所論，一九一一年八月二十七日至九月一日的風水災，實為台灣治水事業全面現代化的起點。

第二，十五年砂防造林事業的原由。對於大嵙崁溪在砂防治水上的重視，從而也認識到要在大嵙崁溪上游施以建造水庫的計畫，必須先實行一期十五年砂防造林計畫，這是對於在洪澇災難不斷出現的狀況下，對台灣的河川特質有著進一步認識之後，從治水策略的提出，到決定採用形成總督府的治水政策，其核心概念即為砂防工程與森林治水。

〈水害告我全島〉

嗚呼我台灣全島。罹暴風雨水之慘害。豈尠鮮哉。壞人家屋。流人田園不可以數計也。或市街村落全滅。或閤家男女老幼。皆為壓死溺死。死者長已矣。生者何以圖存。富者自若也貧者直顛連於道路。委頓於溝壑矣。腹無食而能飢。飢至久而必死。居無廬而焉宿。宿於野而病。米珠薪桂囊篋無所蓄積。親戚未有告貸。直昂首延頸。冀仁人君子。樂善好施。延一錢之游魂。匡一縷之生命耳。於是台北地方諸善者。唱義捐。籌平糶。慷慨慈悲之人。爭起而贊襄其事。各地方亦時有所聞。台灣俱樂部募捐以來。響應者雲集。內地人之寄憂戚於台島者如是。清人黃及第義捐金百圓。而滬尾某外商存薔庫中千餘噸之石油。厥價照常發兌。外人之寄憂戚於台島者亦如是。是全島及內地人外人知島內蒙害之慘。各寄無限憂戚。雖然地方之義捐。未甚聞也唱平糶者寥寥若晨星。地方之蒙害非不慘。特以地僻而公議者少耳。地方之被害。本社不能一一為之列記。然知其有慘過台北者。有為害較少者。慘過台北者。則當地事人之義捐平糶。固不得辭。為害較少者。當地富人之義捐平糶。亦在所不得辭。其故何也。災後各物騰貴。米價之獎。遍於全島。平糶者為救飢民燃眉之急。暴風雨水。縱不甚害之地方。飢民之困於貴米也固東西同轍。至於義捐。三新聞社之發起。為全島計。若謂我地方不受損害。不宜捐金。然則以島內之同胞。憂戚之情。不及內地人。更不及外人乎。此種鄙吝之遁辭。良心之憒憒。可得而誅也。天生富人為貧人計。試問所食之粱口。所居之華屋。所衣之錦繡。何一物不成諸貧人手。今坐視此貧人之困窮而不救。忍心之極。將為父不慈。為夫不義。為子不孝。為兄弟不友。為友朋不信。為國家之罪人。鄉黨所不齒彼云己亦被害。試問如窮民之野宿乎。如貧者之無炊乎。依然膏吾車秣吾馬。聽清歌。聆美曲。或欹枕吸芙蓉煙。默計米價既獎。今歲之田園可增置幾許。財產可增加幾許。大洗禮家約翰曰。己有二衣。以一衣贈人。己有二餐。以一餐分人。孔子曰見義不為無勇。吾深望地方富人之響應而發起也。約翰之言。可責若輩之遁辭。孔聖之言。可以曉其良心。毋貽富不仁之誚幸矣。稻江十七人之職工。猶能以力救人。逡巡吝嗇之富人殆世界無用長物。台北廳下各地義舉。卓然雖有可觀。然尚有逡巡吝嗇之者。其在資產不阜之人。亦宜應分義捐。不拘多少。以盡患難相扶之務須知以己之幸免。度他人之不幸。至於災後建築衛生治水林植諸善後策則必俟乎官民一致。而始能勵行也。

表一：辛亥大洪災災損

項　　目	△一九一一年八月二十七日洪災		▲一九一一年九月一日洪災
人員	死亡	△ 290 人	▲ 451 人
	受傷	△ 262 人	▲ 482 人
	失蹤	△ 40 人	▲ 190 人
家畜	死亡	△ 382 頭	▲ 10,984 頭
	失蹤	△ 637 頭	▲ 3,574 頭
家屋及其他建物	全倒	△ 13,794 間	▲ 13,829 間
	半倒	△ 22,163 間	▲ 13,321 間
	流失	△ 128 間	▲ 81,388 間
	嚴重毀損	△ 0 間	▲ 862 間
	破損	△ 0 間	▲ 3,711 間
田園	流失	△ 2,025 反	▲ 35,351 反
	浸水	△ 85,890 反	▲ 202,244 反
	土石掩埋	△ 6,872 反	▲ 7,382 反
	埋沒	△ 281 反	▲ 22,901 反
	荒廢	△ 2,160 反	▲ 9,286 反（1 反＝ 991.736 平方公尺）
道路	流失	△ 17 處 0 間	▲ 133 處 1,078 間
	破損	△ 41 處 4,781 間	▲ 252 處 521 間（1 間 =1.818 公尺）
橋樑	流失	△ 0 座	▲ 2 座
	破損	△ 0 座	▲ 90 座
	落橋	△ 221 座	▲ 306 座
堤防	流失	△ 1 處	▲ 4 處
	破損	△ 12 處	▲ 10 處
船舶	全毀	△ 64 艘	▲ 3 艘
	沉沒	△ 2 艘	▲ 1 艘
	破損	△ 0 艘	▲ 6 艘
	失蹤	△ 0 艘	▲ 153 艘
電柱倒壞流失		△不明	▲ 150 處

資料來源：謝信良主持，《百年侵台颱風路徑圖集及其應用》，一九九八，頁二；黃智偉，《辛亥台灣一九一一》，二〇一一，頁一二三 - 一二四。

此處所刊出的死傷和災損數字，與總督府檔案比對，相對偏低。希望未來能再有有心人，從現存龐大的史料文獻之中，再進行更加翔實的、逐條逐頁的考察和解讀，才能讓辛亥年大洪災更精確的災損數字，為世人所知悉。另外，當時官方紀錄裡的無名飄流屍眾多，從史料中應可判定，上列統計數據，可能距離真實的傷亡災損數字，相當遙遠。

表二：降水日量達七百毫米以上的豪雨統計

強度順序	降水量（毫米）	地點	年月日	強度順序	降水量（毫米）	地點	年月日
1	1,127.0	庫瓦爾斯	1934.7.19	25	829.3	五峰竹林（大閣南）	1920.9.3
2	1,125.0	蒙伽利	1942.7.19	26	820.5	庫瓦爾斯	1935.7.29
3	1,050.0	竹崎	1945.9.3	27	809.3	庫瓦爾斯	1920.9.3
4	**1,034.0**	**糞箕湖**	**1911.8.31**	28	800.0	凋瀨	1954.11.16
5	1,033.0	糞箕湖	1913.7.20	29	798.0	庫瓦爾斯	1940.8.31
6	1,001.0	斗六梅林	1959.8.7	30	793.5	大元山	1956.9.16
7	**969.3**	**大埔**	**1911.8.31**	31	789.6	阿里山	1940.8.31
8	956.7	天送埤	1915.10.30	32	786.2	斗六	1959.8.7
9	953.0	草潔	1930.7.28	33	780.0	乾梅	1947.9.14
10	950.0	幼葉林	1913.7.19	34	-	幼葉林	1914.7.13
11	936.0	泰武	1959.8.7	**35**	**777.0**	**公田**	**1911.8.31**
12	930.8	內員山	1915.10.30	36	771.5	阿里山	1917.8.19
13	896.6	哆囉焉	1914.7.12	37	768.8	阿里山	1913.7.19
14	**890.0**	**幼葉林**	**1911.8.31**	38	765.4	清水進水口	1958.7.15
15	895.1	糞箕湖	1914.7.12	39	754.4	阿里山	1959.8.7
16	880.2	大武	1914.8.30	40	751.0	古坑大埔	1959.8.7
17	870.0	公田	1920.9.3	41	747.0	阿里山	1914.7.12
18	-	士文（率芒社）	1939.12.9	42	737.0	阿里山	1920.9.3
19	869.5	達邦	1920.9.3	43	724.5	油羅山	1920.9.2
20	860.5	幼葉林	1920.9.4	44	711.4	伊穗穗兒	1927.7.23
21	**852.1**	**達邦**	**1911.8.31**	45	709.0	樟腦寮	1914.7.12
22	841.0	二萬平	1920.9.3	46	708.4	古坑	1957.8.7
23	837.5	阿里山	1912.6.19	47	707.4	秀林茂五路	1955.8.23
24	834.2	咬力坪	1914.7.12	48	701.4	斗六大崙	1959.8.7

資料來源：廖學鎰，〈台灣之氣象災害〉，《氣象學報季刊》，六：一（一九六〇年三月），頁一－二十九。

百年水患的起點
台北為什麼那麼容易淹水？

台北的洪水問題是領台以來的習題。

——十川嘉太郎，〈台北的洪水問題〉

今天的台灣人恐怕很難想像，就在百餘年前，台北市是一座幾乎年年淹大水，可以用「泡在水裡的城市」來形容。一九一一年「辛亥大洪災」對台北市的狂暴肆虐，從現在留存下來拍攝一九一一年辛亥文月大水災的眾多照片，可以看到當時總督府的文獻，使用了「台北全滅」的用語，對照台北的慘狀，一點都不誇張。台北淹水問題，對百年前的政府官員而言，由於台北市是「台灣的玄關」之地，台灣的門面，幾乎年年淹大水，真的是一件非常不體面的事。

時至今日，台北大都會區聚居了全台將近三分之一的人口，面積頗為狹仄的台北盆地，竟然能夠擠得下如此龐大的人口數，同時也蛻變成了規模遠在其他城市之上的，台灣的文化、經濟、政治、軍事、金融、教育的中心之地。易言之，今日的台北市、新北市「兩京之地」，非但是不折不扣的台灣首善之都，也是維持國家運作機能的心臟要地。

這樣子的台灣中心之地，卻是一座「三川盆地」，三條大河在港子嘴到關渡間匯聚，狹隘的關渡門則是一個兩山夾峙的瓶頸之地，水流排出緩慢。淡水河是台灣第三大河，但是淡水河的支流，也是幹流的大嵙崁溪，水流量就可以名列台灣第五大河了。若再加上同為水資源流量豐沛的新店溪、基隆河，三川匯聚後的淡水河，形成了台灣唯一一條不會乾涸的大河。也因為水流量豐沛的淡水河，與大陸區域的大江大河最為近似，因此在清領時期被稱為「淡水江」，也就是和閩江、長江、珠江出海口類似的，廣闊的大江。

其實，百年來為了解決台北的淹水問題所構思的種種治水策略，在一九一一年就已經提出了共識，也就是說要解決台北幾乎年年淹水的痛苦，必須從九大治水策略開始：水源涵養林、河床浚深、亭仔腳（建築結構和材料）、運河開鑿（二重疏洪道）、輪中堤（台北堤防）、本島災害救助法、洪水預報機制、樟樹造林、砂防工程擴張。「九大治水策」屬於從長遠著手，做出根本性解決的方案。

解決台北淹水問題的好處，在一九三三年也已經提出了六個值得關注的說法，分別是：解決台北淹水、改造台北盆地成為大台北市、解決淡水河淤積建造淡水港成為台北市的吞吐港、將淡水港的腹地建成一個大型工業區、在大嵙崁溪上游造林植林增進國富、植林涵水打造淡水河流域成為魚場。簡單的說，就是可以打造一座體面現代化大都會，以及透過生態的保護厚殖國利民的永續環境。

另外，八田與一在一九三八年至一九四二年間也陸續提出解決台北淹水的構想，這些構想可以歸為五項：桃園臺地灌溉工程擴張案、大型水庫建造案、淡水河與大嵙崁溪河身疏浚工程案、淡水河三大支流上游砂防工程案、直接引河水入海案。

八田與一構想中解決台北淹水問題的五種方案，在日治時期真正被實踐的只有疏浚和砂防，這是最簡單容易，且經費需求不高的方案。但是，另外三個方案：灌溉擴張、大型水庫與引水入海，在當時雖未能實現，戰後中華民國政府卻也逐年編列預算，將八田與一的規劃構想，逐步的實現。

台北、新北，兩京要地的淹水問題，不只在日治時期是一個難解的「習題」，直到今天為止，政府年年編列龐大預算，仍然在試圖解開這個「習題」的答案，也要將兩京重地，打造成更現代化，更宜人適居的美麗都會區。

台北的洪水災害，為什麼會如此慘重？台北是一個「三川盆地」，淡水河系統的三大支流：大嵙崁溪、新店溪與基隆河，分別在港仔嘴到大龍洞之間匯流，三大支流之中僅僅大嵙崁溪的流量，就可以列為台灣第五大河。大嵙崁溪是淡水河治理的關鍵，也是解開台北市淹水問題的一把鑰匙。

三川盆地的洪水問題

臨時台灣總督府工事部水利技師十川嘉太郎在〈台北的洪水問題〉一文中，即以：「台北的洪水問題是領台以來的習題。」作為全文破題，點出台灣總督府自一八九五年始政之年，即為解決台北洪災而奮戰，此點即為在大嵙崁溪上游建造三大水庫：石門水庫、榮華壩、高台水庫的原初動機，其次方為引大嵙崁溪水灌溉桃園臺地上的看天田。在晚清至日治初期，台北洪患問題之所以如此嚴重，與自晚清時期先民入大姑崁（今桃園市大溪區）山區拓墾，大規模採伐樟腦，大幅地發展茶業，從而造成越來越嚴重的環境災難有關。

台北是一個「三川盆地」，新店溪與大嵙崁溪在港仔嘴（今新北市板橋區江嘴里）匯聚，自此方才被命名為淡水河。河水流往西北，在關渡（干脰門）與基隆河合流，於八里、淡水的八里坌口（滬尾口）流入台灣海峽。基隆河中下游是一段自由曲流，大豪雨時就容易積聚洪峰，釀成災害。

淡水河與基隆河匯聚後的入海之處，地形狹仄，為一瓶頸之地，水利工程未完善之時，年

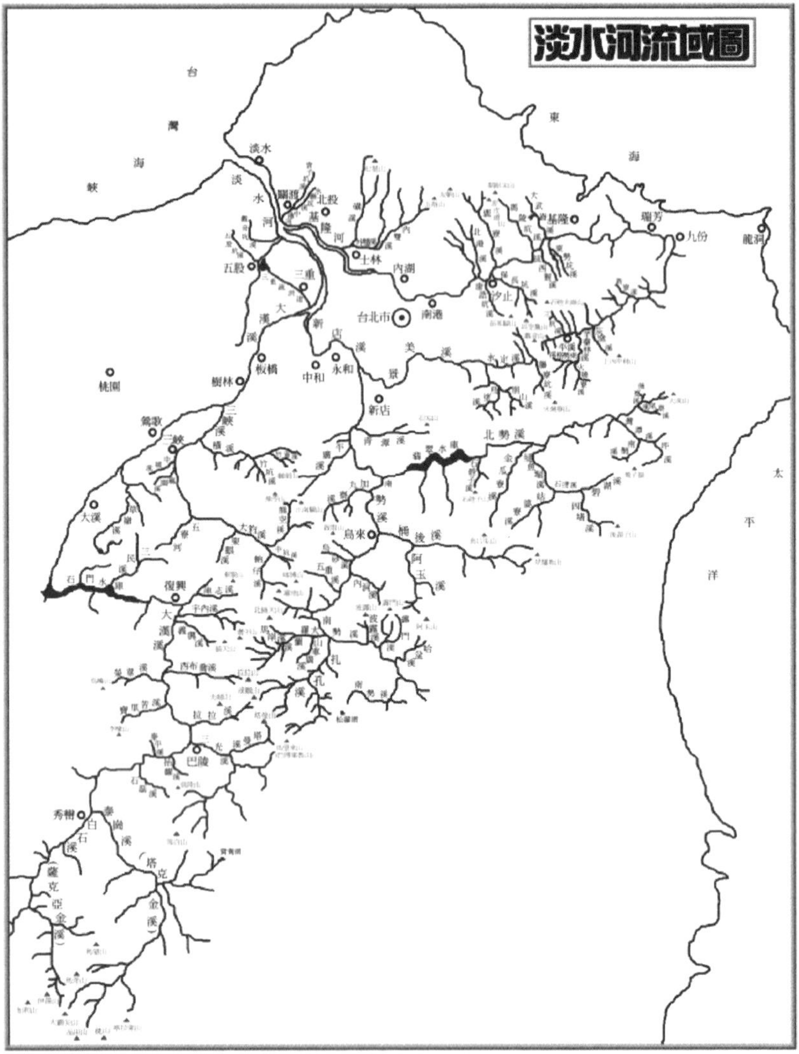

由此淡水河流域圖可以看到台北盆地是由大嵙崁溪（大漢溪）、新店溪和基隆河等三條大河匯流而成的泛濫盆地內的台北平原，可稱為「三川盆地」。圖片提供：國家文化記憶庫（阮素芬，國立台灣工藝研究發展中心）。

年或洪流倒灌，或海水湧潮，作為首都的台北，為洪澇之患與災後傳染疫疾困擾不已。與之相反，桃園臺地為一「亢旱高地」，自乾隆時期漢人大規模入墾後，旱情不絕；拓墾先民挖掘了近萬口埤塘，就是因為臺地地形高亢，也難以貯蓄水源。

日治時期在台灣水利事業計畫形成的過程裡，石門水庫與桃園埤圳工程，兩個大型水利建設，是兩地面臨不同困境下的策略選項。以此觀察，台北的治水策略之所以提出，其來有自。自一八九五年六月始政起，台灣總督府設治台北城後，在不足三個月時間裡，就已感受到颱風洪災下台北淹水問題的威力。自此，此一問題自始至終即困擾日本人達半世紀之久，雖然採取眾多方案欲予解決，然而自始政至終戰，甚至到今日為止，所謂徹底解決台北的淹水問題，仍然是個難以解開的，困擾不已的習題。

台北的治水策略，是台灣水利事業的源起之一，其所涉及的層面相當廣泛，並非僅止於純粹的治水事業而已。在審視台北治水策略之際，或許回溯至殖民政府的母國，日本的治水思想與治水策略，才能較為清晰地看到總督府的治水作為。

日本的「治水三法」源自於一八九六年制定《河川法》，以及一八九七年《砂防法》、《森林法》。按帝國議會紀錄在提出制定治水法制化議案時，當時已經言明：「三法總稱為治山治水三法。」依此則能觀察：治山與治水在日本傳統的水利思維之中，兩者就是同一件事；因而，治水三法實則亦為「治山三法」或「水利三法」。這一點對於理解日治時期擘畫台灣水利事業的由來，與總其責任的水利技師的思維脈絡，其實是關鍵要素；簡單的說，也必須從當時所面對的複雜困難治水問題，予以理解和考查的原由。

一九一〇年七、八月間日本發生極其慘重的水災，是日本決定施行宏觀治水策略的關鍵事件，這個事件對於台灣全島的治水策略也有著深遠的影響。當年十月臨時治水調查會決定制定「河川改良、砂防實施、森林增殖」等三大治水項目的各種計畫。

一九一一年十二月，由於大嵙崁溪河底土砂淤積，河床逐年墊高，既喪失了以往擁有的航行之利，更增加了台北盆地被洪水淹滅的風險，大嵙崁溪的浚渫與治水上的問題，成為不得不設法解決的議題。於是台灣水利事業第一期的桃園大埤圳計畫終於從規劃進入到執行階段，成為解決台北水患問題的選項之一。

木村匡的提議

一九一二年（大正一年）九月曾任民政部文書課課長木村匡，提出對於台北治水策略相關問題的看法與一針見血的意見。他認為治水一事是當務之急，必須構思能夠行之久遠的治水策略，同時應該考量配合台北治水策略的財源。

治水是百年的大事業，並非一朝一夕就可以達成。而治水策略之所以必須成立，應該考量的重心是：造成水患原由是來自於「人」，根本原因就是「濫伐山林」所造成的河身變化與土砂堆積問題。不從根本問題的解決著手，治水策略就無以永續。

木村匡同時也提出「治水五策」與實際執行的「治水三法」，從治水策略上著手，循序漸進解決台北洪患問題。由於曾經長期在民政長官後藤新平身邊任職，顯然他對於總督府的治水策略構想與政策形成過程，相當瞭解，因而所提出的治水策略，呈現條理分明、層次井然。所謂「治水五策」內容為：

第一，指定負責執行的組織。在河川調查會設置專門技師，負責河川實況的調查事務。

第二，制定適宜的治水策略。而治水策略必須分成上策、中策、下策，針對三者研擬相關執行計畫。

第三，所謂的上策，即為國家永久的理想治水策略。

第四，中策是必須因應財政上實際可承受的負擔，以制定可行的方法。具體而言，即為一部分「護岸工事」，一部分「浚渫工事」，一部分「堤防工事」的施行。但是在這裡提到的「一部分」之意，是三種工程，同時也是上策必須執行的部分，因此在執行上策時必須考量到是否有重複的狀況。

第五，即治水上必要的「植林事業」。之所以將植林列為下策，是因為造林並不需要等待上策完成，即可執行。而且所需費用也是最少，最節約的治水方法。同時也可以將共有地編入官有的水源涵養林之列。

為了達成「治水五策」必須設定的，可行的、循序漸進的執行方法，木村匡因而提出實際可行的「治水三法」：

第一，治水策略研究：治水的上策在經費問題的考量下，由學者按照各地不同的條件，研究理想適宜的治水策略，河川調查委員會應就學者費心研究提出的方案，選擇切實可行者採用之。對於四大河川的治理方案，可以採用獎賞募集方式，鼓勵學者提出優質可行的方案。

第二，永續財政投資：在特別會計之中，必須設置「治水費」的預算科目，並將其成為可以永續經營的持續性事業，最急迫的工程與需求經費最少的地方，必須按年度編列預算經費，執行改善工程。總督府也應趁著一九一一年、一九一二年的大洪災，接納台北公會關於「台北市街水害防止」的具體建議。臨時台灣總督府工事部工務課從「台灣事業費」之中撥出三百萬圓的鉅額經費，建造堅固的防水堤防。

第三，獎勵造林，嚴禁濫伐：台灣河川之所以面臨如此艱難困境，最大的原因是在清領時期對於山林的濫伐，完全沒有任何的管制措施，也沒有設置任何的負責管理單位所導致，因而必須對於與河川治理關係緊密的水利地，獎勵植林造林，嚴禁對水源林的濫伐行為，而且這是必須立刻執行，刻不容緩之事。從治水策略形成的發展歷程觀察，也可以看到木村匡的意見，之後被總督府負責治水政策的制定與規劃者，消化吸納的過程。以此而論，木村匡所提出的「治水五策」與「治水三法」，對於百年來台灣的治水計畫，有著相當大的影響力。

台灣總督府九大治水策略

台北的治水策略，其源起可追溯至何時？一般而言，在談論此一議題時，都會從《淡水廳志》的〈附中壢擬開水圳說〉所提及，曾任淡水同知曹謹計畫開鑿大圳引水灌溉中壢一事談起。

但是《淡水廳志》關於曹謹計畫開鑿大圳一事，本身就是問題重重，並不可信。反而是一八九五年九月連續兩個颱風來襲，促使總督府儘速研擬台北城的排水工程計畫，並在同年年底興工，而此一排水工程也在一八九六年七月完工。

因而一八九五年、一八九六年間為因應台北洪災問題而興建的排水工程，可視為是台北治水策略之中，排水工程的源起。之後在一八九七年五月對大嵙崁溪上游施行的疏浚工程，應為治水策略之中，對大嵙崁溪與淡水河施行疏浚工程的起點。

同年七月由於民眾自行鑽井取水的狀況日益普遍，導致地下水源日益枯竭，恐怕也會造成地層下陷問題，因而針對台北市街的鑽井取水問題，頒布〈鑽井濫鑿取締法設定〉，對台北的鑽井取水由政府進行公共上下水道的統合管理。這是對台北的地下水資源施行由政府介入管理的開端。

一八九七年十二月黑江蛟（應為水利工程的管理者，以筆名投書）所寫的〈治水之事〉一文，提出台灣的治水事業必須從「砂防工事、植林造林、河身改修、河川調查、水量測定、河川疏浚」，以及在河川上按照地勢條件，建造大小不等的「貯水池」，同時必須管制森林濫伐、茶園開拓，蕃薯與甘蔗等作物在山坡地的種植。這篇文章的論述，提出完整而明確的治水構想，之後所提出的種種淡水河治水策略，大致上都循著此一基本脈絡而規劃，只是之後的版本，其間內容越來越清晰明確。

木村匡之所以在一九一二年提出一個具有整體構想，以及策略可行的治水策略，是因為在同年九月，台北公會以「淡水河的治水建議」為名，召開緊急臨時會議。

面對一九一一年八月末遭遇史無前例的洪水災難，以及自一九〇九年（明治四十二年）至一九一二年九月為止，四年間連續十三個颱風，帶來一次又一次悲慘的風水災，台北城經歷一次又一次被淹沒的慘禍，造成大量人命與財產損失的悲痛教訓。在此之前的一九〇五年（明治三十八年）至一九〇八年（明治四十一年）間，北部面臨三年沒有颱風洪水的大旱，農作物受旱害影響而歉收。因此對於台北洪澇與旱災連續不斷的問題，已經到了不得不浮出檯面，必須提出解決方案的時刻。就在一九一一年大洪水後，十二月台北廳雖然已經向總督府提出建議書，但是對於治水策略，還不明確。

相對而言，一九一二年由台北公會所提出的淡水河治水策略建議方案，在綜合各方的意見，進而達成結論：「台北的治水策略，是台北市興廢與否的緊急問題。台北廳下沿河岸的二、三部落，本次水災近乎全滅的慘狀，令人觸目驚心，而其受害程度，年年增加；淡水河的河川整治，已經是急務。緊急建議案由台北公會召集，現在相關的協議案已經在立案中；幾天之內，台北公會的臨時總會決議後，將呈送建議書。」

面對民意對連續七、八年間，非旱即澇慘重災害的不滿，總督府也到了不得不對淡水河的治水策略提出解決方案的時刻：「督府以昨今兩年。俱懼水害。下流為壑。刻已飭河川調查會。迅為踏測。以資根治。爾策善後。蓋淡水一河。橫流西側。每一氾濫。則台北十萬市民。均此心寒膽破。而農田農園。亦損害不細。如此次之浩蕩洋溢。家屋之損壞。多以萬計。尤為慘痛之極。非興工修治。以疏洪流恐不足以圖善後。」並以總督的名義對台北市民提出治水計畫的承諾：「近內田督憲。特為巡視河道。蓋為實況視察。治水之計畫。或將至於近期著手也。」

因而大嵙崁溪的治水與淡水河改修第一個方案「八塊厝中壢埤圳工事」，隨著法定動工期限的逼近，逐漸浮上檯面，在原初構想之中，既能解決台北淹水問題，又能將桃園臺地荒蕪之地改造成萬頃良田，「桃園大埤圳計畫」遂成為在台北淹水問題上，被總督府青睞的施行方案，並形成列入台灣水利事業第一期計畫的核心執行項目。

其實一九一一年辛亥大洪災發生之後，在以台北公會為主的民意強大反彈壓力之下，自九月上旬開始，臨時台灣總督府工事部與有識之士已經陸續提出幾個試圖解決台北淹水問題的方策，這些方策內容整理成九個治水策略。

一、「水源涵養林」案：在暴風離開，洪水災害逐漸退去之際，台北廳井村廳長立刻提出「將來的治水策」，認為應該在淡水河的上游種植水源涵養林，並且禁止開發山崖地域。

二、「河床浚深」案：加強實行淡水河流域各大河川的河床疏浚工程。

三、「亭仔腳」案：改造台北市街家屋，規定必須建造規格劃一的亭仔腳，以及寬闊的街道路面，家屋建築必須採用防火耐水材料。

四、「運河」開鑿案：效法大阪城的規劃，在台北市街開鑿運河，令洪水能迅速排除。

五、「輪中堤」案：沿淡水河岸建造連續防水堤防。

六、「本島災害救助法」案：由於遭遇前所未見的洪災，為加強救災機制提出鉅額的台灣罹災基金兩百萬圓，建立遭遇災害時的救助機制。

七、「洪水預報機制」案：學習農商務省的「出水警報機制」的治水設施，設立以電話系統為主的出水警報機制。

八、「樟樹造林」案：自清領時期以來，就被大規模破壞的大嵙崁溪樟樹森林，透過有計畫的植林造林，除了能逐漸恢復溪河的元氣，也能替製腦業者提供源源不絕的材料。

九、「砂防工程擴張」案：由於在進入二十世紀前後，日本和台灣兩個世界上最重要的樟腦產地，發生了規模一次比一次更大的洪災，直到一九一〇年、一九一一年的東京和台北都遭遇史上傷亡最慘重的暴洪，至此砂防工程被視為洪災問題的解方，於是自一九一一年之後，開始進行擴張淡水河流域上游的砂防工程。

以上九個治水方案是在辛亥大洪災發生之後，「臨時台灣總督府工事部」與有識之士陸續提出來的，解決台北淹水問題，看起來是可以立刻執行的治水方案，而且部分治水策略在之後也進入施行階段。

其次必須注意的是台北州議會議員石坂莊作《天勝乎！人勝乎！台北洪水的慘禍與治水策》一書中所提出的台北治水策略，其實只是綜合整理在一九一一年辛亥大洪災前後，為解決台北洪患問題，臨時台灣總督府工事部在《日日新報》上，陸續提出的、眾多的台北治水策略構想的其中幾條，直到一九三〇年（昭和五年）尚未執行的部分；而八田與一在一九三八年提出的大嵙崁溪治水事業，其內容也是綜整工事部在一九一〇年代提出的眾多台北治水策略方案。

台北的各種治水策

值得注意和探討的，一九三三年（昭和八年）二月，榕城生發表一篇〈淡水河治水論〉的文章，可說是總結自一九一一年以來對於台北治水的經驗，其中提及欲去除台灣的水害，土砂的流出與堆積是重點，因而上游的濫墾濫伐必須斷然禁止，造林植林則是根本解決之策。榕城生的文章之中，最重要的觀點是「基隆河截彎取直工程」，以及改造大嵙崁溪將河水引流至關渡，即為現在「二重疏洪道」與「塭子圳」等疏洪工程的前身。榕城生認為，「基隆河截彎取直工程」和「二重疏洪道」一旦完工，可以達成幾個重要的效果：

一、去除台北盆地的水患。

二、台北郊區的土地得以改造利用，擴大成為一個大台北市。

三、淡水河淤積問題解決，可以建造淡水港，成為台北市的吞吐港。

四、以淡水港為中心，建造一個大型的工業區。

五、大嵙崁溪上游造林植林可以增進國富。

六、植林涵水可以增進淡水河流域的魚類繁殖。

榕城生所提出的治水策略，雖然在日治時期無從實現，但是在戰後已經被陸續施行，對於台北水患的解除而言，這兩個治水策略的提出，有著相當的貢獻。

自一八九八年八月戊戌年大水災之後，民政部土木局長長尾半平自日本本土延聘河川調查測量專家今野軍治到台灣，組織一支專業團隊，進入大嵙崁溪上游，自一九〇〇年（明治三十三年）開始進行測量與調查，今野透過實務性的工作傳授，為總督府培養了一批重要的河川測繪專家。之後對於台灣的河川測量調查有著重要貢獻的國富由太技手，則在一九〇一年

（明治三十四年）十月底從岡山縣調入台灣。

在現存水利工程的測量圖上，大量地出現了「臨時台灣總督府工事部」工務課技手國富由太的名字，直到一九一九年（大正八年）九月升任技師後，因長年奔波勞累不堪，提出退職為止；一九〇〇年至一九一九年間進行對台灣的九大河川進行長達二十年，連續不間斷的測量與調查，今野軍治和國富由太，在台灣的河川調查與測量上，是在引進實務的技術與方法上，相當重要的人物。

在經歷南台灣二層行溪大壩工程的挫折之後，「臨時台灣總督府工事部」似乎放棄了在二層行溪建造重力拱壩（Arch Dam）的計畫，因而「臨時台灣總督府工事部」工務課技師十川嘉太郎在一九三五年（昭和十年）撰文提及，石門大堰堤終究只是一個不切實際的烏托邦。二層行溪堰堤的挫敗，對總督府水利技師從心理面上產生的衝擊是如此巨大，原來在「台灣水利事業計畫」剛通過時，對於水利事業所展望的前景是如何的美好，甚至企望要學習美國建造能締造亞洲紀錄的重力拱壩。面臨如此的挫折，工事部工務課長德見常雄、技師十川嘉太郎兩位台灣水利工程技術上的引領者，陸續放棄回到日本。

如此，作為桃園埤圳工程計畫核心的石門水庫，究竟是在什麼樣的背景之下，總督府終於下定決心提出桃園大埤圳計畫？石坂莊作曾提及：「但是，在距今十數年前的企劃遂行了，荒蕪之地是化成良田了，功績並不是沒有。如果當年當局肯採用我所提出的主張，那麼，耗費高達七百萬圓的桃園埤圳事業，真的就不會是這麼無用了。此一工程實施的數十年之後，對於前面提到的像桃園埤圳這樣的姑息工程，大概只有留下嗤笑和綿綿不絕的萬般怨恨吧！與其如此，不如現在開始採行令世人驚歎的大計畫，真心殷切盼望能夠早日規劃吧！」

因此就可以知道，桃園大圳計畫的提出與執行，主要就是為了解決台北的淹水問題的五大方策之一，而其實踐內容的核心則逐漸形成以「石門大堰堤」工程為中心。

其實台灣總督府對於水利事業的策略制定構思過程之中，一直存在著一個核心的概念，也就是「台灣的治水事業，不能只有『水害預防』這種消極性質的事業，必須代入積極性的『生產性事業』」，而在技術上的成功，更必須兼顧安全，才能打造出有利的事業。因而也可以得知，「大嵙崁溪水利事業」的三期計畫內容，自始至終都是「台北治水策」的一個環節，除了核心目標的台北治水問題之外，其餘部分大致上都是附加效益而已，解決淹水問題才是始終一貫的主要目標。

這個主要目標在一八九七年至一九一三年間都還是一個只能在紙上構想的規劃項目而已。在此討論其無法執行的原由，必須提出長尾半平、高橋辰次郎（臨時台灣總督府工事部部長）雖能規劃出桃園大埤圳計畫，然而在二十世紀初期，隨著大嵙崁溪上游與源頭區域採樟煉腦的盛行，中下游區域茶樹種植與茶業發展的興盛，在經濟利益當頭之下，而無從執行。

「大嵙崁溪，若造成堰堤，則可灌溉桃園平野約兩萬甲之地。然官設埤圳工程，以大嵙崁上流一帶，為蕃人占據，不得調查水源。故非至蕃地平定後，實無著手之望也。」因此所討論到的，大嵙崁溪上游的控制問題，也是這個時期所遭遇到的困難橫逆。

再說啦，石坂莊作並未考量到的其他關鍵是，一九〇〇年至一九二〇年代要建造「石門大堰堤」，技術、機具和人才的匱乏，恐怕才是最核心的問題。在此必須再次追問：總督府為何提出桃園大埤圳計畫？其原由不就是配合中央政府的殖產興業政策！如果僅僅是單純的治水事業，對內閣與議會而言，似乎並不值得投入如此龐大的資本。

易而言之，如果只是站在單純迅速地把洪水排出的看法，對於農田水利、發電水力、工業水利，甚至水道事業，幾乎都沒有太大的幫助，如此非但總督府沒辦法接受，站在殖民興利立場上的日本政府，更加難以接受。因而，石坂從一個地方議員的角度所看到與知道的，其實都會處在頗為侷限的位置。畢竟對總督府而言，如未能具有殖產興業的方向，除了很難向中央政府交代，也無法通過所需編列的預算經費。後者或許才是核心的問題之所在。

八田與一的台北治水策略

日本人對於一個政策實踐方案從構想到形成的歷程，是相當漫長而複雜，從「台灣水利事業計畫」長達十餘年的形成歷程，即可看到端倪。「台北治水策」最終實踐方案的完成，直到一九三八年（昭和十三年）才在「嘉南大圳之父」八田與一的手上完成。在此之前的一九二九年（昭和四年）、一九三二年（昭和七年），八田都曾經提出相關的構想，其中〈拯救威脅島都洪水的策略「淡水河改修計畫」〉文中所提及的想法，直指他認為可以解決台北淹水問題的方法，必須從治水工程著手，八田提出：「從土木技術者的角度著手，淡水河改修計畫的根本方針應如何做呢？我的想法是在大嵙崁溪、新店溪的上游設計儲蓄洪水的水庫，將基隆河的河水引流出去，這樣子就可以減少洪水量達三分之一。」從此處的文字看來，八田技師在一九三二年已經提出「屈尺水庫」（即今「翡翠水庫」）與「石門水庫」、「馬利哥灣水庫」，如此前瞻而宏大的原初構想。

歷經前人所提出的種種解決台北淹水問題的方案，八田技師不斷吸納這些意見，從一九二九年「石門大堰堤」（石門水庫）到一九三八年「大嵙崁溪堰堤」（大嵙崁溪水庫），八田對於台北治水策略的整體構想，逐漸明朗，也有了明確的構想。這些從前人繼承而來的治水策略，其實質內容，可以歸納出幾個值得觀察的重點：

一、桃園臺地的灌溉工程，這是首先被實踐的方案，但是直到日治時期結束為止，都只有做一半，受益面積相當有限。

二、大型水庫工程，包括西勢、石門、高義蘭、馬利哥灣與屈尺等規劃的水庫工程，以及鳶山堰等大型河水堰工程，直到日治時期結束，被實踐的方案卻僅有西勢水庫。

三、淡水河及大嵙崁溪的河身疏浚工程，這是從日治初期就一直執行，從未停止的工程。

四、三大支流上游的砂防工程，從一九二〇年代開始就持續執行的項目，直到日治時期結束為止。

五、直接將河水引入海洋，其中有南崁溪、中壢溪、鳳山溪和塭子寮等四個方案，南崁溪、中壢溪和鳳山溪方案是引大嵙崁溪水直接注入台灣海峽，塭子寮方案是引基隆河水直接注入太平洋，四個方案在日治時期都沒有實現，其中塭子寮方案在戰後則由政府以「圓山仔分洪道」工程實現。

河川現代化的起點
台灣永久不能忘記的大恩人

鞠躬盡瘁，台灣永久不能忘記的大恩人。

——《台灣日日新報》

日治時期台灣的三代水利技師的代表人物分別是：十川嘉太郎、張令紀和八田與一；若以棒球投手的術語而言，十川是先發投手，張令紀既是先發投手，也是救援投手，八田則是中繼投手。

一百二十多年前，一位日籍韓裔，剛從京都帝國大學工科畢業的學生，被任命為「高等官」、「技師」直接派赴台灣任職，這次的任命創下歷史紀錄。在日本統治台灣五十年期間，張令紀是唯一一位在帝國大學畢業就被直接任命為「高等官」、「技師」的工程師，就算是在台灣知名度最高，鼎鼎大名的「嘉南大圳之父」八田與一，也在「技手」階段熬了四年才升任技師，被列入「高等官」的行列。以此點觀察，剛畢業就被派到台灣任職的張令紀，職業生涯的開端就相當不平凡。

張令紀在台灣待了整整二十年，由於家境貧困，快到三十歲才考入京都帝國大學工科部，畢業後立刻就被派到台灣任高等官，前十年在鐵道部負責眾多路段的設計和施工，同時也協助「台灣水道工程之父」濱野彌四郎的上下水道（上水道戰後改稱「自來水」）工程，以及基隆築港工程。後十年專責台灣的河川、利水和治水工程。由於剛好是台灣水利事業在一九〇八年啟動，台灣的水利設施在總督府投入比建設鐵道更龐大的預算經費之下，逐年逐項水利事業不斷的完成，在長達半世紀的時間裡，由水利事業所建設的水力發電設施，更成為最重要的電力來源，深刻地影響著我們的生活。

受到戰後威權時期政府「大中國」教育灌輸的影響，台灣的現代化源頭總是會被追溯到劉銘傳時期，但是，在財政難以為繼的狀況下，劉銘傳所做的，往往虎頭蛇尾，到了邵友濂接手後，就戛然終止；極有可能在新政耗損過鉅的狀況下，台灣的財政面臨破產窘境，或許這也是李鴻章對於割讓台灣一事，如此乾脆俐落的原因。「財政乃民政之母」，無財政即無庶政，財政的良窳，才是現代化起步的關鍵要素。

「利水」、「治水」、「水力」等三大項目，深刻影響著台灣的產業與城市建設走向現代化的「水利事業」，是不可能再連結到劉銘傳了。一九〇八年三月三日通過的「台灣水利事業計畫」，才是台灣的河川、水利，走向現代化的，影響台灣現代化進程最深遠的事件之一。

張令紀在退休時為何會被讚譽為「台灣永久不能忘記的大恩人」？張令紀，這位有著韓國血統，來自於明治維新的發源地本州島山口縣的技師，他的一生事業都在台灣。台灣可以說是他的第二故鄉。他在台灣留下的水利工程作品數量相當多，其中最為人們熟悉的計有：桃園大圳（北台第一大圳）、高屏電廠（曾經是高屏地區最大的電廠）、日月潭水力發電工程（全台最大的水利發電工程，張令紀是最早的設計者）、嘉南大圳（亞洲最大的農田灌溉水利工程，張令紀是最早的測量調查者），以及東部最大的水利工程「卑南大圳」。

濁水溪源頭踏查

水利事業的開啟是從河川調查開始，在清領時期對於台灣的河川，並未留下有價值的數據，只有文學形式的形容辭彙。日治時期開始後，引進西方現代化的調查、測量技術，淡水河流域的樣貌才逐漸清晰。

其中至關重要的時間，約在一九一四年（大正三年）至一九二〇年之間，九大河川「河性圖」完成繪製，在此之前「臨時台灣總督府工事部」技師、技手群對於台灣的河川，進行了全面性的調查與測量，當時進入九大河川源頭進行調查與測量的景象，究竟為何，今日已經難以瞭解；但是，透過一些殘留的蛛絲之跡，或能得以還原部分歷程。

《台灣日日新報》曾在一九一〇年四月刊載了張令紀所寫的十首俳句，其中一首是：「八重霧深鎖，篝火影泊淡。映照此方寸，幽爾渾忘然。」此一詩句是在進行關門古道探查，於濁水溪眾多河源之一，某處不知名山谷宿營時，身處千萬年來不曾被人類踏查的森林裡，望著幽暗清澈的星空，以及眼前蹦蹦跳躍的營火，逐漸被一層層疊疊累累的霧氣屏住，直到連營火、人影都只剩下朦朧般幻影，遂在詩意大興之下，寫下的十首俳句之一。

張令紀短暫的生命時光，一生志業都在台灣，京都帝國大學畢業到台灣之後，前十年在鐵道事業，後十年在水利事業，如果再給他十年時光，台灣的水利史將呈現完全不同樣貌。

張令紀所留下的十首詩，創作時序在一九一〇年四月十一日。當時《台灣日日新報》派遣記者跟隨殖產局技師野呂寧帶領的探險隊伍，進入中央山脈濁水溪源頭區域，進行集馬橫斷探查旅程。記者將沿途所經之處的部落、人物逐日記載報導。此次長達十九天的關門道行旅，以及踏查濁水溪源頭的故事，每一天所經過的地點，以及所看到的景觀，透過記者生動的文學筆觸，細膩翔實描述探險踏查的林林總總事物，從而也看到了一個活活潑潑、有血有肉的張令紀。

透過此一僅存的紀實報導，逐時逐日的紀錄，《台灣日日新報》每日精彩的文字報導，更能夠深入的瞭解，在開創時期進入深山野嶺，溯九大河之源，進行測量調查工作的艱難。另外一個值得記載的紀錄則是，一九一一年八月末台灣史上災情慘重之至的辛亥大洪災發生時，張技師剛好在角板山到宜蘭一帶進行調查。

設若按照兩部《台灣治水計畫說明書》的內容觀察，此時期的九大河川事業調查是從源頭至出海口，一尺一哩施行全面性的測量與調查，由於山地原住民族還在納入國家統治範圍的進程裡，因而河川調查過程的艱辛困難程度，恐已非今日所能瞭解。

文武兼資，才華洋溢

一八六九年（明治二年）二月二十八日，張令紀出生於日本本州山陽道山口縣吉敷郡山口町，按總督府史料記載，張技師出身於長州藩士族階層。長州是幕末時期推動明治維新的「薩長土肥」四大雄藩之一，尤其薩摩藩與長州藩又凌駕於土佐藩與佐賀藩之上。開創明治維新「維新三傑」之中，西鄉隆盛、大久保利通出身於薩州，木戸孝允（桂小五郎）則出自長州。

崛見末子在回憶錄裡曾提到張令紀的祖父是朝鮮人，因到長州藩工作時入籍於日本。因此可以得知，張家從朝鮮遷入日本的時間，應在黑船來襲（一八五三年）前後，張家或因參與高杉晉作、桂小五郎推倒幕府的戰爭，才獲得升入士族階層的資格。

但是，在長州藩推倒幕府建立明治政府的過程裡，張家似乎並非獲益者，因而張令紀才會提到由於家境相當貧困，在京都就讀高等學校畢業後，由於身無分文，因此進入中學校當了三年中學教師，辛苦地攢存了一些積蓄後，才考入京都帝國大學工科。

一九〇〇年從大學畢業時，已經三十一歲，除了家境貧困與先工作後再上大學，或許與日本人完全不同的韓國姓氏和名字，也造成相當的障礙。他在讀書學習的歷程上，比一般日本學生似乎更辛苦，現在並不清楚張技師是否會講韓語，由於在他的著作裡所運用的文字，得以觀察他的英、日文程度在當時的技師層級之上，學術能力相當優質。八田與一只能寫工程類或論說文的文字，而張令紀除了能撰寫長篇學術工程論文之外，也能寫文學作品。

一九〇一年三月六日，在三十二歲時以技師身分奉派到台灣總督府鐵道部任職，並敘任高等官。日治時期除了由日本本土調入台灣任職的技師之外，帝國大學剛畢業到台任職就以「技師、高等官」任用者，張令紀是唯一案例。一九〇八年十二月十二日，台灣水利事業計畫施行後，轉調入臨時台灣工事部。一九〇九年十月，派任總督府土木部技師，擔任專管水利工程的技師。

嘉南大圳與曾文溪的調查

令人頗為意外者，張令紀調入土木部後的第一個任務，卻是進行曾文溪流域的水利調查。史料提及：「為欲供給台南地方水利及良水。」也就是張令紀在一九〇九年至一九一〇年間被派到曾文溪流域進行調查，其目的是為了著手進行台南的水利和水道事業，但是顯然在此次調查之前，也曾經進行過台南的水源調查，卻一直無法找到適切的水源，因而「延宕至今，無從措手」。

在此同時也提及在一九〇九年底前，「臨時台灣總督府工事部」次長長尾半平到南部出差，進行調查時，發現了曾文溪的水源充沛，是台南水源開發的良好選擇地點，因而以為在曾文溪流域之中，不乏無適當的水源。

長尾半平的結論是：必須再做出更加精細的調查，才能確知曾文溪的水源狀況。因此下達指示山形要助技師進行調查，果然在曾文溪上流噍吧哖附近，找到適合的水源地，之後再把曾文溪流域的整體調查測量工作交給張令紀負責。

張令紀的團隊完成曾文溪測量調查工作之後，此項水利事業就被併入「台灣水利事業計畫」，成為追加的第十大河川。當時雖然已經完成全部測量調查工作，但是何時動工與否，還在未知之數，至於整體計畫的規劃，張令紀認為以三年時間可以完成。

從這一則記載可以得知，在長尾半平的授意之下，委派山形要助與張令紀進行適合作為台南區域水利事業與水道淨水供給的曾文溪流域的測量與調查，因此可以確認張令紀與山形要助兩位技師，是嘉南大圳和台南水道淨水工程，最早的調查與測量技師。如此就更可以知道，在張令紀的手稿之中，關注濁水溪的內容，遠逾其他河川之上，實為其來有自。

另外，從此則記載也可以得知，山形要助和張令紀原為同事，之後山形升任工務課長，張令紀則長期擔任首席技師，兩人之間的情誼，是值得探究的課題。

一九一一年十月，張令紀轉調入「臨時台灣總督府工事部」工務課技師，仍然專管水利工程。自一九〇八年十二月擔任「臨時台灣工事部」技師後，在總督府的土木工程分工上，即為負責統籌全台灣水利工程的首席技師，對於台灣的水利事業現代化歷程，貢獻良多，直至生命的盡頭，仍然為台灣的水利事業，奮筆不止。

一九一五年（大正四年）三月，獲賜一級俸，成為薪資級別最高的技師（張令紀的薪俸是八田與一的五倍）；十一月，獲授與「大禮記念章」。一九一六年（大正五年）擔任「桃園埤圳工事主任」，承擔起桃園大圳和埤塘工程的設計與建造任務。

長年奔波，一生懸命

在一九一九年七月，張令紀改任「八塊厝中壢附近埤圳工事主任技師」，也就是桃園大圳工程的總工程師與總設計師。張令紀的個性耿介，不善與人交際，他在工事部的技師群體之中，定位似乎是比較特殊的，難度高、複雜，難以推動的工程項目，最終幾乎都交到張令紀和他所帶領的團隊。

這一支轉戰於全台工地的土木工程團隊，在張令紀所帶領的眾多下屬之中，狩野三郎、國富由太等工程實務能力堅強的技手，之後都在桃園大圳工程的工地上，獲得升任技師的機會。另外，日治中期之後幾位畢業於帝國大學的重要技師，北川幸三郎、白木原民次、磯田謙雄、納富耕介等，也是在他的團隊之中，從技手升任技師。

由於長期帶領工事部的工程施作團隊，長時間在施工中的工地之間奔波。堀見末子的回憶錄曾經形容張令紀的身形瘦瘦乾乾，感覺上像是嚴重營養不良。由於在全台灣各地的水利工程施工場地到處跑，擔任眾多水利工程的主管和監查，從而與工事部、土木局同事間的相處與交情似乎很少。因此，張令紀所接受的工程任務，多數應來自於「臨時台灣總督府工事部」部長高橋辰次郎與工務課長山形要助的信賴和委任。

除了水利工程實務之外，按照堀見末子的說法，張令紀令人印入腦海且能刻劃其形象的記述，似乎有三項。

第一個印象是「讀書」。他的藏書有兩千冊，其中珍貴的英文藏書數百冊。這些昂貴的英文藏書，應該是他自行耗資從美國採購回來。其實在《台灣日日新報》也曾記載一則引人注目的報導，從其中可以看出張令紀的博學與酷嗜讀書。

一九一五年八月九日，台灣總督府圖書館（今國立台灣圖書館）開館，開館初期收藏圖書兩萬冊，其中八百多冊是由各界捐贈；由於在當時圖書的價格高昂，購書款項是從彩票局收入撥出。每日入館人數限制僅能數百名；《日日新報》特別將捐贈書籍者列出六人，其中列名第一人也無懸念者是民政長官內田嘉吉，令人意外的列名第二即為張令紀；更令人意外的，他所捐贈的圖書全為當時被視為名貴的畫冊，可見得他所讀的書，種類相當駁雜。

第二是「吃飯」，一餐可以吃到四五碗，但是依然骨瘦如柴；之所以會如此，應該和他長年在全台灣的工地奔波，也親自帶領工程人員，跑遍一座又一座的高山，進行調查和測量，因而消耗大量體力有關。

第三是「寫論文」，他是日治時期極少數能撰寫長篇水利工程學術論文的技師，他所遺留的〈合眾國的灌溉事業〉、〈台灣總督府技師張令紀北米合眾國視察復命書（北美合眾國的灌溉及排水工程）〉，對於今日瞭解桃園大圳與石門大壩設計理念的源起，助益甚大。

堀見末子的回憶錄裡，唯一用「一生懸命」形容的技師，只有張令紀。他對每一件灌溉與水利工程的設計與工作，都非常執著，具有拼命三郎的精神，每個工程都要求做到優等的品質，才會那麼早就過世。一九二〇年九月七日，由於長期奉獻在台灣的水利工程事業，積勞成疾，因肺病提出退休申請，由總督府核准後退休。一九二二年（大正十一年）十二月二十五日在東京市自宅內辭世。

按照現存史料記載，一九一三年七月，張令紀帶領一批技師、技手在桃園山區進行測量、調查；由於泰雅族發動抗日事件，日本武裝警察隊在角板山山區進行作戰行動，七月二十九日《台灣日日新報》報導張令紀帶領的工事部團隊為躲避戰禍，進入警察部隊的營區，因而被記錄下來。此時正是桃園大圳動工前兩年，桃園大圳工程計畫也已經正在進行中，張令紀在一九一六年十二月桃園大圳動工時的職務是「桃園埤圳工事主任」，可見得此時他正帶領著工事部的技術人員在桃園山區進行導水路的調查與測量。

況且，在一九一三年七月二十日前後，造成一百零三人死亡，災情慘重的颱風從宜蘭登陸，在鳳山溪口出海，穿越北部的路徑，幾乎與一九一一年八月末的辛亥大洪災相同。

從這些殘存的幾則史料可以得到一些印象，也就是說一九一一年、一九一三年兩次造成全台死傷慘重的颱風襲台時，都可以看到張令紀正帶領著工程團隊在大嵙崁溪上游的山區進行測量調查，這個時期如果不是多數時間都待在宜蘭、桃園、新竹山區進行測量調查，為何兩次造成極嚴重颱風水災的災難來臨時，張令紀和他的團隊都「剛剛好」在大嵙崁的山區工作，而被《日日新報》記者記錄下來？

總督府在一九〇一年延聘今野軍治來台進行大嵙崁溪流域的測量調查開始，直到一九一六年十二月動工前夕，對於大嵙崁溪和桃園臺地進行測量調查，始終未曾停止過。

測量是由土木部、工事部接續進行，調查則是由土木部、工事部和殖產局進行。因此可以推測，張令紀可能是全台河川測量調查實際上的規劃和執行者。

張令紀留給台灣和日本的水利工程遺產

自一九二〇年提出退休申請後，張令紀已經知道自己已不久於人世，於是從退休開始直到辭世之前，他把一九一七年至一九一八年（大正七年）到美國訪問期間，看到以及蒐集到的先進水利工程資料，耗盡心血撰寫出目前尚難以確定數量的學術論文，刊載在各種土木工程期刊。

其中最重要的是一篇一百二十四頁的學術論文，篇名為〈合眾國的灌漑事業〉，字裡行間仍念念不忘台灣的水利建設；尤其他在這篇論文之中，經過到美國實地考察先進國家的農田灌漑排水工程後，提出台灣的水利工程應該學習美國，大規模的使用機械；張令紀認為，一旦使用機械設備的第一件水利工程完成後，購置的機械能移轉至下一個水利工程運用；他到美國考察的經驗，融貫在此篇論文之中。此論文是日治時期工程學術界重要期刊《土木學會誌》在張令紀辭世後刊載，從文中能讀到字裡行間所關注者，無不以引進美國製造的先進機械，改進台灣的水利工程建設為念。

張令紀，才是最早提倡引進美國先進工程機具，建設水利工程者。

張令紀身故之後，事蹟被檔案文獻湮沒，百年來無人知曉，從此處就能得知台灣的歷史研究還存在相當遼遠的發展空間。張令紀是日治時期僅此一例，帝國大學畢業後，派赴台灣總督府就以技師的高等官資格起用者。他也是台灣總督府的水利技師之中，少數擁有數千冊藏書，並能撰寫百頁長篇學術論文，刊載在《土木學會誌》的技師。

辭世後，夫人張敬子女士將他珍藏的一千五百冊英日文藏書捐贈給予山口縣立圖書館，成立「張文庫」，近百年來嘉惠無數有志於水利工程的學子；戰後一九五九年敬子女士去世前將張令紀的珍貴史料三百八十冊再贈與「張文庫」典藏。

台灣永久不能忘記的大恩人

自一九〇八年十二月擔任工事部技師之後，張令紀為全台灣水利工程的測量、調查與設計，耗盡心力；現在可以確定的，他是嘉南大圳工程最早的測量與設計師，也是日月潭最早的測量與設計師。對於台灣的水利工程走向現代化，貢獻良多，直到燃盡生命。

張令紀曾經被派到歐美各國考察水利工程，回台後接受官方媒體專訪時，並未選擇與水利工程領域有關議題，而是透過總督府官方媒體的影響力，談論「自由之國」美國的自由精神。此篇專訪報導是總督府官方媒體極其罕見公開談論民主自由的文章，相信對生活在殖民政府專制威權統治下的台灣人知識分子而言，具有一定的啟蒙意識。

由此也可看到，張令紀是一位思想意識偏向西方自由主義的知識分子，在那個時代的總督府官僚系統之中，是相當罕見的人物。之所以能夠有著自由的精神與勇於提出意見的精神，除了曾經實際到美國體會過自由民主的生活方式之外，或許和他出身自同為殖民地大韓民族的血緣背景有關。在總督府的高等官僚體系之中，不論在思想、背景和經歷上，張令紀都是相當特殊的一位，雖然他曾經被台灣和日本的歷史遺忘了百年之久，卻是值得在今日開啟對張技師的深入研究。

一九二〇年八月當張令紀因為健康狀況極差，退休離職時，《台灣日日新報》刊出了「鞠躬盡瘁，台灣永久不能忘記的大恩人」。

值得關注的是，此一由總督府官媒所刊出的褒揚之至的讚語，究竟是由那位高層官員授意《日日新報》撰稿？縱觀日治時期半世紀間，被稱為台灣的大恩人者，寥寥無幾，被稱為「永久不能忘記」者，唯此一例。依此則值得探討者，《日日新報》為何使用如此令人難解的，帶著濃厚情感的辭語，為張技師送行？

自一九一八年張令紀從美國帶回來拱型重力壩的設計方案、資料、工程機具、施作方法、設計圖、結構圖等詳細的數據與資料之後，讓總督府的水利技師群體大開眼界，自此之後，設計建造出一座重力拱壩，就成為一項志業，自一九二〇年代建造了台灣第一座混凝土重力拱壩「西勢壩」之後，直到大甲溪「達見大堰堤」的設計方案出爐和實踐為止，土石壩、混凝土重力壩等工程技術，就只是必須實踐的終極目標「重力拱壩」，在過渡時期裡技術累積的副產品，最終到了「石門大堰堤」、「達見大堰堤」等巨型大壩的設計方案，毫無懸念者，俱為混凝土重力拱壩。雖然戰前的水利技師最終僅完成了一座小型的重力拱壩，但是戰後仍然由中華民國政府接手，完成了德基水庫、榮華壩、谷關水庫與翡翠水庫，四座混凝土拱壩。

河川調查測量的起點

第一大河的源頭調查

汲雲鋪天際。頓然播霧撓。繚然天風下。世事已忘懷。

——張令紀

台灣的河川調查測量，始於一九〇一年台灣總督府從日本本土延聘專門技術人員今野軍治，率領五人的技術團隊，進入大嵙崁溪上游進行測量與調查。當時總督府之所以會做出必須對淡水河進行河川調查的原由，可以分成近因和遠因。近因是一八九八年的「戊戌年大水災」，對首府台北市造成重創，當時的官報和官媒，都曾對「戊戌年大水災」造成的慘重災損，發出「前所未見」的大洪災，如此驚悚的詞彙。

其實這種對於隨著颱風而來的洪災，寫出「前所未見」的駭人之至的用語，從一八九五年八月開始，和總督府相關的史料文獻之中，幾乎年年出現，一直到一九一一年才出現最後一次「前所未見」，當年同時也出現了「台北全滅」，如此令人惶懼不已的用語。

淡水河河川調查啟動於一九〇一年的遠因則是因為一八九五年八月之後，台北盆地之內幾乎年年淹大水的慘痛教訓；而更遙遠的原因則是清代統治台灣兩百一十三年間，沒有留下任何可以參考的數據，有意義的文字資料，也幾乎不存在。因此要瞭解台灣河川的河性，就必須從「零」做起，就必須一點一滴，年年積累，才能針對台北淹水問題，才能對台灣的水利問題，做出科學性、數據式的評估，也才能真正的對症下藥。

從一九〇一開始進行的河川調查，原來只有對淡水河等幾條大河進行調查測量，因此我們在文獻上經常可以看到「三大河川」、「五大河川」、「九大河川」的用語，之所以會出現此種用語的原由是因為調查經費匱乏的關係，在預算不足的狀況下，只好有時候調查三條，有時候調查五條。但是，不管三條或五條，淡水河始終是河川調查的核心，這是由於河川調查之所以在一九〇一年開始，本來就是為了解決台北的淹水問題。

直到一九一一年辛亥大洪災，「台北全滅」為止，總督府終於痛定思痛，決定編列足額預算，對台灣的河川進行全面的調查。直到一九二九年公告《台灣河川法》施行河川計有：宜蘭濁水溪（今蘭陽溪）、淡水河、頭前溪、後龍溪、大安溪、大甲溪、烏溪、濁水溪、曾文溪、下淡水溪（今高屏溪）、花蓮溪、秀姑巒溪、卑南大溪等十三條，以及小南澳溪等九十二條準用河川，這是台灣史上首次以法律規制認定的大河川，以及準用河川，也是今日河川認定的起源。

台灣首次大規模的河川調查，直到一九一四年完成的調查測量資料，繪製完成台灣史上第一份共計九張的九大河川「河性圖」。目前這批台灣史上唯一的九大河川「河性圖」，多已不知去向。筆者在偶然的機緣裡收集到僅剩一張的《濁水溪河性圖》，從這張《濁水溪河性圖》可以看到，在二十世紀初期所進行的河川調查之仔細，以及數據之精確，這是台灣歷史上，全然運用數據化、科學化的態度解讀台灣河川水文的開端。主持完成有九大河川河性圖繪製者，應該是當時擔任「臨時台灣總督府工事部」首席技師與技術係長的張令紀，這是張令紀對台灣的水利事業，作出重要貢獻的另一個例證。

台灣最早的河川調查，為何從淡水河開始？台灣的河川調查是在二十世紀初期才開始，由於大河源頭都在三千公尺以上，台灣的心臟地帶，進入非常不易。日治初期耗費十數年時間，進行河川調查事業，其中由張令紀所帶領的團隊，深入到各大河川源頭進行測量調查，因而陸續繪製完成台灣第一版的各種河川地圖。

大河源頭的測量調查

張令紀是實務能力與理論撰述都相當優質的技師，對每一件交付執行的任務，都極為投入。在他所撰寫的〈復命書〉、〈說明書〉之內，都曾提及持續施行的河川調查，是水利事業的根本之道。從這裡就可以觀察張技師是以親身上山踏查去實踐的，在一九〇九年至一九一七年間，每條大河的源頭，都曾經出現他的足跡。

一九〇九年為了台南地方的水利與上水道水供應，張令紀帶領一支土木部的工作團隊，執行了曾文溪從上游到下游的測量與調查，並設計了以曾水溪為主的水利系統。在二十世紀初期如何進入台灣的山區進行調查與測量的方法，有關的資料並不多，且其進行踏查的內容，在說明上往往失於簡略。

但是，在一九一〇年四月九日之間，由蕃務本署測量班野呂寧技師所組織的集馬線橫斷隊，以二十天時間進行濁水溪源頭與關門古道的踏查行程，隨隊記者逐日撰寫稿件發送由《日日新報》刊載，得以藉此一探當時實行探查的方法。此次橫斷探險旅程總隊長由野呂寧技師擔任，台北隊帶隊技師為土木部張令紀，另有鐵道部榎本、殖產局加藤等兩名技手，農事試驗場昆蟲科主任新渡戶稻雄、《日日新報》記者服部等人隨隊。

台灣心臟地帶的橫斷探險

中央山脈橫斷線路的調查在此「橫斷探險」之前施行過七次，分別是：第一次在一八九六年，參謀本部派遣陸軍中尉長野義虎進行「地形調查」；第二次在一八九七年，鐵道隊調查班長海軍大尉曾根俊虎施行「鐵道線路調查」；第三次也是在一八九七年，殖產局技師石井八萬進行「地形調查」，前三次都是從集集入山，越過丹大山，從花蓮拔仔埔庄出。一八九八年由森丑之助執行的第四次，以「蕃族調查」為主，從拔仔庄入山，集集出山。第五次是在一九〇一至一九〇二年間，由台東廳屬平田猛執行中央山脈「境界線調查」，從台東入，集集出。

一九〇五年的第六次是由殖產局技師小西成章執行「森林調查」，由台東入山，到達分水嶺後折回。第七次在一九〇六年由土木局技師三浦慶次與技手山形丹三進行「線路探查」，從集集進，拔仔埔出。第八次探查的路線和前七次迥然不同，從丹大山頂越關門山走東北方向，在馬太鞍下山，路線長度是過往七次的兩倍半，經過的高山，都是以往不曾走過的叢山峻嶺，主要以探查濁水溪可能的源頭，以及不為人知的溪流、森林、高山，沿路必須不斷地伐砍榛莽林木，因而此次調查測量被名之為「橫斷探險」。

台灣九大河川源頭調查之始

從一九一七與一九二〇年兩本《台灣治水計畫說明書》所列的附圖目錄，可以得知九大河川河性圖與治水計畫圖的繪製，按照筆者個人收藏十數張珍稀圖籍之中的《濁水溪河性圖》、《濁水溪治水計畫圖》、《濁水溪流域治水森林一覽圖》進行解讀，可以看到在一九一四年至一九二〇年間已經陸續把淡水河等九大河川的每一條支流、森林、河性、山系，繪製出精細的地圖，其細緻程度已經不亞於今日所繪製的地圖。土木局的河川調查事務項目為：水位調查、流量調查、水害調查、雨量調查、地形測量、製圖計算及其他等六大項目。

這些令台灣進入工程現代化的調查，是由當時的技師率領技手、技工們，上山下海進行調查測量之後，才能得到畫出相關的測量圖冊，以及撰寫調查資料。依據一九二〇年版《台灣治水計畫說明書》所提及，一九一四年所實施的全台河川調查測量，是之後據以繪出全台九大河川河性圖的關鍵。

但是，一九一四年的河川測量調查圖面資料，至今都已付之闕如。《台灣日日新報》記者在一九一〇年四月曾經跟隨土木部和殖產局的調查團隊，深入濁水溪源頭進行調查，當時由於隨隊記者逐日進行報導，並撰稿在報紙上翔實的紀實紀錄。中央山脈的調查測量工作，之後為人們所熟知而傳世者則為森丑之助的著作，但是早期張令紀所進行的台灣各大河川源頭的調查，卻早就被遺忘了。

當時重要的帶隊者土木部張令紀技師、蕃務本署野呂寧技師、農事試驗場昆蟲科主任新渡戶稻雄、《日日新報》記者服部氏，以及鐵道部、殖產局等單位派出技手十二名，加上南投廳警部巡查、各參與單位雇員，共計二十九名，而原住民族臨時雇用人員九十多名，組成「集馬線橫斷隊」，自四月十二日入山。主要目標是走關門古道，由各參與專業單位按照專業實行各種探險調查行動。

一八七四年（同治十三年）「開山撫番」之議起，因而調南澳鎮總兵吳光亮到台灣駐紮彰化縣集集埔；一八七五年（光緒一年）吳光亮率飛虎軍開闢中路關門道，當時調集苦力軍伕千餘名，沿途設置碉堡，經歷三年艱苦工程乃告成。

完工之後移住者漸多，然而在駐屯兵引還後，聚居人口離散，到了割讓台灣前一年（一八九四年，光緒二十年），仍住在此地者僅存數戶，遂再度變成荒蕪的郊野，關門道也因而廢棄。戰亂平息後，交通狀況漸漸安全，人口也逐步增加，而頭社鄒族也陸續有人口遷移到此地。

世界頂級美景的百岳河源

集馬線橫斷隊在集集埔集結後，由於十二、十三兩天「四圍山岳。全在濃霧之中。山雨斷續。簷溜聲喧。遂止於拔社埔駐在所以待霽」。因而在拔社埔等待山雨停歇，然而等到了十四日，由於由張技師所帶領的台北隊，已經無法再等待，於是決定啟程入山。

啟程後在山雨灑潑，霧霾籠罩下，全隊九十餘人踴躍而行，魚貫向前，溯濁水溪流域的河段往高山上行進。走到山巒疊翠的稜線上，只見四圍險峰百岳名山環繞，但見兩千尺濁水溪之流急瀉奔騰，直趨南投平野。其間下一溪底，攀一山丘後，再更下溪底，再登一山峰，總計三次走下溪底，攀爬達到五百公尺後，才到達一座山巔之上。

山頂上的平地頗為廣闊，據原住民族所說，此地是「加亞蘭社」的耕地，土質膏腴。而數公尺高的赤松，亭亭竦立於此，左丘附近松林，樹形遒勁可愛。此地海拔兩千三百公尺。回顧早上起程的「侃霧珠」之地，已經在腳下了。

看到前面連亙三千公尺的中央山脈連峰，山稜一字排開，猶如橫貫天空之下，看到此一壯闊美景，眾人在此不禁站立在懸崖絕頂之端，談論山勢峻邁之美。而勇猛強健的太魯閣族，也無法攀到至嶺脈上耕種。一眾隊伍這一夜露宿在安東群山南方「加加威里」的一座峰頂。翌日十點半左右，到達兩千七百公尺的山頂做午膳。十一點半，從兩千七百公尺處出發，腳踩岩石累累的危道，過針葉樹林更爬上一處窄狹的岩崖，攀登一座松林，到達中央山脈前峯三千五百公尺的一座山頂。

登頂之際忽然天風飄蕩，眾人的斗笠和手杖都差點被吹走。原先攀爬過程裡被樹林遮蔽住的安東軍山、能高山、畢祿山等中央山脈北一段連峰，出現在眼界之內。遙望前面路途，張令紀技師等一部分人身影，記者遠望已經細如豆形。當時時間接近下午三點鐘。一日間的行程，從「偑霧珠」開始攀越，攀登高度達到兩千八百公尺。

萬古蒼茫濁水源

某日行程走到濁水溪南邊的源頭之地，在野地裡露營的夜晚，雖然已經在關門道上艱難行走數日，其間的顛簸困憊難以形容，然而張令紀見到濁水溪河源處的滿天星斗，萬載以來渺無人跡，蒼茫黑林巨木圍繞，層層百岳巨峰環伺，遂大起詩興，連續作出了十首俳句詩。

這十首詩都被記者如實記載，並刊登在《日日新報》上。其中一首題為「關門八重霧」，原文為「八重霧は深く鎖して篝火の影さす方も幽かなりけり」，可譯為漢詩體裁：「八重霧深鎖。篝火影泊淡。映照此方寸。幽爾渾忘然。」另一首亦可譯成漢詩：「汲雲鋪天際。頓然播霧撓。繚然天風下。世事已忘懷。」（雲を吸ひ霧を喰へば天つ風下界の事の忘れつあるも）

按此可以得知，張令紀其人非但工程技術學養深厚，其文學底蘊亦頗為精湛，在台灣總督府的工程技師之中，是少有詩才文藝、現代工程技術兼資的一流人才。他在一九一〇年所寫下的十首詩，或有可能是最早描寫濁水溪源頭與關門道，夜色垂暮，怡情緻景的描景詩，按此則或可列入全台詩和台灣文學之列。

記者在記載張令紀寫下〈露營的詩情〉十首俳句詩之際，同時也記錄了〈山蛭撲身的宿營〉故事。

山蛭撲身的「蛭籠峠」驚魂記

在此篇文章的起頭，記者先描述了四月時節，關門道上滿山開遍各種顏色野花的美景，然後提及健步如飛的張技師和野呂技師兩人，以幾乎讓一百五十人的探險團隊（此時已經從九十多人的團隊集結到一百五十人）無法追到的速度，猶如身手矯健的猿猴般飛奔於山林間。在吳光亮飛虎軍修建的舊道路已經毫無蹤跡處，只剩下無止盡的黑森林與泥塗痕跡，此時張、野呂兩位技師作為全隊的領導者，踩踏著泥濘爛土，拉著藤蔓，數次踩在懸崖邊上，為全隊找尋當天可以宿營的地點。

就在攀爬的過程裡，野呂技師突然捉摸到一窩滿滿的山蛭，剎時間他的身上就爬滿了山蛭，形成了一個極其驚悚的場景。記者描述此地的山蛭窩之多，實為駭人之至。野呂技師在眾人驚恐的目光下，將身上的山蛭打落，本來以為全部打光了，結果之後在外套的袖擺下，又發現了五、六隻吸附在上頭。此後眾人每經過頭上有著大樹梢的地方，就會緊張到毛骨悚然，心臟似乎快被堵塞住，深怕從樹上掉落數也數不清的山蛭。眾人因而也將此地命名為「蛭籠峠」，以紀念野呂技師遭遇被山蛭吸附全身的事件。

深谿萬仞絕壁谷

一行人曉行夜宿下，四月十七日宿營在攀越過的一座無名峻峰之下，在寒風瑟瑟下度過一夜凜凜的夜晚。

翌日晨間，曉風催夢醒，以冷水洗臉，其寒冽浸入骨內。整裝收束後，出發時間為整六點鐘，全隊再度攀上前一天所登的無名險峯。此刻，白雲鎖岳，周匝高峯聳立，諸山縹渺於雲海之上。一旦攀過高峰下降到黑森林溪谷裡，張、野呂技師又成為前鋒先導，於是開始了當日行程。

約過了八點鐘時，抵達名為羅區拉嶺的一座山峯，此地有一個圓丘，突出於山峰東面之上，張技師遂在站上此處觀察地勢。只見此下深溪萬仞，斷崖如削，黑林蒼鬱。聽聞張令紀提及，已經故世的小西技師，曾經從東海岸深入到此地踏查，由於受阻於絕壁崖谷之下，只能中途折回。

另外張令紀又再提到，鐵道部河津技手也曾帶隊從「馬里覓絲」逆攀到此山之下，因為遇到滂沱大雨，留滯三天，雨勢不歇，山崩岸絕，無路可通，遂不得不再按原路折返。此地山谿嶮峻，連水鹿都無法越過，何況是人類。

此次全隊能夠到達此地，遙望貫穿「馬里覓絲」溪流的平野，遠處海岸山嶺，恣肆汪洋之東台灣海，水天濛然，境域難辨，為關門道修築而廢棄後，在連路跡都不存在下，首次完成橫越的壯舉。

賽德克徑踄連峰

在此一舉世罕有的險峰、大洋景觀下，全隊遂再起程而行，沿斷崖、踄連嶺，無路無跡可行之下，只有賽德克．巴萊（Seediq Bale）出獵留下的足痕。一行人走到能看到能高山聳峙蒼林之上、合歡山青碧如茵草嶺地，此間青黛色與鋸斷狀的大山嶽嶺，與高峭卓絕的「帝王之岳、台灣北嶽」南湖大山，與凌厲崢嶸、勾魂攝魄的「台灣三尖」中央尖山，眾山名岳，傲然挺立。

總計此次探險調查濁水溪源頭的活動，攀大山越長嶺，共計二十天時間，路程非但極為漫長，參與機關單位數量最多，人員序列相當龐大，人數比一個連隊數量更多。

尤其所經歷處層巒疊複，艱險困難異常，路途經歷的險山崇嶺，眾多名山如東郡大山、無雙山等為後世登錄為「台灣百岳」，都是首度攀登。所經歷踏查處，具為過往無人途經的叢峰稜岩，其路徑險塞，連水鹿都難以攀爬，而探查濁水溪在南側源頭，則是萬古以降，首度有人類到達之地，經過關門道的路途，亦為自此道廢棄後，首度成功橫越完成全部路段勘踏行程。

之後由隨隊記者逐日記載，下山後撰寫成報導文章，在《日日新報》上刊載長達半個月，因而才留下了張令紀曾經深入濁水溪源頭與關門道的歷史紀錄和實況。

在此之後幾乎每年都有報導數則張令紀帶領工事部工程團隊，入高山溯河源進行測量調查的訊息，然而留下翔實之至的信史資料者，僅一九一〇年四月的關門道踏查而已。

其他包括九大河川源頭的調查測量行程，都只有簡略扼要的文字記載。因而此次關門道的調查行程，對於今日深入瞭解工事部工程團隊如何進行河源調查，與走入深山野嶺的工作狀況，是頗為值得參考的信史。

水利現代化的起點

如何定義現代化的「水利」？

我國（日本）領有之前的台灣，還處在前資本主義式經濟時期，連一家現代化銀行、現代化的公司、現代化的工廠，都付之闕如。

——矢內原忠雄，《帝國主義下的台灣》

「水利」這個詞彙，其實是一個很難講得清楚的概念，尤其在歷史學的研究上，更加撲朔迷離。為什麼會產生這種現象呢？主要是認知的問題，在引導或誤導我們對「水利」一詞的認識。今日台灣的「水利」是承續自日治時期，因此應該代入現代化的水利概念，不宜再以清代的觀念，談論水利。

一八九五年日治時期之前的「水利」，也就是荷西、明鄭、清領時期，相對簡單很多。當時所稱水利的含義，只有「農田灌溉、水運、治水」，而且在台灣大概連「航運、治水」都不被算在水利的範疇之內。日本原來的水利所含括的，原來也只有「農田水利、水運、治水」；在西方的文明科技尚未深刻地影響東亞列國之前，此種僅以灌溉、航運作為水利一詞的內涵，本來也就無厚非。

一八六八年明治維新的到來，徹底顛覆了傳統認知上的「水利」。水利，再也不是被框架在「灌溉、航運、治水」而已，人們透過西方的水利工程科學技術，知道了「上水道」可以將河水過濾成純淨的自來水，透過上水道系統接引到每家每戶，讓大家可以使用乾淨的清水，作為清洗、飲用水；家戶使用過的污水，透過「下水道」系統排放，在沒有環保概念的時期，污水直接排入河川，現在陸續建置了污水排放系統，污水先進入廢水回收系統，處理後再排入河海。這是屬於民生用水的部分，自來水設施在日治時代之前，並不曾存在台灣的土地上。

台灣最早的發電廠是在新店溪的龜山發電站，這是為了給台北市使用的發電廠。一九〇八年「台灣水利事業」啟動後，運用公債募集金編列三千萬圓的預算，在當時這是一筆天文數字般的經費，其中列了五個水力發電的工程項目，並且完成了一九七七年被合併改稱「高屏電廠」的「竹仔門發電所」與「土壟灣發電所」。「土壟灣發電所」建成後逾半世紀，是高屏區域最大的發電廠，對高雄、屏東區域的發展與現代化，貢獻甚大。

在日治時期，「水利」一詞在台灣的定義就已經涵括了「利水」、「治水」、「水力」等三大項目，一九三四年八月更曾經對「利水」一詞做出定義：「灌溉、發電、水力、上水道、水運等有關的利水計畫。」這個時期也曾提出「治水工程即高水工程，利水工程即低水工程」，如此簡單明確的講法。更何況一九四六年負責接收的「台灣行政長官公署」頒布的《水利法》，對「水利事業」的定義是：「謂用人為方法控驗，或利用地面水，或地下水，以防洪排水，準備旱溉田、放淤、保土、洗鹹、給水、築港，便利水運，或發展水力。」至今為止，台灣的水利主管單位蛻變為「經濟部水利署」與「農業部農田水利署」兩個單位，此種業務劃分方式相當清楚，經濟部水利署負責管理「河川、排水、水庫、水利能源開發、地下水、海水淡化、自來水、海岸、水權、水利防災」等林林總總與水資源有關的項目。農業部農田水利署管理的業務範圍就單純很多，主要是農田的灌溉、排水。

因此，所謂的「水利」並不是一成不變的用語，過往我們老是將「水利」直接套用到「灌溉」，這樣子的概念其實從一八九五年之後，就已經不適用了。現在講到水利，應該與時俱進，劃分成「利水」、「治水」、「水力」等三大項目，也就是說，凡是與水有關的都是「水利」的範疇，而不再是一直延用清領時期的講法。

水利的現代化，為何是從名詞的定義先開始？日治時期是台灣在「水利」用語上，重要的轉折點；台灣的水利現代化，是在一八九五年才開始的，因此今天我們要瞭解日治時期的水利問題，首先必須認識日本的水利概念。

一八九五年，「水利」定義的分界

對於「水利」的意義，一八九五年是分界的關鍵。採用形成於日治時期，貫串至戰後迄今為止，在兩代政府的法律、規制上所明文記載之定義，將水利分成：治水、利水與水力等三者，此一規範明確的定義在戰後，由政府制定《水利法》之時，直接承續自戰前政府。因而在此必須瞭解，清領時期並無現代化的水利觀念，對於建造大壩，對於水力發電，這些十九世紀新興的水利事業，處在一無所知的狀態；因而日治時期和戰後政府，在水利的定義上與清領時期是全然不同的世界。

矢內原忠雄在《帝國主義下的台灣》曾提過：「我國（日本）領有之前的台灣，還處在前資本主義式經濟時期，連一家現代化銀行、現代化的公司、現代化的工廠，都付之闕如。」因此在清領時期，台灣的水利概念被框限在「農田水利、航運、治水」，倒也無可厚非，但是進入日治時期看待水利的定義，則應加入具備現代化觀念的項目。

可以這樣說，從明治維新之後，迄今為止的日本，將「水利」分劃成治水、利水，是相當基礎的水利知識，而「利水」的歷史、工程等研究，更是當今日本水利學術界的顯學。

重要的水利學研究者富永正義，在一九四二年（昭和十七年）出版《河川》一書中，直接簡單明瞭地提出定義：「利水工事」就是「低水工事」，「治水工事」就是「高水工事」。

近年來關於利水的研究，在日本猶如雨後春筍般，愈益受到重視。以日本文部科學省管轄「國立研究開發法人科學技術振興機構」（JST）建置經營，日本最大最重要的學術論文電子資料庫「J-STAGE」為例，可以查詢與「利水」相關的學術論文計有七千七百篇，與「治水」有關學術論文一萬三千兩百一十六篇，與「水利」有關三萬四百二十五篇。因此可以知道一九四五年之前台灣的「利水事業」，是個值得深入開發的新研究領域。

「利水」一詞的產生原由，可以從日本國立國會圖書館典藏的手稿書翰考查。其中可以追溯到一八七四年（明治七年）集結而成《書翰大全：漢語註解．下卷》，其內文提及：日本第一大河利根川「利水之產的鯉魚眾多」，此處所提及「利水之産」一詞，主要意義就是河川之內的水產之物。

一八八〇年甲田鑑三《小農政要錄．初編卷上》談論「利水學本幹」與「地下利水術」兩者，所指稱的「利水學」就是從河川取水「灌溉」，以及農田「排水」的兩大課題，列入「農業利水學」的根本學問；「地下利水術」的指稱則是：與耕種土壤涵水濕度息息相關的治水之術。甲田鑑三所提出的「地下利水術」，與同年肥田密提出的「利水法」，兩者在概念上幾乎沒有差別。

台灣的現代化水利定義來自於明治維新

從上段的討論可以得知，在明治維新時期，對於如何賦予治水、利水在新時代裡的新意涵，似乎還處在摸索困惑的階段，所謂的利水學、利水術，都還被框限在「農田水利」範疇。這個發展的趨勢，一直到了一八九三年（明治二十六年）武藤亥三郎所寫的《農業教科書》，將第三章直接命稱為「利水」，對於利水提出相對簡單明瞭的定義：「利水就是灌溉與排水。」並將第三章只有列出灌溉、排水，如此簡單扼要的兩節。就在同一年友成德次郎所寫的《神戶市水道弁惑論》，第二章章名「利水的措置」，在此處所討論的「利水」，則為上水道與下水道。因此所謂利水學的適用範疇，起了巨大的變化。

雖然一八九六年福井縣私立教育會丹生郡支會編輯《農業書》第十章名為「利水」，而所論述利水定義仍然限制在「灌溉與排水」。一九一二年《福岡日日新聞》報導門司水道通航的報導，提及門司水道的建設之中「鐵管及利水用具費」等航運建設上所需「利水」費用的編列過程，因此可以從而得知，自明治維新時期直到二十世紀初期，利水的意涵從原本僅僅具有農田水利「灌溉、排水」的意義，逐步演進到涵括「上水道、下水道」，直到將「航運水利」含括進利水範疇，似乎曾經經歷一段漫長時間與觀念上的演變歷程。

台灣的水利、治水、利水計畫，完成於日治時期

一八九五年日治時期開始之後，隨著時代推移，台灣總督府曾經制定三個攸關台灣水利事業發展的指導性計畫：〈台灣水利事業計畫〉、〈台灣治水計畫〉與〈台灣利水計畫〉；日治時期的水利事業發展，即以此三個水利事業計畫作為整體發展之綱目。而日本對於水利一詞的最終定義，可以集結日本產官學界精英組成的水利科學研究所，歷經長期的纂修，在一九六二年出版發行總計七卷本《水利學大系》，作為代表。其中列出水利學領域之範疇計有：水利河川學、發電用水資源、農業用水資源、工業用水資源、生活用水與水源林、水質污濁與廢水處理。《水利學大系》發刊旨趣更提及，在上古時代至藩政時期，日本的水利政策僅包括洪水防禦、農業用水供給，以及船運確保等三項，在農業時代對於水利的概念是相對單純。

然而進入明治時代之後，隨著引進現代西方的科學與技術，水的現代化利用必須考量到水力發電用水、工業用水、都市用水、水與觀光等項目，因而水利的定義，亦應與時俱進。

明治時期開始後，對於河川所兼具「利」與「害」的兩面性格，成為河川行政上的主要方向。促進水資源的開發，推進水的合理利用，即為「利水」；防止與水有關災害的規劃，即為「治水」。這是日本在水利治理思想上重要的分擘。

「水利」一詞，隨著近代西方科學文明引進到東方，在日本、中國和台灣，都已經被賦予

和農業社會不同的意涵和新生命。

在《台灣水利》創刊號由台灣水利協會會長石黑英彥親自執筆的長文〈發刊辭〉提到：「治水、利水為常言之語，相互間關聯密接。」作為日治時台灣水利學術發軔的重要刊物，除了從發刊辭可以看到「治水、利水」含括在「水利」一詞的概念上，更能從其每一期發行刊載的文章之中，得知日治時期對於「水利」一辭的內涵究竟為何。

此種將水利概念劃分成治水與利水，亦源自於明治維新之後引進西方現代化科學技術之後，傳統概念上所定義的「水利」，其實已經無法因應現代化社會所必須具備的水力發電用水、工業用水、都市民生用水等水資源運用概念；純粹以農業社會僅有的灌溉用水、航運、洪水防禦等項目作為「水利」的定義，顯然與時代出現嚴重脫節現象，因而必須與時俱進，將利水概念加入符合現代社會所需的水利項目之內。

在明治、大正時期，由於工法技術還無法對河川施予完全控制，因此一八九六年明治版《河川法》，是以治水為中心完成立法，但是仍然寫入三條施行利水計畫的法條，作為法源根據。戰後的日本水利學研究上，由於已經實現了以「水的控制」為主的「治水」，反而讓以「水的利用」為主的「利水」研究逐漸凌駕於「治水」之上。

在日本的水利史研究上，與戰前「利水計畫」相關領域，已然成為當今日本水利史學研究的顯學。

現代化水利定義的誕生

因此也可以得知，日治時期所稱「水利」範疇涵括「利水、治水」兩個項目，其中「利水」最基礎的項目涵括「灌溉排水、上下水道、水力發電」建設工程。在水利工程施作上則形成「利水工事」與「治水工事」，而「利水工事」定義上即為「低水工事」，「治水工事」則為「高水工事」。

解決台北洪患與台灣治水問題的解方為「高水工事」，為此，分別在一九一七年六月與一九二〇年六月擬製前後兩個版本《台灣治水計畫說明書》。建大圳引水上桃園臺地與水利事業建設之解方則為「低水工事」，「臨時台灣總督府工事部」技師堀見末子曾奉明石元二郎總督的命令，制定了〈台灣全島國土計畫〉，其內容包括了「利水計畫」與「治水計畫」；堀見為台灣制定的國土計畫，至今雖尚未發現存世版本，但是黑谷了太郎在一九四三年（昭和十八年）曾以專文討論，因而令後世得以知曉台灣第一版國土計畫的部分內容。

關於日治時期〈台灣利水計畫〉部分是個還須等待研究開發的領域，值得深入探究。另外，一九三四年（昭和九年）八月內務省土木局曾經要求制定各地方的「利水計畫」，在公文書上說明得相當清楚：「灌溉、發電、水力、上水道、水運等有關的利水計畫。」因而解開了日治時期於對於「水利」的定義，眾多原來看不清楚的論理，從而能夠同時得到解答。

也就是說，「利水」的內涵雖然與時俱進，包括項目戰前較少，戰後隨著時代進展又涵括入一些項目，但是以本文而言，戰前「利水」所包括項目為「灌溉、發電、水力、上水道、水運等」，是由內務省土木局明確定義的範疇，實為確切無疑之事。

比較令人難以理解的是，縱然負責接收的「台灣省行政長官公署」早在一九四六年就頒布適用於台灣的《水利法》，而其所定義的「水利事業」即為：《水利法》所稱之「水利事業」，「謂用人為方法控驗，或利用地面水，或地下水，以防洪排水，準備旱潦田、放淤、保土、洗鹹、給水、築港，便利水運，或發展水力。」

對於「水利」的定義，與戰前政府並無差異，為何至今研究水利史的學者專家，似乎總是把「水利」定義在「農田水利」？此種與時代脫節的狀況，實令人不解。

況且，在戰前水利史研究上重要的文獻《台灣水利》，於其創刊號卷頭辭，已經提到水利含括「利水、治水」。台灣總督府更在不同時期裡，分別制定了台灣的「水利、治水、利水」計畫，其中台灣總督府的利水計畫之研究，至今仍未展開；戰後日本的水利史研究從治水開始，近二、三十年來水利事業領域的研究成果，已經轉向以利水為主，相關成果累積豐碩。

相對而言，戰前台灣的利水史，仍然等待開展；今日或許應深入開啟此一課題的研究，方能有意義地解讀台灣整體的水利現代化概念與政策的形成與發展過程。

第二篇
台灣的驕傲

至今為止在中華民國政府的眾多宣傳資料之中，往往將石門水庫定位為「戰後台灣第一個多目標水庫及遠東第一高壩」。考究「遠東第一高壩」這個詞句，最早出現在石門水庫設計階段，由台灣省建設廳水利局所編寫的《台灣省建設廳水利局四十一年度年報》首先寫入。沒想到這一句形容詞彙，之後被摘出作為宣傳用語，衍生出「遠東最大的水庫」、「遠東第一大壩」、「遠東最大的水利工程」等類似，也極不精確的用語，從而大量地出現在課本、書籍、電視節目、宣傳品等難以計數的領域。石門水庫是「遠東第一高壩」的形象，在台灣深入人心，是台灣人最熟悉的常用詞之一。

其實，日本在戰後初期的一九四〇年代末期至一九五〇年代末期，透過戰前經驗的累積，以及殖民地水利人才回到日本，曾經建造過一座又一座比石門大壩，更宏偉、更巨大的混凝土線式與重力拱壩。因此，直到一九六五年才完工的石門大壩在實際上從未成為「遠東第一高壩」，在此之前日本政府已經建造出眾多比石門大壩更高的混凝土重力壩或重力拱壩。由於民國政府高層與工程人員，對八田與一設計的達見大壩，與戰後早期日本政府設計與建造中的大壩，並不熟悉，因此將「遠東第一高壩」作為石門水庫的形容詞。由此也可以看到，我們對於世界史、亞洲史、東亞史、台灣史的知識，還有眾多應予補強的空間。

本篇內容共計列出五個曾經名列世界第一、亞洲第一、東亞第一，與河川水利相關的內容，其中只有「樟腦」產量世界第一，比較為人們所熟知而已；另外四個項目所創下的紀錄，理應為台灣人的驕傲，卻至今幾乎不為人們所知，真的很令人扼腕。尤其更值得詳加探討的，是至今為止連動工、在建期間的相關照片都找不到的「達見大堰堤」（日治時期用語，本文為區隔，不加「」時，以達見大壩代替，戰後政府使用的用語則是達見水庫、德基水庫），如果達見大壩按照原定進度在一九四五年完工，那麼直到一九六〇年代為止，都能保持世界第二高壩，亞洲第一高壩的紀錄也能保持到一九八〇年代。

東亞第一
東亞第一座重力拱壩在台灣

基隆水道的水源地，……由杉樹為主，所構成的人工林之美。這一座大壩在滿水時，清波蕩漾，幽艷動人，為北部台灣僅見的絕美景緻。

——青木繁，〈山林與人生的探究〉，《森林回望》

說來令人難以置信，當今世界上建造水壩最先進的拱壩技術，在東亞區域最早出現的地方，竟然是沒有什麼台灣人聽過，也幾乎沒有任何印象的「西勢壩」，這真的是頗為弔詭！其實啊，筆者在研究台灣的歷史和地理的心路歷程裡，一直覺得我們對於中國大陸土地上的地名和諸多事物，了解得比較多。相對而言，我們對自己土地的歷史和地理，知道的很少。當然，對於離我們最近的兩個鄰國：日本的沖繩縣和菲律賓，知道的更少。

每次我在演講和上課時，在桃園的場次和學校，總會問一下學員或學生，桃園市境內出海口最北邊的河川是那一條？最南邊的是那一條？說實在的，到現在為止，還沒有人答對過。倒是不少學員都知道中國最南邊的界河是「北崙河」，最北邊則是「黑龍江」，最東邊是「烏蘇里江」，比較少人知道的是西邊的「瑪爾坎蘇河」。

看起來可能有點不太對勁，才會讓我們對中國知道的這麼多，對自己的土地卻如此陌生！

西勢壩，真正的設計者是誰？或許還湮沒在《台灣總督府公文類纂》之中，也可能已經被銷毀了。戰後初期曾經經歷一段將日治時期的文獻大規模銷毀的階段，甚至差點把《淡新檔案》也盡數銷毀。現存日治時期的檔案文獻，可能是千不存一，從而也導致我們對自己歷史的疏離。

還好，大型的工程建築沒那麼容易拆解，今天我們仍然能看到西勢壩在近百年前的原始樣態，希望未來的百年仍然能完整保留這座重要建築，也希望有朝一日政府能意識到這座粗獷之至、幾乎看起來完全不像拱壩的重力拱壩建築，在東亞歷史上的重要性。至今為止日本人仍然認為在一九三〇年完工的「芋洗谷大壩」，是東亞第一座拱壩建築。由於芋洗谷大壩確實是日本本土的第一座重力拱壩，因此被土木學會「日本的近代土木遺產：現存重要的土木建築二〇〇選」列入，成為日本在水利工程建築上的國寶，未來應該也會是日本申請世界文化遺產的重點項目之一。

但是，東亞區域出現的第一座重力拱壩，實實在在就是一九二六年完工的西勢壩，比芋洗谷大壩早了四年！以此點而論，西勢壩就值得列入台灣申請世界文化遺產的熱門名單了。

在過往五百年間，世界上最高的大壩是一座重力拱壩，這座以土石等自然材料建造的重力拱壩，是由蒙古帝國所屬伊兒汗國的技師所設計建造。

東亞區域出現的第一座重力拱壩，是一九二三年在基隆水道水源地動工，一九二六年完工，原名「基隆水道貯水池」的西勢壩。

除了是東亞第一座混凝土重力拱壩之外，西勢壩還締造了四項東亞第一的紀錄：壩體伸縮接合部的設計、溫度變化觀測儀的置入、混凝土澆築技術的引進與運用、壩體內部設計排水裝置。這些由美國水利事業為了混凝土重力壩所發明的新技術，在東亞首次運用，即為西勢壩。

西勢壩，日治時期名稱為「基隆水道貯水池」，是東亞第一座重力拱壩。圖片提供：林煒舒。

重力拱壩是世界上最先進的建壩技術

重力拱壩，直到二十一世紀的現在為止，仍然被視為是先進的水壩建造技術。中國在二〇二一年五月完工的白鶴灘水庫大壩，位於中國雲南省巧家縣與四川省寧南縣交界的金沙江幹流上。白鶴灘大壩的壩高兩百八十九公尺，採用重力拱壩設計，庫容量二百零六．三億立方公尺，與洞庭湖容積相當，年均發電量可達六百二十多億千瓦時。

據說白鶴灘水庫是世界上規模最大的水力發電站，工程更締造了六項世界第一。從被視為中國驕傲的白鶴灘大壩，高度仍然只能限制在三百公尺以下，可見得在人類的水庫建造史上，一百公尺、兩百公尺、三百公尺，都是難以跨越的數字。

比較有趣的是，重力拱壩的設計與建造，已經存在達千年之久，只是隨著材料科學的進展，而有著不同的樣貌。羅馬帝國的水利工程師被認為是人類歷史上第一座拱壩與扶壁壩（Buttress Dam）的設計與建造者。羅馬帝國崩潰之後，西方文明的重力壩（Gravity Dam）工程傳統與一般堰堤的建造與設計，也隨之衰落。直到十三、十四世紀之間，統治波斯的蒙古帝國所屬伊兒汗國的水利技師們，建造了多座重力拱壩，其中包括六十四公尺高的庫里特大壩（Kurit Dam），直到二十一世紀初期，此座位於伊朗境內的重力拱壩，才被認定在長達五個世紀，五百年以上，是世界上最高的大壩，直到一九〇四年此一世界紀錄才被打破。

過往千餘年間，重力拱壩的建造是以土石堆疊而成，由於土石在自然界無所不在，獲取相對簡單，也不需要任何複雜的機械予以挖掘或運輸。儘管由泥土和鬆散岩石組成的大壩──一般稱此種結構為「堆石壩」（Rock-fill Dam）──容易受到侵蝕或沖刷，但是這些材料建造的壩體，可以成功地蓄水；其實，由於受到材料科學進展的限制，在第一座混凝土壩技術出現之前，建造壩堤都必須採用自然界可以取得的土砂或岩石。

但是，此種土石材料的壩堰相對需要某種不透水的障蔽，如倚賴覆上一層緻密的粘土，在木板表面或位於上游面頂部，或壩堰內部鋪上混凝土板塊。否則，由於壩體結構的滲流與滲透，將會破壞壩堰主體構造，並導致出現坍塌危機。

為了防止滲漏，早期壩堰建造者往往使用砂土漿，填充鬆散岩石或磚石塊間空隙，以形成適合壩堰上游面的防水屏障。後一類型設計，一般通稱為「土石重力壩」（Gravity Rockfill Dam）此一名稱所指稱者係以石塊、混凝土或此兩者的混合物，所組成的固體結構。

大壩建造在十六世紀後期的西班牙頗為興盛，這是因為當時歐洲最富庶的國家即為西班牙，由於從中南美洲掠奪了大量財富，從而也發展了眾多新創技術。

西班牙早期建造的大壩，知名者包括阿爾曼河重力拱壩（Almans Curved Gravity Dam, 高十五公尺，一五八六年完工啟用）、阿利坎特重力壩（Alicante Gravity Dam, 高四十一公尺，一五九四年完工）、埃爾切拱壩（Elche Arch Dam, 高二十三公尺，一六五〇年完工）與瑞爾路拱壩（Rellue Arch Dam，高三十二公尺，一六五〇年完工）。在此期間，西班牙的水利工程師編纂完成重力壩的施工原則。直到一七三六年，戴培里（Don de Berry）使用幾何學方法，才明確指出大壩的建造比例法則。

重力拱壩技術何時引進到東亞？

重力拱壩技術被正式引進台灣與日本的時間，究竟是在何時？按照現存史料，可以判斷此一時間點在一九二〇年二月，張令紀就將與重力拱壩設計相關的數據、圖面、資料，寫進他的〈北美合眾國視察復命書之件〉內文之中。

對於日本的水利技師而言，當時猶如烏托邦一般難以變成現實的重力拱壩技術，其正式引進台灣和日本，實實在在地存在著一個明確的、被史料記載下來的時間。幸運地，〈北美合眾國視察復命書之件〉的手稿正本，除了被送進日本內閣政府存檔永久保存之外，在張令紀去世後，此一稿件的第一冊內容被以論文形式刊載，因而可以得知此一文件的內容，對於日本政府和工程學術界，具有相當影響力。

在〈北美合眾國視察復命書之件〉撰稿完成之後，多目的混凝土重力拱壩技術，對於日本與台灣的水利技師而言，逐漸不再只是夢想，追求建造出第一座重力拱壩，就成為橫跨戰前戰後兩個時代的水利技師與水利工程師所追求的夢想。

按此則能認定，這是張令紀對日本和台灣最重要的貢獻之一。更可惜的是，此一重大的貢獻，卻被掩藏在層層疊疊的史料之中，若非他在去世之後，有心人將其遺稿投到《土木學會誌》，並予以刊載，近百年來嘉惠無以數計的土木技師，則張技師一筆一畫寫出的嘔心血之作，或將連一點點影響力都難以存在。

日本本土的重力拱壩出現時間相當早，在一九二六年（大正十五年）於宮崎縣五瀨川水系芋洗谷川動工開始建造「芋洗谷壩」，並於一九三〇年完工。芋洗谷重力拱壩壩高二十五．五公尺，堤頂長六十九．七公尺，堤體積七千立方公尺，總貯水量六萬一千立方公尺，有效貯水量僅三萬八千立方公尺。雖然整體規模構造，屬於日本在建造重力拱壩技術上的實驗性質，卻由於其所具有的特殊性，被土木學會「日本的近代土木遺產：現存重要的土木建築二〇〇選」列入，成為水利工程上的國寶。

但是，出人意料地，芋洗谷壩卻不是東亞第一座重力拱壩。

東亞第一座重力拱壩是「西勢壩」

東亞區域出現的第一座重力拱壩，是一九二三年（大正十二年）在基隆水道水源地動工，一九二六年完工，原名「基隆水道貯水池」的西勢壩。據石坂莊作在一九三二年提出說法，西勢壩是由「台灣自來水之父」巴爾頓（William K. Burton）在一九〇一年所設計建造。這個說法很不正確，偏離歷史事實，實在是太遙遠。

其實，巴爾頓和濱野彌四郎在一八九六年已經提出基隆水道的設計案，只是當時所提出的設計案，主要是在東勢坑溪和西勢坑溪分別設置長度三十．〇三公尺與十五．一五公尺，但是高度都是三．〇三公尺的混凝土攔河堰各一座，工程在一八九八年動工，一九〇二年（明治三十五年）完工。

在一九〇二、一九一五、一九一七年的三次基隆水道工程，並未興建水庫。

一九〇二年主要工程是攔河堰與基隆水道的建造，一九一五年是採用設置揚水唧筒抽取西勢坑溪和東勢坑溪的水源輸送到淨水井，一九一七年則是濾過井和淨水井的擴張工程，直到一九二三年才編列七十四萬圓工程經費興建西勢壩，因此直到一九二六年竣工之後，基隆水道才有能力供應八萬人，三十六萬立方尺的自來水。

西勢壩在巴爾頓之後歷經四次擴張改建，但是直到一九二三年才改建成如今的混凝土重力拱壩，此時巴爾頓早已去世二十四年，濱野彌四郎也在一九二〇年就離開台灣了。而且從台灣總督府的史料可以確認，巴爾頓和濱野彌四郎所建造的是取水設施，並不是水庫，因此一九二三年將西勢壩建造成重力拱壩，真正的設計者是何人，始終是個等待發掘的謎團。但是，能夠從史料確認的，西勢壩是由台灣總督府內務局土木課直轄的水道工程。

按照西勢壩具有的特殊性，以及濃厚的實驗性質來看，以及一則文獻記載所提及：總督府技師張令紀「在職多年與濱野技師等一起，對於都市衛生工程的建設，鞠躬盡瘁，是台灣永久不能忘記的大恩人」。此則文字所寫下的對張令紀褒揚的功績，主要是在「水道事業」而非之前所知道的「水利事業」與「鐵道事業」，頗令人意外。

由於西勢壩的獨特性，其原初的設計者與年分，是值得關注的。西勢壩是一座具有實驗性質的混凝土重力拱壩，與武界壩一樣是台灣建造混凝土重力拱壩和線式重力壩的技術累積和過渡時期的產物。但是西勢壩在造型上的樸拙，有著技術積累和過渡時期的特質。

西勢壩締造了五項東亞第一的紀錄

而且，西勢壩還有著幾項存在於混凝土重力拱壩設計上的特點，這些都是台灣的大壩建造史上，首次嚐試的技術工法，值得詳細介紹：

一、壩體伸縮接合部：這是美國在建造一九一〇年代的「世界第一高壩」箭岩大壩（Arrowrock Dam）時所發明的技術，是為了預防混凝土拱壩的壩體出現龜裂現象而設計的結構。這項已經被世界各國普遍運用在建築工程上的技術，是源自於美國水利事業。

二、溫度變化觀測儀：早期的混凝土壩技術在溫度觀測與控制上，還沒有概念，直到箭岩大壩建造時，美國墾務局技師研發了世界上最早，控制壩體澆築的溫度控制技術，此種技術是由張令紀介紹引進的，總督府在留存文獻上，明確提及西勢壩是台灣最早使用此種技術澆灌混凝土壩體。

武界壩是台灣最早的混凝土重力壩。圖片提供：林煒舒。

三、混凝土澆築技術：在工程技術上，西勢壩運用當時美國發明的新進技術項目，遠逾一九三〇年才完工的烏山頭大壩。西勢壩的壩體是採用混凝土澆築技術，此種技術也是張令紀建議引進。由西勢壩的壩體作為實證直接觀察，台灣在一九二三年時已經可以使用混凝土澆灌技術了。

四、壩體內部排水裝置：混凝土壩的結構比較值得注意的是，積水滲透的問題，因此美國墾務局在箭岩大壩建造過程裡，研發了在壩體內部的排水裝置，此種裝置也記載在西勢壩的建造文獻之中。

西勢壩的高度三十一．五一公尺（一百零四尺），壩頂長度一百二十六．九五公尺（四百一十九尺），比日本第一座重力拱壩「芋洗谷壩」早四年完工，也比芋洗谷壩更高、更長，而且自一九二六年完工至今，仍然是基隆市民的自來水源，其水質更以乾淨清澈聞名。

東亞最長

東亞最長的隧道和導水路

諸位英靈於組合創業期間，遭逢艱難辛苦之極至者，無過於掘鑿導水路。此一工程之作業，須與惡劣之地質、危險鬆塌之地磐搏鬥；在不見天日之隧道內，日以繼夜，無休無止地挖鑿，然而卻陷入「挖了又坍，塌了又挖」之極端困境。在難以停止之崩坍處境下，更冒出無以預測之瘴癘惡氣，從而造成多數人員殉職之境況。

——〈桃園大圳慰靈祭祭文〉

八田與一曾經給桃園大圳直接下了一個「難工事」的評語，在日治時期開鑿的水利工程之中，只有桃園大圳獲得「難」字的評價，可見得這是日治時期工程技師們的共識。

桃園大圳第二號水橋，是桃園市現存唯一一座百年水橋，這座水橋也是北台灣現存唯一一座百年水橋，以及桃園境內最早的鋼筋混凝土建築。百年來，將源源不絕的灌溉水，輸送到桃園臺地，打造了北台糧倉，見證了桃園大圳的旺盛生命力，以及艱苦的貧困歲月。

桃園大圳第三號隧道在一九一六年開始挖掘，比較詭異的是，在日本時代具有相當知名，並且維持了至今為止還無法被打破的紀錄：長達半世紀以上，台灣第一長隧道；現在仍然可以列名台灣前十的長隧道；在可見的將來裡，將維持桃園市「第一」長隧道百年以上；永遠無法超越的紀錄是，台灣史上由「人工挖掘」的「第一」長隧道，或許也是東亞最長的人工挖掘隧道。更詭譎的是，這四項紀錄，卻幾乎沒有什麼桃園人和台灣人知道。

我們和自己歷史的斷鏈，恐怕真的是蠻嚴重的。

一九八九年古川勝三創作一部小說體裁的八田與一傳記，中文書名《嘉南大圳之父：八田與一傳》（二〇〇一年才譯成中文出版），之後在一九九八年陳文添將此書的內容改寫，由國史館台灣文獻館出版《台灣先賢先烈專輯：八田與一傳》，因而古川勝三在書裡頭以小說體裁寫的：「土木局擬將此項工程設計派給以八田與一為首的年輕技師們，因此調任八田與一。用水設施的視察也為此而行。決定負責桃園埤圳工程的八田與一和年輕有為的技師進入深山、跑遍高原，以很短的時間完成了基本的設計書。」然後又寫到：「一九一七年升任土木局長的山形要助召見八田與一，委以嘉南大圳建設的重任。」陳文添的著作將古川勝三寫的土木局委任八田與一的段落，和山形局長召見八田的段落合併，變成民政長官下村宏召見八田與一，拜託他接下桃園大圳工程的擔子。這些段落之後不斷被歷史論文傳抄，導致桃園大圳是八田與一設計的說法，不斷傳布，因而不斷困擾著還原桃園大圳史實的研究。

將八田與一的故事以小說體裁呈現，並不是壞事，古川勝三也確實寫出了一個活潑生動的八田與一，但是卻也從造成了嚴重的誤導，反而將真實的歷史，掩蓋住了。

在日治時期，桃園大圳是與日月潭、嘉南大圳並列的，「北南圳、中明潭」三大水利工程之中的「北圳」，也是台灣總督府不斷宣揚的重大政績之一。如此重大的建設項目，締造了多項東亞歷史紀錄的水利工程，百年來卻被層層迷霧掩蓋，令人扼腕。這也是筆者企圖還原的真實歷史。

桃園大圳第三號隧道，為何曾經是東亞最長的隧道？在一九一四年時，生駒隧道（三千三百六十公尺）是日本本土第二長隧道，僅次於笹子隧道（四千六百五十六公尺），笹子隧道在一九一四到一九二二年間是東亞最長的隧道。桃園大圳第三號隧道（四千九百三十七公尺）於一九二二年完工，一九二四年通水，直到一九三一年日本本州關東區域清水隧道（九千七百零二公尺）貫通之前，是東亞與台灣最長的隧道。

桃園大圳第三號隧道保持台灣最長隧道的歷史紀錄，長達半世紀以上，理應是台灣人引以為傲的歷史事件，卻被長期湮沒。

北台灣第一大圳，桃園大圳導水隧道的建造，是台灣史上最艱難的水利工程，八田與一曾經給桃園大圳導水路工程，下了一個「難」字的定論，意為「艱險困難之至的工程」。由於一萬五千七百公尺的灌溉導水隧道，全部採用人工挖掘，在台灣史上，已經找不到第二個案例了。

桃園大圳設計的原型：甘尼森大圳

桃園大圳導水路工程在設計上的原型是美國水利事業之中，以導水隧道工程聞名於世的「甘尼森隧道」，從張令紀傳世遺稿進行解讀，可以觀察到兩者在工程施作理念上的相似性。

桃園大圳工程的導水路，其設計原型源自於美國水利事業的甘尼森大圳導水路和隧道。甘尼森隧道與大圳在一九〇九年完工，美國墾務局投資兩百九十萬五千三百零七美元，隧道長度九千三百四十二公尺，是當時世界上最長的灌溉隧道。

在張令紀傳世的手稿之中，一九二〇年完成的〈大正九年二月十一日復命書其一：北美合眾國的灌溉事業〉與〈大正九年四月一日復命書：其二排水法概說〉、〈復命書其三：排水各論〉其所撰述的三部手稿本，可以從中窺探當時的水利工程技術的進展。

在此一復命書內所引介入台灣與日本的工法技術，其中的隧道與水路工法為：甘尼森大圳導水隧道（Gunnison Tunnel）、草莓大圳導水隧道（Strawberry Tunnel），以及提頓大圳導水路（Yakima-Tieton Canal）。從張令紀所遺留的復命書之中，可以找到桃園大圳與大嵙崁溪大壩設計的原型。

美國墾務局（United States Reclamation Service, USRS）創立於一九〇二年，張令紀在其著作之中，將此一單位按照其管轄事務，譯為「合眾國水利局」，其於一九〇二年創立時的法律依據為《墾務法》（Newlands Reclamation Act），此法也被稱慣稱為「低地墾務法」或「國家墾務法」，張令紀則將其按法律規範管理之內容與範圍，譯為《合眾國水利法》，此一譯名雖較符合此一單位所管業務的原有意涵，但是戰後迄今我國政府水利機關單位，俱按字面意思譯為「美國墾務局」、《美國墾務法》，因而本文也按照戰後慣例翻譯。

一九一七年十一月，張令紀到達科羅拉多州甘尼森大圳導水隧道進行考察，甘尼森大圳導水隧道長達九千三百四十二公尺，從一九〇四年美國政府立案後，一九〇五年二月開始進行挖掘工程，由於此一工程的挖掘長度創下世界紀錄，被喻為「奇蹟工程」。

一八五三年到達科羅拉多州的甘尼森（J. W. Gunnison）上尉，是這片沙漠荒野地域最早的拓墾者，他對此地的第一眼印象描述為：「這是一片只有野蠻人才能耕種和居住的沙漠地帶。」由此可見此地在白人尚未進入拓墾之前，這是一片和郁永河筆下形容的桃園臺地，在地理條件上似有相似之處，都是不適人居的荒蕪之地。

科羅拉多州西南部的領土從礦工向西遷移開始吸引了新的拓墾者。一八六八年，猶特印第安人（Ute Indians）被迫放棄了他們的土地並於一八八一年搬遷到猶他州領地，同時他們的家鄉對公眾開放定居。修建水圳，從安卡法格河引水灌溉田園。

山谷內可耕地約有七萬零八百二十公頃，新拓墾移民認為山谷的土地相當肥沃，值得開墾，因而在一八八〇年代初期，移民成立數家水圳建造公司。但是和美國西部眾多區域的情況相同，農民與水圳建造公司高估了一八九〇年代此地可引水灌溉的土地數量，因而僅能開墾一萬兩千一百四十公頃田地，水資源的不足，無法讓所有土地都蛻變成農田。

一九二〇年六月，張令紀在〈北美合眾國視察復命書之件〉寫下如此字句：「甘尼森大圳導水隧道是科羅拉多州灌溉工程的水頭，是為了將甘尼森河水導入安孔帕格雷溪谷。」「隧道的斷面幾近於方形，頂部則為平拱形，寬十一呎、高十呎，至頂部的斜率為五百分之一，取水流速每秒十呎，最大流量每秒一千立方尺。」

若從張令紀所留下的手稿進行檢視，可以觀察得到在他筆下所描述的甘尼森大圳隧道建造工程經過的文字資料，其內容結構即為桃園大圳導水路的設計原型，這就是張令紀在桃園埤圳工程主任的任期內，所留下為桃園大圳擘畫設計的藍圖與文字紀錄。

「實為一大難工事」

張令紀筆下甘尼森大圳導水隧道在挖掘過程所遭遇到的艱難歷程、設計構造，幾乎就是桃園大圳導水隧道建造過程所以經歷的「難工事」處境（日文「工事」，即中文的「工程」）。他在遺稿之中書寫的掘鑿方式，能夠提供幾個可以深入探討的問題。

甘尼森大圳隧道的西側坑道口位於西達峽谷，此處溪谷坡度達到四十分之一，因而需要挖掘長而深的下切工程，西側坑道口三百六十五公尺處為西達溪谷沖積底部，流過的湧水極多，需要大量支撐板模工，此處施工艱難程度更高。工程標案從一九〇五年二月投標確定後，就開始施行。由於得標人的資金匱乏，也沒有適當的工程設備，遂在四個月後宣告破產，轉由美國墾務局接手。

美國墾務局的規劃是從四個位置共同挖掘第一號至第四號導坑。桃園大圳也是分成四個導坑挖掘，並且將四個導坑工程分成第一至第四號的工程標案，第一、二號導坑工程由大倉組負責，第三、四號導坑工程由澤井組建造。在一九一六年十二月動工時，已經被定位為「一晝夜操作。或掘進十二尺。或掘進四尺。總而言之。實為一大難工事」。

當時第三、四號隧道工程設置豎坑十座，進入導坑開鑿的工人五百餘名，再加上各種辦事、後勤經理等工作人員，總計千餘人。相對於澤井組留下的報導、文獻較多，而大倉組幾乎沒有留下可資參考的文獻，若按澤井組動員的工程人員達到千餘人推估，則大倉組的第一、二號隧道工程之中，包括困難重重的石門取入口工程，其工程難度不亞於澤井組，則大倉組的工程人員應該也有千人之眾。

導水路工程施作主要內容包括，在桃園廳大坪庄興建石門取入口，此一取入口是在一塊巨大岩石之上，掘鑿一口進水井，以及兩座引水閘、一座進水閘、沉澱池一處、八段馬蹄形隧道（寬和高各三．六公尺，隧道總長一萬五千七百零七公尺）*、水橋五座；明渠十一段，共四千五百八十公尺，自八塊庄大湳出水口啣接長達兩萬五千三百公尺幹線。

桃園大圳原設計的支線共十二條，長度十一萬四千七百公尺；六條分線，共兩萬六千公尺；貯水池的進水線開鑿兩百四十一條，十四萬六千公尺；小給水路共六萬八千六百公尺。灌溉面積達到兩萬三千多甲。

桃園大圳工程是由「臨時台灣總督府工事部」負責建造，工事部是總督府在一九〇八年原定創設「水利局」的承續單位，技師堀見末子曾提及工事部工務課技師白石誠夫是桃園埤塘合併、改造的執行者。

按一九二四年新竹州《桃園大圳》記載，此一工程計畫在修正之後，決定在取入口連接長達二十公里導水路，從廣豐出水口接續的幹線、支分線上，將原有埤塘，一部分留存，一部分整理，或新建貯水池，將引取的大嵙崁溪河水，以及雨水，進行貯存，再以小給水路灌溉臺地上的農田。

讓沙漠開花的甘尼森大圳隧道

甘尼森大圳第一導坑在靠近東側河岸取水口，是從西側向東側方向進行挖掘的工程。桃園大圳的第一號隧道是由東南方的石門，建造取水設施。甘尼森大圳第二導坑則是從西側出口兩百八十九公尺處，打穿豎坑向東側甘尼森河方向挖掘，掘鑿深度往下切割十五公尺，此一掘深段落長度達到五百七十九公尺。

第一導坑都是堅硬異常的結晶岩層，鑽孔工程極為艱苦，需要架設大量支撐板模工，由於地層錯綜複雜，平均約兩成支撐板模工必須使用在湧水不斷的岩層間，湧水對於工程進度造成極大障礙，而湧水量又有增無減，排水工法則受限於地勢原因，無法順利排出。在湧水不斷狀況下，不得不一再中斷工程，持續出現的湧水壓力往往將鑽孔插入的炸藥浸溼，在此困境下決定增加唧筒排水量，改採十二吋排水管。

一九〇八年一月挖掘導坑進度達一百三十七公尺，是工程進度下單月最長紀錄。第一導坑

＊ 桃園大圳隧道長度存在著兩個數據，分別是一萬五千七百零七公尺與一萬五千七百零九公尺，這是測量方法的誤差造成的。

隧道的地質組成為花崗岩、片麻岩及片岩，堅硬的岩層是工程進度的大挑戰。相對而言，桃園大圳石門取入口是從一整塊巨石中間挖掘寬十公尺，深度達到二十五公尺的進水井，再從進水井底部挖掘第一號導坑，連接將近二十公里長的導水路。

甘尼森大圳隧道線路決定在一九〇四年（明治三十七年），整體構工線路長度一萬零六百九十三公尺，自甘尼森河取入口以三十度又四十八分之七交叉角曲線進水，取入口台面由河川平水位二·

白冷圳公園的磯田謙雄銅像。磯田謙雄技師是台灣水利工程現代化過程，最重要的功勞者之一，帝國大學畢業後來到台灣就在張令紀的工程團隊裡工作，直到張令紀離開台灣後，磯田除了接手桃園大圳工程外，日治中期以降幾乎每件重大的水利工程，都有磯田技師的影子。在張令紀所培養的繼任者之中，磯田是相當傑出的一位。圖片提供：林煒舒。

一三公尺深斜率施作三百零五公尺，掘鑿長度達到九千三百四十公尺，最終完工隧道全長九千三百四十二公尺。

甘尼森大圳在完工後，再將四座導坑填埋成一座隧道；桃園大圳導水路在張令紀離職後並未按照他原先的構想，將四座導坑填埋成一座締造世界紀錄的長隧道，甚至到磯田謙雄接手後，再追加挖了「イ、ロ、ハ、新」（《伊呂波歌》是日本人常用的計數方式，類似台灣人熟悉的ㄅㄆㄇ注音符號。戰後政府改為A、B、C、新）四座導坑，只有讓第三號隧道成為無人知曉的亞洲最長隧道紀錄，因而未能列入正式的世界紀錄，相當可惜。

甘尼森大圳工程運用的眾多先進技術，以及創新的水利工程理論，之後被傳播到世界各國，成為廣泛採用的工程技術，從而改變了傳統農業型態的水資源運用方式，更令數量龐大的沙漠地域，轉變成為一畦畦良田。

甘尼森大圳除了代表著美國創新的農業科學技術，更是科羅拉多人不認輸，相信人定勝天，可以化腐朽為神奇的精神。

讓荒蕪之地變良田的桃園大圳

桃園埤圳工程是在一九一六年十二月動工，動工當時的工程名稱為「桃園埤圳工事」，到了一九一九年七月，更改工程名稱為「八塊厝中壢附近埤圳工事」，直到一九二二年四月更改工程名稱為「八塊厝中壢附近埤圳導水路工事」，同年十二月將灌溉區域工程獨立於導水路工程之外，成為「八塊厝中壢附近埤圳灌溉區域工事」，上列每項工程的施作是從導水路工事開始進行，灌溉區域工程則在導水路工程之後。

導水路工程施作主要內容包括，在桃園廳大坪庄興建石門取入口，此一取入口是在一塊巨岩上開鑿進水井，以及引水閘、進水閘、土砂沉澱池，和馬蹄形隧道（寬和高各三．六公尺，八段隧道總長一萬五千七百零七公尺）、水橋五座；明渠十一段，共四千五百八十公尺，自八塊庄大湳出水口啣接長達兩萬五千三百公尺幹線。

在台灣電力株式會社創立初期，除了病重離職的張令紀之外，曾經陸續從土木局內部出走一

桃園大圳第二水橋出口。圖片提供：余英宗。

批原為「臨時台灣總督府工事部」內，工程實務經驗豐富的水利技師。如大越大藏、庄野卷治、池田季苗、五十嵐大輔等，這一批從桃園埤圳工程培養出來的技師，以及堀見末子等技師，之後成為建設日月潭的骨幹人才。因而八田與一才有機會從土木局土木課衛生工事係被調入工事部工務課設計係，從嘉南大圳技師長筒井丑太郎的手上，接下嘉南大圳建設的工作。

紅磚構造的導水隧道

桃園大圳工程是由「臨時台灣總督府工事部」負責建造。按一九二四年新竹州《桃園大圳記載，工程計畫在修改後，決定將桃園大圳灌溉區的埤塘，或留存，或重新整頓，建造貯水池，導水路將大嵙崁溪的溪水，以及雨季時期的降水，蓄存在貯水池，並由支分線、小分水路引入到農田，施予灌溉。

桃園埤圳工程分成兩個部分，其一即為灌溉區域的貯水池工程，其二是導水路工程。導水路工程包括石門取入口到貯水池之間的隧道、明渠、幹線、支線和貯水池的進水路。

一九一六年十二月十一日，桃園大圳工程開工式假缺仔庄第四號隧道入口處舉行。一九二四年五月二十六日起開始通水測試。一九一九年，台灣總督府進行組織變革，裁撤工事部，業務改由土木局接續；一九二四年十二月，再次進行組織變革，土木局遭裁撤，由內務局土木課接手負責。

桃園大圳的主體工程為導水路的隧道工程，共有八段，馬蹄形，直徑三．六公尺，仰拱為水泥混凝土結構，側壁用紅磚襯砌，全長一萬五千七百零七公尺，縱坡一千分之一，計畫通水量每秒十六．七立方公尺。因而隧道的高度與寬度，自設計開始即已確定僅能維持每秒十六．七立方公尺容量，縱使石門水庫興建，也無法改變原設計的配水容量。

自取入口第一號隧道入口開始，穿越龍潭、大溪至八德大湳出口共有隧道八段，第一段自入口至沉澱池長三千兩百九十四公尺，稱第一號隧道。戰後由於石門水庫興建完成，進水口改設在後池堰左岸，並另建聯絡隧道長三百二十三公尺，從新設進水口連接第一號隧道，因此原一號隧道前段一千九百四十四公尺部分，封閉不再使用，在聯接處以混凝土工程與粗大木條封釘無法進入，並留有排水孔可將封閉段內的滲透水排入使用中的隧道內匯入大圳。

台灣史上最獨特的取水口

一九一〇年至一九一六年間，「臨時台灣總督府工事部」觀測大嵙崁溪上游的水流量，由於水量最少時仍能在大坪庄（今桃園市龍潭區大平里）石門測到每秒六百立方尺的水流量，因此認定該處是設置桃園大圳取水口的適當位置。一九二一年（大正十年）八月八日，「八塊厝中壢附近埤圳取入口工事」開工。石門取入口工程有兩個特點。

第一，獨特的取水口工程：在日治時期建造的台灣各水圳取水口建築之中，桃園大圳的取水口相當獨特。此一取水口是鑽鑿一整塊巨岩中心設置成一座高二十五公尺、直徑九．七公尺，以鋼筋混凝土建造的進水井，俗稱「天井空」；進水口門的左、右各設有一座引水閘，一寬十二．四公尺，一寬六．七公尺，再設進水閘於隧道的上口，為不用攔水堰的圳頭，並可調節水位、保護隧道。

第二，石門取入口是台灣第一代鋼筋混凝土進水口：在引進新材料、新工法之前，台灣各圳頭的進水閘門多為木造，僅少數採用磚造或石砌。一九〇七年（明治四十年），宜蘭廳第一公共埤圳改修，大山口、金德安、蕃仔、金大成、金新安等五圳聯合在同圳頭興建鋼筋混凝土進水口，台灣總督府建造的埤圳取水口陸續採用此種新工法，桃園大圳的取水口即為桃園最早的鋼筋混凝土工程。取水口第二引水隧道塵除鐵柵裝置工程使用各類型鋼板四千四百零八件，塵除鐵柵裝置在進水口的兩個引水閘內，是制水調節的重要設施。

一九二二年四月，導水路完工。導水路工程包括隧道、開渠、沉澱池、水橋等工程構造物。桃園大圳的導水路從第一號隧道入口開始，穿過龍潭、大溪，到八塊厝的大湳出口，包括隧道、暗渠、明渠、渡槽、土砂沉澱池等工程。導水隧道工程極為艱鉅。

例如第一號隧道和暗渠第一工事，隧道的拱背部雖有六成已徹底塗上三分厚的洋灰漿，以防止滲漏水的破壞。一九二〇年（大正九年）十一月五日，第一號斜坑上端仍發生大規模崩塌的事故，不得不停工檢修，長達一個半月；一九二一年二月二十四日，又發生導坑湧水不止這樣的情事，且湧水挾帶大量土砂，作業因而中止，停工至三月四日，第一號隧道工程工期因而造成延宕。

桃園農民和北台礦工，徒手的，一吋一吋的，挖出比雪山隧道更長的隧道

一九一六年十二月桃園大圳導水路工程動工後，翌年（一九一七）八月間在日本發行的《台灣新聞》，自八月十五至十九日間連續五天刊載〈日本第一的水利工程：大嵙崁溪引水事業〉，這一篇報導文章是對於桃園大圳導水路挖掘的艱難實況，現存已知唯一一篇比較翔實的文章。

記者當時是由工事部技手納富耕介、榎本與澤井（澤井組負責人）三人陪同，搭上一等台車兩台，到達大坪庄後再徒步走到石門的隧道挖掘工地。在看到隧道工地後，記者寫下以單一隧道長度而言，桃園大圳隧道工程在生駒隧道之上，是日本第一。

記者為了瞭解挖掘現場的狀況，因此在納富等人的陪同下，直接從第四號隧道的五號豎坑，吊墜下到隧道內觀察。挖掘坑道內的空氣流通很差，連呼吸都感到相當困難，從豎坑吊掛

向下時，耳畔傳出鐵棒敲打石頭的聲音，悶熱空氣讓全身的汗水就像瀑布一般的流下來。到達坑道內深處時，看到手握鐵棒的裸體男性，全身塗滿泥巴，鐵棒敲擊清脆的聲響，不斷傳出，迴聲環繞在坑道內，在坑道前端挖掘敲擊的工人有兩位，在他們後方有四五位裸體苦力，就像居住在地底內傳說中的土龍，全身沾滿泥巴，瘦小的臉龐，滿布著污泥，幾乎只能看到雙眼，雙手不停地將被敲擊下來的石塊與泥土往豎坑方向搬運，吊掛出去。

坑道內的挖掘是一寸一寸、一尺一尺，進度異常緩慢。在親眼看到坑道工地內的環境，記者深刻感受到桃園大圳導水路工程的艱難程度，因而寫下：「只有依靠人類是無法戰勝大自然，必須倚賴科學的力量，才能改造自然。同時我也深刻的感受到，在偉大的力量背後，是鉅大的艱苦和了不起的勞動者，付出慘痛犧牲的代價所造就。」

在這種艱難困苦的地質環境，現代化機具俱缺的工作環境之下，由北台灣的礦工和桃園農民以幾乎徒手的方式，開鑿出總長度比雪山隧道更長的導水路。

台灣史上最艱難的水利工程

桃園大圳工程何以難呢？因為桃園大圳興建的規模為此前所罕見，尤其是導水路工程中以人工挖鑿長達一萬五千七百零七公尺的八段隧道，實異常艱難。有多艱難呢？

在今桃園市大溪區，門牌號碼「瑞興里二十鄰四十二號」民宅旁，桃園大圳第三號隧道口右側有一塊由「合資會社澤井組」在一九二二年十一月豎立的供養塔碑，石碑背面鑿刻紀念文字，以及澤井組為開鑿桃園大圳第三、第四號隧道，因而殉職、病歿的職工共計五十五名人員的姓名。

一九三七年（昭和十二年）十月三十一日，桃園水利組合按照慣例舉行桃園大圳慰靈祭，在〈桃園大圳慰靈祭祭文〉提及：在挖掘導水隧道的過程裡，因為險惡的地質環境，導致崩塌不斷發生而停工，動工掘鑿後，崩塌又持續的出現。瘴癘惡氣也在工程進行中威脅著施工人員的生命。

雖然這段敘述只有短短數十字，卻讓人有一種臨場感，彷彿看到土方不斷崩塌，挖掘者被埋在坑道的悲慘場景。在桃園大圳動工百年後的今天閱讀，仍令人為之動容。桃園大圳導水路挖掘工程，至今為止並無存留挖掘時的照片。

按照〈桃園大圳慰靈祭祭文〉所揭載，工程殉難人數高達九十人，但是這個數字無法確定是否僅為澤井組、大倉組的犧牲人員，是否包括被動員開鑿大圳的北台灣礦工和桃園農民在內，已無從得知。可知，長期被忽略的桃園大圳工程，的確是台灣史上最艱難的水利工程。

桃園大圳慰靈祭及祭文

表揚儀式結束後，全體人員移駕設於桃園街本願寺本堂內之慰靈祭祭場，祭壇正面豎立墨痕猶鮮之牌位，其上墨瀋端書「桃園水利組合殉職物故者之靈」。靈位兩側整齊地擺放，由組合職員之家人，虔誠自發準備之鮮花與供品，益加增添莊嚴崇仰之氛圍。十時半時刻降臨之際，參與遺族着座，隨而桃園街之組合職員與家人、參與者站滿肅穆之本堂內。十一時半祭禮結束之際，七名遺族代表向在座之職員，懇切叮囑之場景，歷歷在目。謹將組合長宣讀之祭文詳記如下：

維　昭和十二年十月三十一日，在桃園水利組合紀念日，懇切奉請

故書記八木正直君以下九十名，為本會事業犧牲之英靈，魂歸來兮！

謹此回顧，自大正五年桃園大圳興工以來，光陰恁冉，歲月如梭，匆匆已過二十有一載矣！此期間，諸位英靈於組合創業期間，遭逢艱難辛苦之極至者，無過於掘鑿導水路也。此一工程之作業，須與惡劣之地質、危險鬆塌之地磐搏鬥乎；在不見天日之隧道內，日以繼夜，無休無止地挖鑿，然而卻陷入「挖了又坍，塌了又挖」之極端困境者。在難以停止

之崩坍處境下，更冒出無以預測之瘴癘惡氣，從而造成多數人員殉職之境況哉！大圳通水進入守成階段時，組合人員秉持克勤刻苦，任勞任怨之創業精神，在惡疾肆虐、烈日毒陽之艱厄險阻環境下，執行非常灌溉任務矣；在暴風豪雨形成洪患時，不惜犧牲生命，守護導水路、支分線、蓄水埤塘哉；為本會灌溉事業之管理工作，克盡職責矣！諸位雖遭逢不幸，但在英靈善盡職守，各盡職能堅守崗位之下，達成分內任務，方能造就組合今日堅實之根基也。以往荒蕪榛莽遍野之草原，今已蛻為紺碧平野乎；秋空之下，金黃燦爛，閃爍耀目，隨風舞動之無垠稻浪景緻矣。三百里各式各樣水路，溢滿二十億立方尺之貯水池哉。組合職能得以竭盡發揮，灌溉二萬二千甲豐美農田矣。農作生產量持續豐收，員工福祉越益增長也。今日在此緬懷創業期間之艱辛歷程，愈益懇摯感念諸位先賢之犧牲者。本會全體職員同仁，無不懷揣崇敬之悃誠，謹致以肅穆莊嚴之祭儀乎。投以景仰謙抑之赤忱，敬奉薄奠祭禮哉。

水利英魂永垂不朽！

尚饗

昭和十二年十月三十一日

桃園水利組合長

正六位勳五等　澤井益衛

桃園大圳圳頭祭與供養塔

每年二月、六月，值早、晚兩季水田稻作的通水期之初，桃園農田水利會（農業部農田水利署桃園管理處）人員都會依例前往圳頭致祭，當日一早即備妥牲禮、水果、紙錢，先祭拜圳頭土地公後，再祭供養塔，此項儀式與一般民間社會掃墓祭祖無異。祭拜後水利會人員即驅車到水尾工作站缺子分站，祭拜水官大帝。從出發到全部禮成，耗時約四小時。

「桃園大圳供養塔」是由澤井組設立，為供奉桃園大圳開鑿期間因工事殉職或病歿的相關人員。據水利會最後一任「石門工作站」站長張雲台的口述訪談顯示，在原桃園大圳圳頭的石門工作站位置，曾經立著一塊青銅刻製的「開圳碑」，戰後石門水庫工程動工後，此一青銅開圳碑消失無蹤。由於大圳的導水路工程之中，第一、第二號隧道與取水口是由大倉組負責建造，其工程難度並不亞於澤井組所建築的第三、第四號隧道，但是目前並未發現有關大倉組所立的紀念碑。桃園大圳的開圳碑是由台灣總督府官方所立的紀念碑。

澤井組所立「供養塔」位於桃園市大溪區御成古道旁，背面刻有銘記以敘述其來歷，說明桃園大圳開成後的利益與貢獻，並將殉、歿者一一列名。其中台、日人員並舉，末附的幾位不列姓名，而稱為「某某家族某」，可能是來台日本人的家屬，碑文全文如下：

桃園大圳開鑿工事，自新竹州大溪郡龍潭庄三坑仔至桃園郡八塊庄太湳，長約四里，隧道延長五千六百拾間，暗渠四百四十五間，開渠二千四百拾貳間，水橋八拾三間。工事歸合資會社澤井組包辦，以大正五年十一月興工，至十一年四月告竣。由是，灌溉之利大開，平疇有藝，潤物孔多，財用日足，追惟工事中殉職及病歿諸氏厥功特偉，為建追善供養塔，並勒載姓氏垂諸綿遠。嗚呼！後之覽斯圳者，其亦

桃園大圳供養塔碑。是桃園大圳現存唯一的一座大型紀念碑。圖片提供：余英宗。

知所自來歟。森田德次郎、吉野重幸、江石象、岩井米太郎、松浦春良、吉田七郎、藤原龜吉、內山惣太郎、佐藤七三郎、羽田野信、竹下作太郎、北村花、李德春、松田平左衛門、中尾常太郎、松田兼松、張海、蕭阿一、黃熟水、呂業、李阿成、漆原平八、林傳、和田井、褚孫祿、後藤嘉一郎、林昇增、山本儀太郎、黑田淺藏、瀨戶政美、橋本九、橋本千代、瀨田德藏、田中清平治、許泉、陳天章、西村芳、王發、游添、小阪民四郎、小阪勝、山本新太郎、吳林洋、張金水、鈴木芳枝、村田熊吉、村井乙五郎、大串太吉、秋山時、李清標、中西芳、保田與一家族某、淵山某、保田秀太郎家族二名。

大正十一年十月 日 施主澤井組、荒井吉二、許新發、王山林、林母、王氏英

祭拜過供養塔後，水利會人員必須到缺子分站祭祀水官大帝，才算完成圳頭祭的流程。

挖掘桃園大圳的女性

桃園大圳的開鑿，改善了臺地上的農業聚落必須「靠天吃飯」的問題。鍾肇政在〈大圳〉

一文之中曾經提到：「那是天大的好事，山村裡會有水圳，可供灌溉的水會源源流進來，好些茶園都可以改為水田。過去，山村居民最大的問題是食米，他們必需靠茶園的收入來買米吃。」

大圳源源不絕的灌溉水，有如人體中的血液一般，流淌入長期缺水的高地區域。人們可以免除耗力費時的挑水，和無水可用的恐懼。奔流在大圳裡的水有如「血管裡的血」，土地是人體，源水的重要性自是不言而喻。

桃園大圳八個隧道之中，桃園大圳第三號隧道長度達到四千九百三十七公尺，因此在完工時是台灣第一長隧道。在那個還沒有引進現代化鑽鑿隧道設備的年代裡，要以人工挖掘這麼長的隧道，極度困難，因而桃園大圳的導水路在日本時代就已經被公認是台灣水利史上最困難的傑作之一。

一九二二年十月二十八日，在導水路第一坑道的挖掘現場之內，發生嚴重的瓦斯氣爆事件，爆炸發生得相當突然，現場的工人無一能逃離，狹窄的、到處都是泥漿，連翻身都很困難的尺寸之地，也沒有地方可以逃脫。由於第一坑道上方是高度約三百公尺的觀音山，在土壤岩塊層層擠壓下，沉積岩磐的土質又鬆軟異常，坑道的挖掘現場，更經常發生石塊崩落的狀況。

在坑道內挖掘和搬運土石的，我們理所當然認為應該都是男性，但是這次事故令人意外的，記載了一個女性的名字。當氣爆事件發生時，在坑道內協助搬運土石的溫細妹，首當其衝，當場死亡。溫細妹是龍潭大坪村人，在第一坑道內挖掘而殉職的時候，年紀還不到十七歲。大家可以想一想，在我們這個時代裡，十七歲的年紀，正是滿溢夢想的「青春少年時」，也是努力準備考大學的關鍵時刻；但是，百年前的農業時代，十七歲就要為了養活家人，進到隨時可能面臨死亡威脅的坑道內。

隔年再度發生同樣是大坪村人的范氏美妹，在第一橫坑內工作時，被突如其來崩落的石塊，壓死的事件；美妹去世時，也只有二十三歲。兩位女性挖鑿工人的死亡事件，被《台灣日日新報》報導，今天我們才能知道在百年前，桃園大圳導水路的挖掘，可能動員了不少龍潭區域的年輕採茶女。

為了建造桃園大圳的超長隧道，除了從基隆附近的礦坑，招募了數百名閩南人礦工，以及桃園臺地的農民。工程單位更看中了客家人勤奮耐勞，認真認分的天性，因此也從北埔招來一整批的客家礦工，同時也招募了不少客家庄的農民，因此在大圳的工地現場，是以閩南人與客家人作為主要的勞動力。

不過，也有相當數量的工人，是就近招募三坑仔、大坪庄附近的採茶人，令人驚訝的是，進入坑道內挖掘的年輕女性數量，可能不少。因此，桃園大圳的開鑿過程之中，「女力」是一個值得再深入挖掘的課題。

從為了挖掘大圳的導水路，而犧牲生命的溫細妹、范氏美妹，這兩個被記載下來名字，我們可以判斷，這些來自於龍潭客庄內的女性，年齡應該是十五歲到三十歲之間。

為什麼會選擇女性進入坑道挖掘和運土，推測可能和女性的身軀比較嬌小，在只能以呎吋計算的狹窄坑道內，相對於男性比較有迴旋的空間。一九二六年日本政府曾經做過統計，確定當時日本本土存在著四萬七千名女礦工（日文書寫為「女坑夫」），這是個相當令人震驚的數據！代表著在那個時代，在礦坑裡，女性礦工是不亞於男性的重要勞動力來源。如果比對回來同時期台灣的女礦工，我們對於日治時期是否存在著女礦工，直到最近才逐漸出現了模糊的概念，更遑論對於當時女礦工的生活、人數、薪資等各種資料，根本就是一無所知。至於清領時期是否存在著女礦工？戰後國民政府時期究竟有多少女礦工？資料恐怕比日治時期更少，要還原女礦工的故事，幾乎沒有太大的指望。

在這個開鑿桃園大圳的年代裡，這些如此年輕的女性，說她們青澀稚嫩嗎，卻比強壯的男性，更加勇敢！說她們溫柔婉約嗎，在我們所看到的文字紀錄裡，卻是留下了剛毅、受難的堅強形象。

這條純粹以人工開鑿的長隧道，殉難人員的數字被記錄的是九十位，但是，沒有被記載下來的，犧牲生命的礦工、農民工、女礦工、女性農民工、採茶女，恐怕才是我們永遠無法計算的黑數。

官圳椿

桃園大圳第三號隧道入口在台三線的三坑自然公園內，位置相當偏僻，很難找得到。隧道入口之前是第二號水橋，這是北部僅存的一座百年水橋，非常珍貴。此地的風景相當優美，如果不是為了水資源保育，以及安全的問題，這裡絕對是「祕境中的祕境」，也是「浪漫台三線」一個有著百年歷史，又饒富人文風華的景點。

如果民眾想要慕名到這個地點，由於是水源地的禁區，必須在桃園管理處開放參觀的狀況下，才能進入一探究竟。二號水橋已經百歲了，最好不要走到水橋上，相當危險。三號水橋入口周邊，由於水流湍急，也有一定的危險性，比較安全的時間，大概是年底檢修，把水放光的時候。

在桃園大圳每一座隧道的入口，都設有三支「官圳椿」，椿的上頭刻著一個「水」字，由於官圳椿是使用煉瓦紅磚，再包覆水泥建造，而且已經長達百年了，水泥風化得比較嚴重，上頭刻的字也都慢慢消失了。可能是自然的毀損，也有部分是人為的破壞，官圳椿已經剩下不多了。僅存的，應該設法保存下來，作為桃園大圳「官設埤圳時代」的歷史見證。

同時也希望民眾們，能夠好好地珍視這個地景，讓見證百年前閩南人與客家人的礦工和農民，以及女礦工、女性農民工，一鏟一鑿辛苦挖掘出來的這條曾經是台灣與東亞歷史上最長的隧道，也能作為重要的台灣的有形文化與無形的記憶遺產，永續的保存。

亞洲第一
世界第二高壩在台灣

大甲溪達見水庫總容量為三萬萬一千萬立方公尺，……構成該水庫之主要建築物為達見高壩，壩之高度達二〇一公尺，需用混凝土一百五十萬立方公尺，一旦完成，水庫自為台灣最大水庫。高壩不僅是為台灣第一高壩，而僅次於美國波爾多壩（即胡佛大壩），為世界第二高壩。

——《台灣大甲溪水力發電計畫》

一九四三年五月五日，大甲溪開發事業的達見大壩工程，在東勢郡舉行莊嚴肅穆的動土典禮。達見大壩的設計者是八田與一，動工典禮舉辦時，八田已經辭世一年。達見水庫的功能計有三項：發電、治水、灌溉。戰前，日本在大壩工程設計、建造技術上的顛峰，是直到戰爭結束為止，仍然未能完成，高度達到兩百零一公尺的大甲溪達見大壩。

在一九四〇、五〇年代，以兩百零一公尺的壩高數據觀察，可以確定八田與一的企圖心相當強大，他所設計的達見大壩是：世界第二高壩、亞洲第一高壩、東亞第一高壩。可以說，達見大壩如果在一九四五年順利完工，將會締造眾多世界紀錄，也會成為在二〇〇四年至二〇一〇年間的「世界第一高樓」台北一〇一之前，留名於世界建築史的經典建築之一，或許也會是今日台灣申請世界文化遺產的第一選項。

雖然戰後政府建造時命名為「達見水庫」，完工後又改名「德基水庫」，高度降了二十一公尺，仍然是台灣第一高壩，也是台灣人曾經試圖挑戰世界紀錄的輝煌篇章。

台灣首座完成設計、動工的世界級巨型重力拱壩，是一九三八年八田與一提出的大甲溪「達見大堰堤」（台灣總督府的大壩用語為「大堰堤」或「ダム」，戰後中華民國政府則是改稱「大壩」或「水庫」）。

台灣第一座完成建設的拱壩則是一九六九年十二月開工，由世界銀行貸款，總投資金額達到五十一億三千多萬元，一九七三年十二月蓄水，一九七四年九月完工的「德基水庫」。

其實，「達見大堰堤」就是戰後中華民國政府建設的「德基水庫」在日治時期的版本。只是，令人扼腕的，戰後建造、設計德基水庫的水利技師，企圖心遠不如八田與一，因此「混凝土雙曲線薄型拱壩」的德基水庫，壩高僅一百八十公尺，比「達見大堰堤」矮了二十一公尺。

台灣電力公司土木處《台灣大甲溪水力發電計畫》提及：「大甲溪達見水庫總容量為三萬萬一千萬立方公尺，約達達見平均年總流量之三分之一，利用水量兩億九千萬立方公尺，蓄水面標高一千四百二十公尺，利用深度一百二十公尺。構成該水庫之主要建築物為達見高壩，壩之高度達兩百零一公尺，需用混凝土一百五十萬立方公尺，一旦完成，水庫自為台灣最大水庫。高壩不僅是為台灣第一高壩，而僅次於美國波爾多壩（即胡佛大壩），為世界第二高壩。」

達見大壩原預定完成工期是一九四五年，由於戰爭加劇，因而工程延宕。八田與一將達見大壩設計成「世界第二高壩」，也就是「亞洲第一高壩」，可見得他要以台灣作為舞台，締造世界紀錄的宏圖壯志。

而且，在他的構想之中，「大嵙崁溪大壩」是比達見大壩更宏偉更巨大的水庫，可見得「大嵙崁溪水利事業」才是八田技師構圖之中終極的水利工程作品。

戰前兩座締造世界紀錄的重力拱壩，在台灣

日本在一九〇〇年代完工的混凝土重力壩計有布引五本松壩等四座，一九一〇年代竣工計有黑部壩等十一座，一九二〇年代建造完成計有大井壩等二十九座，一九三〇年代完工五十七

座；一九四〇年代五十一座，其中四十一座於戰前竣工。總計一九〇〇年至一九四五年間，日本政府在其本土境內總共建造了一百四十三座混凝土重力壩，而重力拱壩僅有芋洗谷壩。

從上列數據可以得到兩個印象：其一，戰前日本帝國在其本土已經建造了為數眾多的混凝土重力壩；其二，對於戰前日本而言，不論在日本本土或殖民地，重力拱壩都是一種還在摸索中的創新技術。

西勢壩和芋洗谷壩，兩座重力拱壩分別在一九二六年、一九三〇年完工時，屬於此種創新型式建壩技術的黎明期，在亞洲出現令人耳目一新，技術上具有創新性質的混凝土重力拱壩。令人好奇的，西勢壩與芋洗谷壩的建造技術，是否曾經受到張令紀在一九二三年（大正十二年）刊載論文所引領？進而於一九二〇年代中期完成設計圖，並於一九二六年與一九三〇年建造完成？

由土木學會歷年發行資料亦可得知，戰前日本在混凝土重力壩的建造技術上，透過實際建造數量龐大的大壩，已經日益成熟，因而才能在一九五〇年代造出九座重力拱壩，其中在一九五〇年動工、一九五五年完工的「上椎葉大壩」（高一百一十公尺、壩頂長三百四十一公尺）是此時的代表作。

另外，一九五〇年代還建造了一百四十二座混凝土重力壩、一百一十九座土石壩；一九六〇年代日本建造完工多達三百六十五座大壩，其中重力拱壩多達三十一座。此一時期的代表作是一九五六年建造創紀錄的「東亞第一高壩」，壩體高一百五十五．五公尺的佐久間混凝土線式重力壩。一九六三年再完成締造紀錄的「東亞第一高壩」，壩高一百八十六公尺混凝土重力拱壩「黑部大壩」。

相對而言，八田與一在一九三〇年代末期至四〇年代初期就已經完成壩高兩百零一公尺的「達見大堰堤」、一百六十公尺的「石門大堰堤」等數座混凝土重力拱壩的設計案。

混凝土重力拱壩「達見大壩」，在一九四三年動工，原預計於一九四五年完工，八田技師一生的志業都在台灣，從「達見大堰堤」試圖締造可以留名於世界紀錄的計畫觀察，他曾經試圖將台灣作為實踐夢想的舞台，除了烏山頭大壩之外，更留下了兩件未完成的，可以留名世界水利工程史的傑作。

八田與一曾經設計過以三十年為期的總體規劃

在八田原來的第三期水利事業計畫之中，分成三之一期、三之二期兩個階段，每期執行期間為十五年；作為工程施作期的管制需求，各期再劃分成五年為一階段，分成二期各三個階段，總計三十年的水利事業。

其中三之一期以達見大壩（多目的重力拱壩）作為大甲溪水利事業的主體，卻成為台灣總督府動工興建的最後一件大型水利事業，總經費預算額度與八田技師在一九三八年的估算，已經膨脹到一億三千萬圓，由台灣事業公債之中出資已高達一億圓，其餘三千萬圓則由台灣電力株式會社認領。大甲溪達見大壩工程的預算尾數，即為一九〇八年台灣水利事業計畫通過的總預算額度，其間成長幅度，相當驚人。

在八田與一原來計畫之中，比達見大壩更高更大的大嵙崁溪水庫工程，由於台灣總督府統治的終結，因此未能按照八田的構想執行。比較值得注意的，八田雖然親筆寫下大嵙崁溪水庫是台灣最大的水庫，如此明確的概念，但是至今為止能夠確認的，石門大堰堤的設計高度是一九二九年記載資料的一百五十一．五公尺（五百尺），至於一九三八年之後八田技師設計的最後一版大嵙崁溪堰堤的設計數據，至今仍難有史料可資查考。

由於一九三六年（昭和十一年）世界第一高壩胡佛重力拱壩的完工，其大壩高度達到兩百二十公尺，而八田版達見大壩的重力拱壩設計高度達到兩百零一公尺，因此能夠確認八田版本的大嵙崁溪大壩計畫，是以建造比達見大壩更高，甚至超越胡佛大壩的重力拱壩，企求能一舉解決台北盆地淹水與桃園臺地缺水的兩個難題。

八田版本石門重力拱壩的壩型，目前能查考的圖面，是在一九五三年揭載於《台灣省建設廳水利局四十一年度年報》的一張〈石門大壩重力式壩型初步設計圖〉，圖面上清楚標示一行字樣：「石門壩日人計畫」，從此張大壩壩身斷面圖可以得到一個清楚的訊息：戰後所設計石

表三：八田與一版「土木事業第一期三次五年計畫」（土地改良、貯水池、港灣）

區別		五年計畫期別（萬圓）				國庫支出（萬圓）				民間出資（萬圓）			
項目		1	2	3	合計	1	2	3	小計	1	2	3	小計
土地改良	高砂族開發	400	—	—	400	200	—	—	200	200	0	0	200
	蕃地開發	400	400	400	1,200	200	200	200	600	200	200	200	600
	山地改良	1,200	1,400	—	2,600	600	700	—	1,300	600	700	0	1,300
	山地開發	1,000	1,000	900	2,900	500	500	400	1,400	500	500	500	1,500
	集團地改良	1,700	5,000	8,600	15,300	400	1,200	1,500	3,100	1,300	3,800	7,100	12,200
	土壤改良	1,000	1,200	1,700	3,900	300	300	400	1,000	700	900	1,300	2,900
	干拓事業	1,300	1,000	1,000	3,300	600	500	500	1,600	700	500	500	1,700
	小計	7,000	10,000	12,600	29,600	2,800	3,400	3,000	9,200	4,200	6,600	9,600	20,400
貯水池	楠梓仙溪	1,500	—	—	1,500	500	—	—	500	1,000	—	—	1,000
	新店溪	1,000	—	—	1,000	500	—	—	500	500	—	—	500
	大甲溪	0	2,500	—	2,500	0	2,500	—	2,500	—	—	—	0
	小計	2,500	2,500	0	5,000	1,000	2,500	0	3,500	1,500	0	0	1,500
港灣	中部港	1,500	500	—	2,000	1,200	300	—	1,500	300	200	—	500
	嘉南港	1,000	—	—	1,000	—	—	—	0	1,000	—	—	1,000
	台北港	500	—	—	500	—	—	—	0	500	—	—	500
	擴張	0	500	1,000	1,500	—	300	700	1,000	—	200	300	500
	小計	3,000	1,000	1,000	5,000	1,200	600	700	2,500	1,800	400	300	2,500
合計		12,500	13,500	13,600	39,600	5,000	6,500	3,700	15,200	7,500	7,000	9,900	24,400

資料來源：八田與一，〈講演土木の常識〉，《台灣技術協會誌》，二：三（一九三八），頁一七〇—二一〇。

表四：八田與一版「土木事業第一期第一次五年計畫」

區別		工程費				第一期獲益	第一次五年計畫國庫支出			備考
		總工費	第一期	國庫	民間		每年支出	現在支出	增減	
治水工程費	河川費	1,400	1,440	1,200	240	有益於治水	—	470	—	河川費上列為增額預算，其中國庫1,200萬圓已動工
	砂防工費	12,000	6,000	5,400	600		—	—	—	
	治水造林費	12,000	6,000	5,400	600		—	—	—	
	小計	31,400	15,440	13,300	2,140		820	470	350	
利水、電氣工程費	貯水工費	8,000	5,000	3,500	1,500	治水有益	—	—	—	
	電力工費	—	15,760	—	15,760	平均電力 34.0 電力設備 50.0	—	—	—	
	土地改良工費	37,000	29,600	9,200	20,400	土地增收年 20,000 圓	760	—	—	
	小計	45,000	50,360	12,700	37,660		760	—	760	
道路、港灣工程	道路工費	—	16,000	8,300	7,700	建立便利於產業投資的交通建設	—	—	—	
	港灣費	—	5,000	2,500	2,500		—	—	—	
	小計	—	21,000	10,800	10,200		740	1,130	-390	
市區改正工程	上水工費	—	2,000	500	1,500	包括 200 萬人的下水處理	—	—	—	
	下水工費	—	3,000	750	2,250		—	—	—	
	市區改正費	—	5,000	1,250	3,750		110	80	30	
	小計	—	10,000	2,500	7,500		110	80	30	
合計		76,400	96,800	39,300	57,500		2,430	1,680	750	

資料來源：八田與一，〈講演土木の常識〉，《台灣技術協會誌》，二：三（一九三八），頁一七〇—二一〇。

門大壩的重力拱壩，沿襲自戰前的版本。此一重力拱壩的設計版本，則是以胡佛大壩的壩型作為參考基準，進行規劃。

建造世界第一高壩的工程機具，試圖運到台灣建造世界第二高壩

其實大嵙崁溪大壩建造計畫，在一九三八年八田完成計畫制定之後，進入執行階段，最後未能按照八田的構想在一九五六年動工，除了一九四五年八月十五日日本投降，總督府結束在台灣的統治之外，另外還有一個屬於技術性的原因，值得深入探討。

一九三六年胡佛大壩完工後，對於這座包括當時世界上所有壩型與材料而言，最高的大壩、最大的水庫，日本政府也曾興起彷效的想法，就如同一九二一年為了建造一座如同箭岩大壩（一九一〇年代世界第一高壩）一樣的重力拱壩，因而延聘一整批美國水利技師到日本一樣。

「達見大堰堤」重力拱壩的設計構形，由於戰後初期的混亂狀態，眾多資料被毀棄，殘存資料萬不及一，因此尚無設計圖面可以參考，難以判斷是設計成混凝土的單拱壩、雙拱壩，甚至是當時世界上最先進的複拱壩型式。

在戰前的美國水利事業之中，已經從巨岩、合成與混凝土的三種重力拱壩，發展出雙拱壩與複拱壩，這些型式和材料的三種類型重力拱壩，由於時代因素，工事部技師十川嘉太郎、張令紀

不見得知道。但是在生命最後十餘年時間裡，被重力拱壩優雅的弧線所吸引，醉心於重力拱壩設計的八田技師，不可能不清楚這些美國所發明，聞名於世界水利工程界的新穎技術與工程成就。

但是，日本政府仍然運用在一九三六、一九三七年間購入的大型工程機械，將其投入建造締造世界紀錄的水豐水庫（線式重力壩），之後又將這批機械投入小河內大壩的興建工程，由於小河內水利事業被終止執行，而大甲溪水利事業的達見大壩工程已經動工，於是日本政府決定將這一批原來用於建造胡佛大壩的大型工程機具，由日本海軍協助，轉運來台，作為興建達見大壩，甚至之後興建大嵙崁溪石門大壩、高義蘭大壩的重型機具。

這一整批一百零五件重型土木工程機械，連同從內務省五十里大壩工程轉讓的深孔削岩機等十三件重型機械，兩批總數達到一百一十八件各種類型的土木工程機具，無償讓渡給予台灣總督府，並運抵門司港放置在碼頭倉庫，一直在等待時機裝船運載到台灣。

由於戰爭日益加劇，直到一九四五年八月十五日宣布投降為止，都無法裝載啟航。戰後，這一批曾經使用在建造胡佛大壩的重型工程設備，在一九四八年重新由門司港運回東京，成為小河內線式混凝土重力壩計畫重啟的主要工程機具，並順利在一九五七年完成大壩建造工程。

小河內大壩的建造原由是因為，一九二三年關東大地震後，東京幾乎成為廢墟，日本政府將此一危機轉變成規劃一個大東京首都區的轉機，小河內大壩計畫因而誕生，並在一九二六年完成設計，一九三六年動工，由於一九四三至一九四五年間的太平洋戰爭而停工。

戰後日本本土的水利事業計畫重啟後，將戰前原欲運送到台灣，協助建造「達見大堰堤」的工程機具，從門司港運回後，於一九四七年復工，並在一九五七年十一月竣工通水。

小河內大壩為線式混凝土重力壩，壩高一百四十八公尺（一九六五年完工的石門大壩，只有一百三十三．一公尺）、壩頂長三百五十三公尺、流域面積四百二十五平方公里、蓄水面積一千一百五十公頃，攔截多摩川形成的奧多摩湖，總貯水量達到一億八千九百一十萬立方公尺，完工時是世界最大的自來水專用水庫，直到現在仍然是日本最大的自來水專用水庫。

未實現的夢想：亞洲第一高壩

因此，日治時期在大嵙崁溪建造石門重力拱壩的計畫，從一九〇八年成案開始，歷經十川、張令紀與八田等三代技師，一直都在努力的尋求建造出締造亞洲紀錄、世界紀錄的混凝土重力拱壩，可以說，這是一個綿延長達三十六年，三代水利技師的追求、志業與夢想，直到台灣總督府統治結束前夕，為了這個夢想的實現，仍然在努力奮戰中，並不是烏托邦一般的白日夢。只是由於技術、資金、戰爭等眾多可預期或難以預料因素的干擾，直到日治時期結束之際，仍然無法達成其原先所設定，建造締造百公尺紀錄的單拱重力拱壩的目標。

在談論此一課題時，也必須從八田與一曾經試圖建造超越當時世界第一高壩「胡佛大壩」，因而提出在一九四二年（昭和十七年）動工，壩體高度達到兩百公尺的大甲溪「達見大堰堤」談起。

「達見大堰堤」比戰後被廣泛宣傳的「遠東第一高壩」石門大壩，高差超過一座烏山頭大壩（一九三〇年完工，壩高八十六公尺）；更比曾經締造世界紀錄，被戰後日本視為國家復興代表作的佐久間大壩（一九五五年全壩體完工，壩高一百五十五．五公尺）高差達到五十公尺。

八田技師在世最後十年間，醉心於當時在工程技術上最先進的「混凝土重力拱壩」。由於戰後日本政府在一九五五年建造出佐久間線式重力壩，開啟了日本的「巨型大壩時代」，這是殖民地的水利技師回到日本後，所達成了不起的成就。而且，在一九六三年就建造出壩體高度一百八十六公尺的「黑部大壩」，這座造型奇特的重力拱壩，其構形是令世人驚歎的「翼形混凝土重力式拱壩」。

從此處也可以看到，八田所設計的重力拱壩，非但追求超越東亞與世界紀錄，從戰後日本在重力拱壩建造技術上的發展歷程觀察，八田版本的大嵙崁溪大壩，其構形上的創意與構想也是值得關注和追索的。

相對於長尾半平、高橋辰次郎、張令紀的時代，還無法提出規模如此宏大、影響如此深遠，試圖讓台灣進入真正現代化國家之列的宏偉計畫，八田與一所提出的規劃與已經進入執行的項目，無疑地是他在人生最後十餘年間，除了醉心於重力拱壩的學習與設計之外，更以全面性的視野，擘劃一個有著西方式社會生活、現化化城市設計的宏偉藍圖。

八田與一所留下的台灣全面現代化的計畫，在他離開台灣之前，約一九四〇年前後就已經進入執行階段。按照此一時間推算，約在一九七〇年之前，在大嵙崁溪流域就會豎起一座，或數座締造亞洲，甚至世界紀錄，高聳入雲的重力拱壩。

世界史上曾出現過的大壩造型

世界歷史上發展出的水壩類型眾多，大致上可歸類如下所列：混凝土單拱壩（アーチ式コンクリートダム、Concrete Arch Dam, CAD）、扶壁壩（バットレスダム、Buttress Dam, BD）、梯型CSG合成壩（台形CSGダム、Trapezoid-Shaped CSG Dam, Trapezoidal CSG Dam; CSG: Cemented Sand and Gravel）、土壩（アースダム、Earth Dam, ED）、混凝土線式重力壩（重力式コンクリートダム、Gravity Dam, GD）、混凝土單拱重力拱壩（重力式アーチダム、Concrete Arch Gravity Dam, CAGD）、混凝土填充重力壩（重力式コンクリート・フィル複合ダム、Gravity Concrete Fill Composite Dam, GCFCD）、混凝土中空重力壩（中空重力式コンクリートダム、Hollow Gravity Concrete Dam, HGCD）、複拱壩

（マルティプルアーチダム、Multiple Arch Dam, MAD）、堆石壩（ロックフィルダム、Rockfill Dam, RD）、瀝青混凝土面板堆石壩（アスファルトコンクリートフェイスロックフィルダム、Asphaltic Concrete Face Rockfill Dam, ACFRD）、瀝青芯牆填料壩（アスファルトコアフィルダム、Asphalt Core Fill Dam, ACFD）。

台灣第一

大漢溪曾經計畫蓋幾座水庫？

大溪水庫是台灣容量最大的水庫，主要是為了淡水河的防洪，以及桃園臺地的土地改良而設計……

——八田與一

過往對大嵙崁溪（今大漢溪）建造水庫的歷史研究，大致上聚焦在今日「石門水庫」的壩址位置，卻忽略了一個在水利工程界長期關注的事實。大嵙崁溪流域最適合建造水庫的地質，並不是「石門」；甚至可以這麼說，「石門」反而可能是大嵙崁溪流域最不適合建造大壩的地點。主要是因為這裡有新店大斷層經過，地質上較為破碎。因此在二十世紀初，台灣水利事業計畫規劃期間，十川嘉太郎技師曾經就適合建造大壩的地點進行探勘，原來選定的壩址是角板山之下的霞雲坪河谷地帶至合流之間的位址。這個壩址的地質比石門好很多，而且和美國水利事業在二十世紀初期建造的幾座世界第一高壩，在地形地勢上的選擇，比較接近。

不過，在一九〇七年提出的台灣水利事業計畫之中，十川仍然將壩址選在石門。之所以最終決定在石門，主要原因是大嵙崁溪上游區域的泰雅部落還沒有完全被殖民政府征服，甚至「理蕃戰爭」仍然在進行中。而且，在交通上而言，石門比霞雲坪容易到達。由於當時台灣的工程技術相當落伍，技術、資金匱乏的情況下，因而決定先做桃園大圳，在石門建壩的規劃遂被終止。

一九二九年八田與一曾經公開發表「石門大堰堤」計畫，當時計畫在石門建造一座比現在的石門大壩更大、更高的「重力拱壩」，若按照時序看來，一九二九年八田版本的「石門大堰堤」，可能是以一九一〇年代曾經締造世界紀錄的「箭岩大壩」，作為學習建造的目標。

石門水庫的設計方案，在日本時代留下了三個設計案的構想。戰後又發展出一個三座大型水庫的設計案。原來是受限於經費、技術與地質條件等因素，現在則是受限於政治、民意等因素。滄海桑田，世事難料，在大嵙崁溪上游建造三座水庫的方案，看起來是永遠無法實踐的計畫了。

大嵙崁溪從一九〇七年日本時代規劃建造水庫開始，陸續計畫建造石門水庫、高義蘭水庫、馬利哥灣水庫等三座大型水庫，原本三座大型水庫都是規劃以當時乃至現代為止，最先進的「重力拱壩」，作為實踐的目標。其中壩體最高的是馬利哥灣水庫（已更名為「高台水庫」），規劃高度是一百八十公尺，有朝一日能完成建造的話，就會是台灣最高的大壩。

石門水庫原來的設計容量，是一座水庫的蓄水量嗎？

經濟部石門水庫設計委員會在一九五五年所編寫的《石門水庫工程定案計畫報告》，曾經提及：「民國十三年桃園大圳灌溉系統完成後，日籍技師八田與一首先研究石門水庫，曾擬定一計畫大要，稱為《昭和水利計畫》，其目的在擴展灌溉及於桃園大圳東南方之臺地。惜除計畫大要及淡水河堤防計算資料外，其他如大壩之設計，灌溉設計，及水力發電設計等，均不可考。計畫大要包含一弧形重力壩，壩頂高度兩百七十公尺。旁設鞍部溢道，溢道頂高度兩百五十公尺，長一百五十公尺，上設五公尺高之閘，年發電能六千萬度瓩。並擬於上游右岸設置兩千瓩水力發電廠供給施工用動力。當時估計總工程費為三千兩百萬日元。」

這一大段內容，大致上和桃園縣政府編寫於一九五三年的施政報告書《為政二年》相符，若再往前追溯，《為政二年》一書的內容又出自《石門水庫四十一年度工作報告》，然後陳正祥在《台灣地誌》一書之中，所揭載的「昭和水利計畫」的全文內容，實際上也是脫胎自《石門水庫四十一年度工作報告》，只是《台灣地誌》的文字內容與《為政二年》、《石門水庫工程定案計畫報告》如此相似，因而無以判斷究竟是出自那一本而已。

比較重要的是，不論是《石門水庫工程定案計畫報告》或《台灣地誌》，似乎都刻意不將「此水庫蓄水量達五億八千萬立方公尺」這一段文字一併抄入，顯然按照陳正祥和石門水庫設計委員會對於石門水庫所在地形的理解，大概也認定蓄水量「達五億八千萬立方公尺」，與他們所認知的石門水庫蓄水量，在現實上脫節太大，因而並未將其抄入。

頗值得注意的是，為什麼撰寫定案計畫報告者與陳正祥，會認為蓄水量五億八千萬立方公尺是一個不合理的數據，因而未寫入定案計畫報告與《台灣地誌》？原由出自於石門水庫的設計案，其壩頂海拔高度與前列《為政二年》一書所提及，為兩百五十公尺無誤；但是，在此一高程的石門水庫，其設計的總蓄水量只能達到三億一千萬立方公尺。

如此雖然兩者在高度設計上的概念相同，但是在蓄水量計算上，存在著多達一億七千萬立方公尺的差距，對於定案計畫與《台灣地誌》撰稿者而言，《為政二年》所揭戴的蓄水量數據，不只是不可信，也與現實脫節。

如此則頗值得探究，《為政二年》所述之內容，應有其張本，否則不可能與石門水庫最終的完成方案有著如此相似之處。而民國政府在石門水庫的設計案之上，應亦存在著值得參考的日治時期資料，否則在最終定案時的壩型、壩高等資料上，兩者竟然如此相似。

那麼，八田版本的「石門水庫」為何其蓄水量的設計數據竟然出現如此不合理的狀況？按照台灣總督府技師荒木安宅*所提出的講法，一九二九年八田技師原設計的「石門大堰堤」版本，壩體高度達到一百五十一．五公尺，雖然戰後最終建造的土石壩，將石門大壩壩體高度設計調整為一百三十三．一公尺，因而其設計上的總蓄水量極限是三億立方公尺，但是石門水庫自建造完成迄今，實質上的庫容量未曾超過兩億四千萬立方公尺，也就是說，實際上八田版本的石門水庫其設計蓄水量遠逾石門水庫之上。

八田版本石門水庫設計案的三種可能性

這一點確實是值得加以注意的，也是應該深入探討的問題之所在。八田版本的石門水庫原來的設計案，應有三種可能性存在。

一、八田版本的石門水庫，大壩壩體高度應在一百五十一．五公尺，甚至更高。

二、八田版本的石門水庫的大壩壩址，與後世所認定的位置，存在著相當差異。

三、八田版本的石門水庫設計案，不只建造一座大壩。

* 荒木安宅為台灣全島土地改良計畫的設計與執行者，一九四五年死於美軍的空襲。在台灣的土地改良上，荒木安宅是長期遭到忽略的人物。

如此才能真正說明其難以理解之處。以這一點而言，桃園水利組合長澤井益衛的說法就頗值得予以詳加探討，他曾經說過：「對於荒木技師（即荒木安宅）提出種種說明意見：『本人在此說明全島水利設施建立的緩急，以及必須制定的計畫。本次提案確實是全島水利計畫的一部分，因為如此才提出此一建議案。』如同荒木技師所述，必須詳細研究河川問題、港口問題、工業用水問題等，並且考慮到其輕重緩急之處。況且，岡本組合長認為上游的取水不可以影響到下游的取水，這樣的考量是沒必要的。如果在一條河川流域內能建造幾座大壩，按照本組合所提出建議案的計畫施行，下游的用水問題也會迎刃而解。」

澤井最後更明白提出：「我們此次所提出建議案，就是要求建造大壩。」他所提出來的這個講法，應該存在著三種意涵：

一、我們認為不建造大壩，就無法解決水源不足問題。

二、大壩的建造數量，不是只有一座。

三、只要能建造水庫，可以在上游、中游多建造幾座。

若按照現存史料判斷，澤井組合長的建議，與八田技師的構想，相當接近。

台灣水利事業是台灣的水利現代化歷程之中，最重要的踏階，其貢獻相當巨大。舉凡台灣自清代修建的曹公圳、八堡圳、瑠公圳等舊水圳，透過台灣水利事業計畫，成為煥然一新的現代化水利設施。新建的水利設施從桃園埤圳、嘉南大圳、日月潭水力工程、卑南大圳、后里圳、宜蘭埤圳等，都由台灣水利事業計畫出資，締造出一件又一件帶領台灣走上富庶、繁榮時代的水利工程。

其間從最早的規劃師長尾半平、高橋辰次郎，經歷一代又一代的水利技師，打造出一件又一件新穎，規模宏偉的水利工程。一九四二年二月通過的「大甲溪開發事業費」，是台灣水利事業計畫的最後一件水利建設案，總編列經費高達一億三千萬圓，是日治時期已進入編列預算的水利事業之中，規模最浩大者。達見水庫的建造規模實為日治時期之最。

一九四二年五月八日，八田與一在東中國海男女群島海域殉難後，直至日本投降為止，再無通過其餘大型的水利事業案。

八田與一與張令紀熟悉運用的工法不同

台灣省建設廳水利局於一九四八年至一九五三年間，陸續出版了六部年報，以史料價值而言，最重要的是一九五三年版，揭開了日治時期大嵙崁溪水力開發設計方案的部分內容。一九四八年版水利局年報揭載：「石門水庫，為治本偉工，僉認為有興建之價值，在昔日人已有相當研究，惜於光復時各項資料或遺失或焚毀，殘簡斷篇，誠屬匀憾事。」按此說法，戰後重新啟動石門水庫設計計畫之時的一九四八年，似乎還未找到戰前的設計資料，甚至連斷簡殘篇都難於尋覓。但是，水利局在一九五四年發行的《台灣省建設廳水利局四十二年度年報》之中，已經揭載日治時期對於大嵙崁溪水力開發的規劃圖，這些圖面資料可以判斷應為工事部團隊所留存的斷簡殘篇。

為何可以判斷這份《光復前大嵙崁溪水力開發規劃圖》，圖面內容雖然相當簡單，其中所含括的資訊量卻相當複雜而龐大？從種種資訊能判斷是工事部時期的設計概念，主要的設計者應該是張令紀技師。為何我們能夠從圖面與水利局簡單的文字解釋，能夠得到此一判定？一般而言，設計師都有自我喜好的結構與樣式，即為設計者的「風格」（style）。在日治時期桃園埤圳工程、日月潭水力發電工程與土壠灣水力發電工程（戰後更名高屏電廠），三件水利工程的原設計者都是張令紀，而三件工程的共同特徵即為挖掘「長隧道」，雖然張令紀能引進「重力拱壩」技術工法，但是在他短暫的一生之中，畢竟未曾留下任何一座大壩工程，也無施作大壩紀錄。倒是從二層行溪工程開始，留下了一座又一座創下歷史紀錄的長隧道工程。相對而言，八田技師設計的烏山頭大壩、大甲溪達見大壩，都是以挑戰自我的、創紀錄的大壩工程為主，兩者無論在工程的設計理念與施作技術上，都存在著相當明顯的差距。

張令紀的大嵙崁溪水利規劃設計版本

大嵙崁溪水力開發的第一個版本設計案是一座小型壩、七座攔河堰、八座長隧道。一座小型壩的高度僅五十公尺，位址在高義蘭。八座長隧道的挖掘長度，令人驚歎，除了兩座無數據可查考，最長者遠逾世界上最長的甘尼森大圳隧道，長度達到一萬一千公尺，其次則為八千八百公尺，其長度都遠在桃園大圳第三號隧道的四千九百三十七公尺之上。

此一以攔河堰和導水隧道為主的版本，顯然是在考量到無法建造石門大壩時，卻必須攔蓄大嵙崁溪的水資源，並作為台北城市需求的水力發電使用，因而運用八座隧道發電容量可以達到十五萬三千一百三十瓩，非但遠逾日月潭水力發電工程的十萬瓩之上，也能達到水資源的攔蓄利用。

但是，在年報內所提及：「縱觀日人開發大嵙崁溪上游水力計畫多限於川流式，僅利用河道上之落差，而對水流之調節未加顧及。雖能產生相當電力，然不足適應今日台灣穩定電力與尖峰電力之要求。故建築水庫乃屬必然之需要。」

其實此處所論說的內容，屬於在桃園埤圳工程動工建設前後，由於技術欠缺、資本難籌、經驗俱無，因此才必須以隧道和攔河堰為主要工程，並將水庫壩址選在高義蘭，而非石門。此一版本的計畫內容，其實和桃園埤圳工程以隧道和攔河堰作為取水工，在設計概念上是一致的。

台灣總督府技師十川嘉太郎曾提及：「從台南出來往高雄的途中是二層行溪原野，……負責執行的勤四郎與其工作伙伴們，對於此地到鳳山區域方圓內，進行了精細的測量，這些資料現在都找不到了。」

張令紀也曾經批判總督府將測量圖籍都列入機密資料，除了難以查詢之外，也無法培養對土木工程有興趣的人才。這些珍貴的圖籍文獻，如今都已下落不明，導致今日瞭解大漢溪的改造工程，困難重重。

八田與一的規劃設計版本

自日治初期至末期，土木局、土木部、水利課、工事部、土木課等水利工程主管單位，年復一年持續進行精細的測量，這些測量圖籍的數量相當龐大，但是，現在已經難以查找了。其主要原由除了如十川、張令紀提及被列入機密，鎖入金庫之外，在一九三〇年代部分圖籍資料曾經交接給各地方的水利組合，例如桃園水利組合（今農業部農田水利署桃園管理處）曾經在一九三〇年代從總督府接收《八塊厝中壢附近埤圳灌溉區測量原圖》，這些兩千五百分之一的原圖，原有張數應有數千張以上，由於戰後保管狀況不良，散佚遺失，現僅剩蘆竹、大園、桃園、八德等地部分測量原圖保存一部分，其餘區域的測量原圖，已難以查找。

這批原圖如果能完整保留，對於桃園大圳灌溉區形成之前，埤塘與桃園臺地的歷史研究，助益甚大。從這批殘存的測量原圖即可得知，「臨時台灣總督府工事部」的測量調查工作相當精細而深入，從而可以得知戰後台灣省水利局年報所提及：「石門水庫，為治本偉工，僉認為有興建之價值，在昔日人已有相當研究，惜於光復時各項資料或遺失或焚毀，殘簡斷篇，誠屬匀憾事。」是頗為中肯的意見。

從上列八座隧道版本的大嵙崁溪水力開發計畫的內容之中，可以獲得值得思考的問題是：八田留給台灣的大嵙崁溪大壩的計畫，究竟是何種模樣？

從此份史料可以得知，八田最終留下的版本應有兩種值得探討的模式。

第二個版本設計案：一座重力拱壩。一九一九年「石門大堰堤」計畫，也就是一座壩體一百五十一．五公尺的重力拱壩，規模宏大的巨型水庫。

第三個版本設計案：兩座重力拱壩、四座堰堤。包括石門和高台兩座重力拱壩，以及控溪、稜角、高義蘭、竹頭角等四座堰堤的設計方案。

不管是前者還是後者，都能證實八田與一曾經親筆寫下的：「大溪水庫是台灣容量最大的水庫，主要是為了淡水河的防洪，以及桃園臺地的土地改良而設計……」由此則能見證一九二九年後八田提及大嵙崁溪建造水庫的計畫時，往往使用「大コカン溪」（大嵙崁溪）或

「大溪」（即大嵙崁溪）一辭的原由。

水利局規劃的第四個版本

第四個版本設計案：三座巨型重力拱壩設計案。除了石門水庫之外，戰後初期的一九五三年，水利局曾經擬製〈馬利哥灣水庫計畫〉與〈高義蘭水庫計畫〉兩座大壩建造計畫，因而第四個版本的計畫即為在大嵙崁溪上游建造三座大壩工程的規劃構想。馬利哥灣大壩所選定壩址在高台派出所附近河床，標高約七百九十一公尺處，原初計畫是建造一座六十・九公尺，庫容量三千五百四十萬立方公尺，庫底標高八百八十公尺，容量約八百四十萬立方公尺，因而馬利哥灣水庫的有效庫容量達到兩千七百萬立方公尺。

由流量累積曲線製成蓄水量與用水率關係曲線，可知有效蓄水量可調節流量為五秒立方公尺。馬利哥灣大壩工程的構想與設計由來，現在還很難判斷在日治時期是否存在，但是當時確實曾經在此地進行河川測量和地質調查。

馬里闊丸溪（大漢溪在巴陵之上的河段，按照泰雅族的傳統領域，分別命名為爺亨溪、馬里闊丸溪、薩克亞金溪、塔克金溪）的河道枯水流量，平均僅約〇・七秒立方公尺，增加七倍的低水流量，馬利哥灣水庫原設計的功能在於調節大嵙崁溪上游水流。此一計畫在馬利哥灣大壩右側開鑿一座兩千六百公尺的導水隧道，將水庫內的源水引導到預計建立的歌來（今石磊部落，日治時期名「コレ社」）發電廠，尾水標高七百六十公尺，可得落差七十五公尺，最低可穩定發電達到三千瓩。

從一九二八年馬利哥灣實測流量延時曲線算出平水年發電量約五千六百萬瓩時。在歌來發電廠下游處建造攔河堰，將發電尾水再從右岸以九十公尺導水隧道引到太力柯發電廠，其間落差約一百二十公尺，能夠獲得四千八百瓩穩定電力，平水年發電量可達六千八百萬瓩時。馬利哥灣大壩計畫之後被改修改成〈高台水庫工程計畫〉。

〈高義蘭水庫計畫〉提及，高義蘭水庫所選定的壩址在距離石門上游約三十四公里處，預定蓄水的流域面積廣達五百四十四平方公里，而且日治時期已經計畫在此地建造一座水庫。〈高義蘭水庫計畫〉規劃在大嵙崁溪的河床上，標高五百公尺處建造一座高度一百公尺的拱壩，總計蓄水量可達一萬零八百四十萬立方公尺，主要建造目的為水力發電。

計畫中設置的高義蘭發電廠，位置在高義蘭部落周邊，由一座長兩千五百公尺的導水隧道引水，其間落差可以達到一百公尺，由於大嵙崁溪上游的水量相對穩定，預期將能得到穩定電力最低為一萬零四百瓩，平水年發電量一萬四千兩百零八萬瓩。如果再於高義蘭發電廠下游，建造一座隧道引尾水到高柏發電，其間高低落差可達一百四十公尺，穩定電力能夠達到一萬四千六百瓩，及平水年發電量約一萬九千八百八十九萬瓩。

大嵙崁溪上游兩座水庫一旦按照計畫建成，石門水庫的調節流量將可由三十三·五秒立方公尺增加到四十二秒立方公尺，增幅可以達到百分之二十六。兩座水庫與石門水庫串聯運用，一旦完工將成為穩定北部的民生用水、工業用水、水力發電用水與農田水利用水的水利系統。

戰前戰後的版本存在著延續性

若將石門、馬利哥灣和高義蘭水庫計畫的以「四座導水隧道加三座水庫」的版本，拿來和日治時期「八座導水隧道加一座水庫」的設計版本做比較，可以看到兩個計畫之間在設計理念上是有著構想與工程實務的延續性存在。「八座導水隧道加一座水庫」的版本，其設計上的理念與日月潭水力發電工程的結構頗為類似，所以這個版本應該是在日治中期提出來的概念，時序上應早於一九二九年八田的「石門水庫」計畫。

從此處也可以對八田版本的「大嵙崁溪水利事業」有一個輪廓，八田版本應為縱整八座導水隧道，再加上建造兩座至三座水庫的版本，如此才能解釋八田所說：大嵙崁溪水庫是台灣最大水庫。也就是比大甲溪開發事業的「達見大堰堤」的規模更大，更宏偉；同時其所建置的水利發電事業，也在日月潭水力發電工程之上。

高台水庫的構想與規劃

高台大壩為混凝土拱壩（薄型拱壩），壩高一百八十公尺、壩頂寬四公尺、壩頂長三百一十五公尺，集水面積三百三十一．一平方公里，總容量一萬七千一百萬立方公尺、有效容量一萬五千三百萬立方公尺，水庫集水區滿水位面積三．一八平方公里。

高台水庫是以作為石門水庫的替代方案而設計，因此庫容量已與石門水庫現有庫容量相去無幾，一旦高台水庫完工，可將石門水庫洩空並進行大規模的陸面機械清淤作業，並可以防止石門水庫繼續淤積，也能增加用水資源的穩定度。

表五：石門水庫各種規劃版本對照表

<table>
<tr><th colspan="2">項　目</th><th>第一次規劃
(1938)</th><th>水利局規劃
(1949)</th><th>徐修惠
第一次規劃
(1950)</th><th>徐修惠
第二次規劃
(1950)</th><th colspan="2">水利局規劃
(1952)</th></tr>
<tr><td rowspan="6">水庫</td><td>防洪部分標高（m）</td><td>265</td><td>265</td><td>270</td><td>280</td><td colspan="2">278</td></tr>
<tr><td>容量（m^3）</td><td>150,000,000</td><td>150,000,000</td><td>110,000,000</td><td>70,000,000</td><td colspan="2">100,000,000</td></tr>
<tr><td>用水部分標高（m）</td><td>250</td><td>250</td><td>264</td><td>275</td><td colspan="2">270</td></tr>
<tr><td>容量（m^3）</td><td>200,000,000</td><td>241,000,000</td><td>381,000,000</td><td>511,000,000</td><td colspan="2">410,000,000</td></tr>
<tr><td>庫底部分標高（m）</td><td>220</td><td>210</td><td>210</td><td>210</td><td colspan="2">220</td></tr>
<tr><td>容量（m^3）</td><td>150,000,000</td><td>109,000,000</td><td>109,000,000</td><td>109,000,000</td><td colspan="2">150,000,000</td></tr>
<tr><td rowspan="13">大壩</td><td>種類</td><td>混凝土</td><td>混凝土</td><td>混凝土</td><td>混凝土</td><td colspan="2">混凝土</td></tr>
<tr><td>型式</td><td>弧線重力壩</td><td>弧線重力壩</td><td>直線重力壩</td><td>重力拱壩</td><td>半弧線
重力壩</td><td>同心式
重力拱壩</td></tr>
<tr><td>壩頂標高（m）</td><td>270</td><td>270</td><td>274</td><td>285</td><td>280</td><td>280</td></tr>
<tr><td>壩底標高（m）</td><td>110</td><td>110</td><td>110</td><td>110</td><td>115</td><td>115</td></tr>
<tr><td>壩高（m）</td><td>160</td><td>160</td><td>164</td><td>175</td><td>165</td><td>165</td></tr>
<tr><td>壩頂長度（m）</td><td>358.1</td><td>358.1</td><td>360</td><td>400</td><td>393.7</td><td>349.1</td></tr>
<tr><td>壩頂寬度（m）</td><td>8</td><td>8</td><td>10</td><td>10</td><td>8</td><td>8</td></tr>
<tr><td>壩頂拱半徑（m）</td><td>250</td><td>250</td><td>—</td><td>—</td><td>（弧線部）
150</td><td>200</td></tr>
<tr><td>壩頂拱中心（角）</td><td>82.5°</td><td>82.56°</td><td>—</td><td>—</td><td>（弧線部）
156-50°</td><td>100-20°</td></tr>
<tr><td>底寬（m）</td><td>125</td><td>157.8</td><td>290
（連 Apron）</td><td>—</td><td>166.2</td><td>93.2</td></tr>
<tr><td>底拱半徑（m）</td><td>—</td><td>—</td><td>—</td><td>—</td><td>（弧線部）
150</td><td>200</td></tr>
<tr><td>底中心角</td><td>—</td><td>—</td><td>—</td><td>—</td><td>（弧線部）
56-50°</td><td>100-20°</td></tr>
<tr><td>體積</td><td>—</td><td>1,870,000</td><td>2,320,000</td><td>2,010,000</td><td>1,750,000</td><td>1,550,000</td></tr>
</table>

資料來源：台灣省建設廳水利局，《台灣省建設廳水利局四十二年度年報》，一九五四，無頁碼。顧雅文主編，《石門水庫歷史檔案中的人與事》，二〇二三，頁九八。

世界第一

樟腦出口量世界第一，是好事嗎？

台山惟樟木最大，……今錐刀之末，民爭恐後，牛山濯濯，頓改舊觀；然因此故，生番失所憑依……。

——吳子光，《台灣紀事》

一八六〇年淡水開港之後，台灣和日本輪流成為樟腦產量世界第一。巧合的是過了半世紀的一九一〇年、一九一一年，日本的關東平原和台灣的台北盆地先後出現了自有紀錄以來最慘重的洪水災害。關東大洪災和辛亥大洪災，分別成為日本、台灣在全面性治水事業上的起始點；隔著遼闊的琉球海域和菲律賓海，距離相當遙遠的兩個全然不同的島嶼國度，為何會在相隔僅僅一年的時間裡，分別發生史上最嚴重的洪災？

日本的樟腦主要產地在關東地方南部西側，本州島靠太平洋這一側，以及四國、九州、沖繩地方，其中尤以九州地方的分布範圍最廣。十九世紀中葉台灣開港，日本開國後，兩地分別進入大量伐採出口天然樟木林時期，由於南台灣的樟樹林在清領時期經歷百餘年「軍工匠首」的濫伐階段，早已枯竭，漢人又沒有保護森林和節制濫採的觀念，當時的觀念大概是，反正台灣是一塊尚未開發的土地，森林到處都是，天然樟樹林取之不盡；卻沒有想到此種毫無節制的伐採行徑，終將導致台灣的森林資源枯竭。開港之後，採伐樟木的焦點轉移到了北台灣，尤以上淡水溪流域（今大漢溪）為十九世紀中期後的主要產區，台灣的樟腦產量和日本輪流成為世界第一，是在這個時期發生的。

過往認定在二仁溪以南，鮮少存在樟樹林，此種說法顯然忽略了樟樹的分布範圍北起中國長江以南、日本、韓國，往南一直到台灣、越南、印度、馬達加斯加，因此南台灣並非不產樟樹，而是自明鄭時期就已經採伐，歷經兩百餘年伐採，早已枯竭，所以在晚清時期產地才轉到北部。台灣和日本樟樹的出腦品質相當優良，兩地所產的樟腦芳樟醇品，通常介於百分之八十以上，在合成樟腦與石油煉製塑膠產品的技術尚未出現與成熟之前，樟腦是合成化學製品的主要原料。但是，倚靠此種必然會枯楬的天然資源，作為原料，終究會被可以大量產製的化合原料所取代。

十九世紀台灣的樟腦，是二十世紀的石油、二十一世紀的鋰。就此一角度觀察，台灣在全球的供應鏈體系上，一直都扮演著重要的地位。清領時期如果不是以短視近利的方式，採伐天然樟樹林之後轉作茶樹和甘蔗，而是再補種人工樟樹林，或許二十世紀初期瘋狂反撲的自然災害，應該就還在可以控制的範圍。這也是今天必須加以審慎思考的，犧牲生態環境的產業，畢竟是難以永續發展的。

一九一〇年日本發生史上最嚴重的洪災，一九一一年台灣也發生史上最嚴重的洪災。在此之前的半世紀間，台灣和日本輪流獲得世界樟腦產量第一的榮銜。此種破壞環境，掠奪天然資源的生產方式，是無法長久的。

台灣治水事業挫敗的原由

大嵙崁溪是淡水河的三大支流之一，同時也是主要幹流，而淡水河流域是台灣第一條啟動測量調查的河川，自一八九九年（明治三十二年）十二月史料記載總督府採購「淡水河測量用石柱百九十一本」，耗資六百一十五‧〇二圓，此為現今所知最早編列的河川調查測量費，亦為台灣的河川調查費編列的起源。

此一史料同時也提及，自一八九九年五月開始著手進行淡水河口至上游各處的各種測量工作，因而在十二月設置出張所，負責淡水河流域的測量。可以從此處得知，大嵙崁溪的河川調查事業，早在一八九九年就已經開啟。

在此之後，歷經長達十三年對淡水河流域的測量與調查，一九一一年、一九一二年連續兩年間，台北盆地再度經歷慘重的風水災害肆虐後，當時台灣總督府認定：如果不對淡水河的主幹流，水量最大的大嵙崁溪施行大規模的改造工程，僅僅淡水河、基隆河、新店溪的浚渫工程，甚至只建造了一個於事無甚助益的小型水庫「西勢壩」，這些措施都無以解決台北市被一次又一次暴洪淹沒的難題。

更何況隨著賽考列克．泰雅族（Squliq Atayal），被外來政權與殖民者的清領、日治政府相繼施以殘酷的武力征服之後，漢人的採樟煉腦腳步，不斷地往上游區域移動，各大河川的河身自然會日益堆積，隨著時移勢轉，水患越來越嚴重，亦為必然之理。伐樟煉腦，這是台灣的治水事業之所以挫敗的原由之一。

台灣採樟事業的由來

台灣的採樟製腦事業據稱源自於鄭氏時期，當時採用中國傳統的古舊製腦法，並延續下來。一八九五年之前，台灣是滿清王朝統治區域的樟腦重要產地，而中國本土自長江沿岸的樟腦產業，自古以來就相當發達，產量亦多。其中主要產地在湖北省宜昌縣的北部，其次則為長江右岸的南山附近，產量也頗為豐富。

其他產地如四川的高原地帶、雲南思茅關附近山地，以及福建、江西等省，也都有樟腦生產。中國經營樟腦製造，可以追溯到十三世紀。

樟腦的採製法分成二種，其一為「煎腦法」，亦即把樟木砍下切成片狀之後，挖掘井水，將樟木片浸入水中，浸泡時間必須達到三天三夜之久，然後再放入鍋內煎抄，並必須以柳木棒攪拌，等到煎出的腦汁減少到一半，而柳木上結著白色霜狀物質，就把渣滓過濾掉，再傾倒入瓦盆之內，經過一段時間後，就會自然結成塊狀，即已煉成樟腦。由於煎腦法的製腦效率太低，據駐台灣的英國領事報告指出，在一八九〇年（光緒十六年）左右，此種製腦方法已經被逐漸揚棄，改採煉腦法為主。

專門負責砍樹的「軍工匠首」

清領時期的採樟煉腦，可以分成三期，分別是：第一期為一六八三年（康熙二十二年）至一七二五年（雍正三年）創辦台灣軍工廠為止，此一時期為官方對民間入山採樟雖嚴禁，但採半放任狀態。

第二期為一七二五年至一八六〇年（咸豐十年）開港，此一時期由軍工匠首獨占台灣山林資源。

第三期為一八六〇年至一八九五年（光緒二十一年），軍工匠首獨占樟腦與山林資源的體制逐漸瓦解，最終形成民間大規模入山濫採樟腦。

清領時期由官方認可的樟腦伐採，為一七二五年在台灣府城設置專門負責建造台澎水師船艦的「台澎軍工廠」，同時在南北二路設置軍工料館，創辦「軍工匠」制度，並由「軍工匠首」承擔作為造船使用伐採大木的責任。軍工匠首承辦造船木料，非但未獲得官方補助，還必須繳一筆規費給台灣道，成為軍工廠的工需津貼。

乍看似乎是賠本工作，但是軍工匠首卻能獲得台灣道授予熬製樟腦的獨占利權，因此而有「匠首之利在樟腦」的說法。到了十九世紀初，北路在淡水廳轄設軍工匠首，南路在瑯橋。

然而台灣的軍工廠反而越來越少修造軍用船艦，煉製樟腦轉而變成軍工匠首的主業。從一七二五年到一八六〇年代末期，軍工匠首是官方認可唯一合法的伐木業者，同時也是水藤、樟腦等森林副產品的支配者。

台灣和日本，輪流成為樟腦產量世界第一

晚清時期壟斷世界樟腦貿易者，有台灣和日本等兩個地方。一八七七年（光緒三年）前台灣的樟腦生產量多於日本，一八七八年（光緒四年）至一八九二年（光緒十八年）間日本多過台灣，一八九三年（光緒十九年）之後台灣的產量又超過日本。

日治時期於一九一八年至一九二四年間，曾經施行全台樟樹調查，調查結果為樟樹在全台分布面積達到一百零五萬六千一百九十一甲，總計一百八十萬餘株。

此時大嵙崁溪流域由於過度採伐，已經再無具有規模的天然樟樹林存在，因而此一數據對大嵙崁溪流域而言，並沒有太大的意義存在。因此必須運用現存可資查考參校的數據，代入詳實可信的計算方法，才能計算出在晚清四十年濫砍浩劫下，採伐大嵙崁溪流域天然樟樹林木，具有參考價值的統計數據。

台灣森林並非全部都是樟樹，樟樹僅占一小部分，尤其製腦業者最想伐採的大型樟樹，更稀疏罕見。只要不受到人為干擾，台灣的樟樹可以長到又高又粗。晚清到日治初期具有規模經濟價值的地方，材積蘊藏量首推大嵙崁，其他重要的地方依序是南庄、大湖、東勢角，中部則為集集、埔里社和林圮埔。

日治之前大嵙崁地方的製腦業，在一八九一年（光緒十七年）清政府的腦務稽查總局曾經

做過調查。當時大嵙崁地方的製腦業總共有兩萬三千一百六十三竈，其次則為三角湧一百五十竈，每竈有十鍋，相較於一九〇〇年僅剩一千九百竈，僅為一八九一年的百分之八．二，由此可見當時大嵙崁製腦業的興盛，以及濫採濫伐的嚴重程度。

一八九五年（光緒二十一年）割讓台灣之時，由於負責保護製腦業者的大嵙崁溪的隘勇被撤，泰雅族趁機襲擊將竹頭角、水流東附近土地奪回，此一事件即為「蕃人奪卻地」。因而一度被大舉開闢的腦寮、田地和茶園，復歸為荒蕪之地，山林得以獲得喘息休養時機。

日治初期為了排除「蕃地」拓殖障礙，施行的隘勇線推進政策，也被稱為「樟腦戰爭」，其目的則是為了協助製腦業者，征服原住民族，進一步地掠奪山林資源。

以樟木和山林資源被濫墾掠奪角度觀察，清領和日治初期的政府，其實相差無幾，而大嵙崁溪流域在清領時期被濫伐的程度，更加嚴重，從而也對土地造成了難以縫合的傷害，最終這些苦果還是返回到人類自身。

清領時期的煉腦技術，相當落伍

在晚清時期樟腦年產量已經超過三萬擔。達飛聲（James W. Davidson）在名著《福爾摩沙島的過去與現在》（*The island of Formosa, past and present*）曾提及，為了伐採樟樹，其他的樹木也會一併被伐除；而且，由於晚清時期台灣的樟樹森林資源相當豐沛，原料取得容易，因此採伐樟木的漢人，非常的浪費，只取樹幹下部十呎的材料製作樟腦，其餘的部分就任其腐爛，相當糟蹋，其所運用的傳統式煉

天然樟腦採取時的腦灶內的一景。腦灶大半設於樟腦林所在的山地，腦丁採來附近的原木，用特製的刀，製成木屑，這木屑的作法不同，其處理方式也非常不同，將做好的木屑放入鍋內蒸，其蒸法也有訣竅，蒸氣上升後再使之凝結，就會產生精製樟腦。《臺灣寫真大觀》（昭和十三）。圖片提供：國立臺灣圖書館。

腦法效率也極低。

日本式的腦灶三鍋，約為中國式腦灶二十個鍋的產量，而且產品較為精良。日式一個鍋能裝三百斤樟腦碎片製成六．五斤樟腦，且有樟腦油；中式腦灶十個鍋可裝兩百斤樟腦碎片，只能製成四斤樟腦，且無樟腦油。中式腦灶的製腦效能，與日式腦灶製腦效能相較，比較浪費且無效率。因而可見得在日治時期大規模汰換中式腦灶，改採已經經歷西方技術洗禮的日式腦灶之前，伐採、浪費樟樹的數量，恐怕更加驚人。

日治時期的樟木資源運用，連樹葉都不會浪費。況且，由於台灣的山岳險峻，從山頂到河谷的縱深達到兩、三千公尺者，比比皆是，而大嵙崁溪河谷直到上游的海拔高度都在一千公尺以下，是樟樹森林生長的適合高度。這些部分都是在看待清領和日治時期製腦產業的差異，必須觀察的部分。

天然樟樹林資源的枯竭

大嵙崁溪的製腦業黃金時代的來臨，是否同時也代表著樟樹林的資源即將面臨耗竭的困境？一八九九年八月台灣總督府《樟腦專賣法》公布施行，建立樟腦專賣制度，設立樟腦局管理；一九〇一年五月合併到台灣總督府專賣局，由一分課負責樟腦專賣事務。

在專賣制度實施之前，台灣樟腦可以自由買賣，因此吸引眾多投機外國商人來到台灣，當時的生產品質粗劣，價格較不具競爭力。

到了一九〇〇年度（明治三十三年會計年度）樟腦專賣制實施後，大嵙崁地方的製腦灶數減為一千九百灶，生產樟腦六十六萬四千一百六十八斤（三十九萬六千三百八十六公斤）*，樟腦油三十一萬三千二百一十八斤（十八萬六千九百三十三公斤）。一九〇〇年度全台

樟樹木片削取。《記念臺灣寫真帖》（大正四年）。圖片提供：國立臺灣圖書館。

3 本篇斤與公斤之換算，請參見：國立臺灣大學數位人文研究中心，「度量衡轉換工具」，國立臺灣大學數位人文研究中心，二〇一一。http://doi.org/10.6681/NTURCDH.DB_THDL/SERVICE/measure

樟腦輸出量三百零三萬四千一百五十六斤（一百八十一萬八百三十三公斤），大嵙崁產量約占其百分之二十二。

到了一九一四年間製腦業在大嵙崁區域的發展到達臨界點，採樟煉腦區域從三角湧蕃地，擴展到大嵙崁的前山蕃、馬武督蕃、合歡蕃，一直延伸到夫婦山腳，都設置數量龐大的腦竈。總計大嵙崁流域設有腦竈一千六百二十座，生產樟腦達到二百四十六萬餘斤、腦油產量一百一十四萬餘斤，雇用腦丁將近三千人。在一九一七年之時，由於濫採過度，樟樹幾乎砍伐淨盡，大嵙崁山區滿目瘡疤，蓊鬱山林變為黃土禿山，因而業者再也無法維持預計的生產量與利潤。

雖然一九一七年十月底樟腦專賣局提升收購價，業者也配合為腦丁加薪，但是人力仍然呈現嚴重不足狀態。原來在大嵙崁工作，技術純熟的腦丁，逐漸轉到其他正在崛起的採樟製腦地方。

一九一八年由於休熬腦灶持續增加，大嵙崁流域製腦業黃金歲月，遂逐漸成為陳跡。其實在一八九九年七月，樟腦專賣制度實施之前，已經認為如果再放任濫採濫伐行為，不予扼制，預計至多在十多年後將沒有天然樟林可以提供製腦業伐採。

其實，之所以產生此種讓樟樹面臨滅絕危機的狀態，主要原因還是在製腦業者過度浪費樟樹材料，或許是短視近利，認為樟樹總是採伐不盡，因此只採取樟樹的一小部分樹幹煉製，其餘枝葉和莖幹、樹根都任其腐爛。漢人又沒有植樹造林的文化，僅僅依賴天然樟林，此種狀況必然無法長久。

天然樟樹林在台灣的滅絕

自一八九九年樟腦專賣制度建立到一九一六年止，總計十八年間台灣的樟腦專賣共收納：樟腦六千八百四十八萬七千七百一十三斤（四千零八十七萬四千五百六十三公斤）、樟腦油七千七百零一萬兩千五百一十八斤（四千五百九十六萬兩千三百零三公斤），平均每年收納樟腦三百八十萬四千八百七十三斤（兩百二十七萬八百零九公斤）、樟腦油四百二十七萬八千四百七十三斤（兩百五十五萬三千四百六十一公斤）。生產數量相當龐大。

設若其他因素不變的狀況下，以一株二十二年樹齡重量約六十公斤的樟樹計算，煉腦法使用十鍋，每鍋需要十斤（約六公斤）樟木碎片，總計一百斤（約六十公斤）樟樹碎片，可煉得樟腦四斤（約二．四公斤），等於平均每年必須砍伐十五萬兩千一百九十四株二十二年樹齡樟樹。

若全部以樹齡一百五十年的老樟樹，直徑三．五公尺，高十八公尺計算，其樹幹、枝葉重量約一千三百公斤，三十五年間共計砍伐五十二萬七千零一十八株樹齡一百五十年的老樟樹。

如果自一八九〇年部分製腦業者採用煉腦法後計算，則一八九〇年至一九一六年間砍伐的樟樹數量已經相當可觀。在此之前運用效能更差的煎腦法，必須砍伐浪費掉的樟木樹木更多，被伐採的樟樹恐怕必須以百萬株計算。

一八九一年大嵙崁地方的製腦業總計有兩萬三千一百六十三灶，每灶十鍋；大嵙崁地方為北部主要的樟腦生產地，一八九一年台灣樟腦在淡水的出口總量為十六萬五千七百六十擔，按一鍋生產四斤換算，前列算式則一八九一年以大嵙崁溪為主要產地，北部共砍伐二十二年樹齡樟樹六十八萬三千一百二十八株，或樹齡一百五十年老樟樹一萬三千兩百〇三株。

但是此種算法都是假定每一塊樟木都充分利用，而達飛聲的說法是清領時期採樟只取樹幹的十呎（三．二公尺），其餘就任其腐朽，相當浪費，因而被伐採的樟樹數量，遠大於上列數據。甚至在一八九九年就估計，如果不對濫伐行為加以管制，大概十多年左右，樟樹森林就會出現瀕臨滅絕狀態。

很不幸的，此種樟樹林被砍伐殆盡的狀況，在一九一〇年代末，已經出現在大嵙崁。若非後來改採造林植林政策，今日在大漢溪流域是看不到樟樹林。但是，在大嵙崁流域曾經擁有的千百年老樟樹，現在已經消失淨盡，所見者都是僅剩不足百年造林的成果。

況且，二仁溪以南並非不產樟樹，而是自明鄭時期就已經採伐，歷經兩百餘年伐採，早已枯竭，所以在晚清時期產地才轉到北部。

因此可以得知，自一八六〇年開港前後，北台灣的山林曾經經歷了令人難以置信的一場生態大浩劫。試想自一八五六年（咸豐六年）至一九一六年間在大嵙崁溪上游伐採數量達到百萬株樟樹與其他樹種的狀況，而樟樹森林被伐採後的土地，則被開墾為茶園，如此即可以想像河川的淤積之所以如此嚴重，以及洪患之所以發生的原由。

掠奪式的樟腦與茶業，是洪災主因

「米、茶、砂糖、樟腦」並列為台灣四大產物，後三者為晚清三大出口商品；四大產物之中，米、茶、糖和民眾生活息息相關，只有樟腦和日常需求沒有太大的連結存在。「樟腦問題就是『生番』課題，製腦業的成敗與『生番』的生存空間，息息相關。」達飛聲在一九〇三年所提出的此點意見而言，與總督府在樟腦產業的「理蕃」政策，不謀而合。

達飛聲的觀察入微，其著作的嚴謹和精確度頗高。由於樟腦的生產必須大量採伐樟樹，等於變相鼓勵民眾對山林濫砍濫伐，嚴重破壞水土，久而久之土地終將反噬。此種濫砍濫伐現象，更導致山林裡的樟木資源逐漸枯竭，製腦產業終將面臨無以為繼的窘境。

在道光年間來台考中舉人的吳子光，已經觀察到此種現象，並已提及：「台山惟樟木最大，……今錐刀之末，民爭恐後，牛山濯濯，頓改舊觀；然因此故，生番失所憑依……。」此時有識者已經察覺此種掠奪式的樟腦產業，是對土地劃上一道又一道傷痕，再放任如此對山林的濫砍濫伐，治水將難有成功之時。一九一七年時曾經提出台灣的治水問題關鍵之所在，並舉出四項：一、伐木業者對山林濫伐；二、製腦業者濫採樟樹造成水利破壞；三、茶園開墾和高地的甘蔗栽種侵害水源涵養；四、原住民族的燒墾種植對森林的破壞。

此四者對大嵙崁溪所造成的損害程度不一，按照破壞程度觀察，值得深究的是四項「採樟煉腦、山地茶園、濫伐森林、燒墾山耕」，都與原始型態的經濟開發有關。

歸結其中嚴重程度者，樟樹的濫採與山林濫伐確為應予扼制的重要因素。至於燒墾山耕部分是採用何種方式進行，導致當時會認為這是一種對山林破壞嚴峻的行為？由於並無統計數據可資佐證，因此難以查校燒墾的實際狀況。

但是，針對此點陳正祥曾經留下值得佐證的敘述。他曾經提過，直到一九五〇、一九六〇年代原住民族在山地的農耕仍然是輪流燒墾，還未形成定耕農業，而其開墾之法，往往在選好的山坡地上，放火將砍除的樹木直接焚燒，以燒完的草木灰燼當作肥料，進行粗放式的播種耕作，當地力已經消失得差不多之後，再另行選擇新山坡地進行燒墾。

燒墾山耕的耕作方式，對山林的破壞，以及影響河川上游集水區的保育，也是必須注意的現象。

濫伐與缺糧危機

在造林概念尚未出現之前的清領時期，製腦業是伐採原始樟樹森林為主，而在砍伐之後的林野土地，除了少數栽植燒製木炭使用的龍柏和相思樹之外，傾斜度在四十度以下的山坡地，往往被開拓成旱園，栽植包括茶樹、甘蔗等旱地作物。由於受限於產地的氣候原由，茶樹種植主要在台北、桃園、新竹的臺地與山坡丘陵地帶。尤其一八六〇年開港之後茶的出口銷量大增，在利益驅使之下，伐樟製腦與原生森林被砍伐殆盡之後，相當數量土地就被轉作茶樹。

一般而言，茶樹種植在相當海拔之上，高度越高，濕冷霧氣越重，茶葉的品質越好，因而隨著山野土地的樟樹及森林遭到伐除，被替代為茶樹的景觀幾乎是難以取代的選擇。隨著樟腦出口產值的擴張，北部原生森林景觀逐漸轉變為茶園，原生林面積也隨之減少。大嵙崁溪沿岸林地普遍被改造成茶園，至今仍然是大溪區域觸目可及的景觀。

況且，居住於北部山區的泰雅族，由於漢人不斷向山地進逼，伐樟煉腦，從而更加壓縮泰雅族的生存空間，也導致清政府劃定的疆界線被進入番界拓墾的漢民所挑戰，樟腦問題從而擴張成為原漢衝突與國境政策問題的根源。如同《淡水廳志》所提及：「深山窮民又牟樟腦小利，遂為匪徒，逋逃淵藪，官病民病番病。」其實更值得注意的是濫伐樟樹煉腦，以及茶園無止境擴張所帶來的生態環境破壞惡果。

開港後，製茶產業的擴張腳步，甚至危及米糧產出，原來種植米糧的田地在經濟利益的考量下，也都轉作茶樹，因而原為福建省米穀進口第二大產地的台灣，反而出現缺糧危機。此點從一八九〇年閩浙總督卞寶第的奏摺所稱：「查閩地素所仰藉者，滬米為大宗，台米次之。」但是造成台灣陷入缺糧危機的因素有兩個，其一是「台灣田畝近多改種茶樹」，其二則為「加以防營勇多」，因而造成「臺地已無餘糧，販運竟至絕跡，全賴上海商船轉運接濟」。由此即可看出，為了追逐經濟利益，不只山區的樟樹林伐採後轉作茶樹，連平地上原來種植米糧的水田地也轉作茶樹。

但是，謝美娥也提出一個觀點認為，「應注意，不經由通商口岸販運米石出口的情形應該存在」，從海關計算的進出口數量，無法等於全台米穀的進出口總量，由於台灣島四面環海，走私貿易數量亦應占有一定的比例。但是經由海關管道出口的米穀，含括了大部分台米產區，海關米穀出口數值，對於看待進出口趨勢而言，應較具有參考價值。按前文所列林滿紅、李文良、謝美娥對樟腦、茶、米在開港前後的研究與觀察，可進而觀察得知，晚清時期的台灣，在製腦製茶業的大幅擴張之下，雖然締造了台茶與樟腦出口的黃金時代，卻也出現了生態環境破壞與米糧供應不足的雙重危機，其中大嵙崁溪流域在兩層危機夾擊下，更成為二十世紀初期一次比一次衝擊更加嚴重的台北洪患的肇因。

台灣史上最嚴重的森林浩劫之一，是清代開港後長達六十年毫無節制的濫伐森林，尤其是天然樟樹林，原來在淺山隨處可見的天然樟樹林，幾乎在台灣滅絕。

過去課本裡提到，台灣的樹是日本人砍光的。但是，課本不告訴你的真相就是，中華民國政府遷台之後，在日本人建置的三大林場（宜蘭：太平山林場、嘉義：阿里山林場、台中南投：八仙山林場）之外，追加到十二大林場（台中苗栗：大雪山林場、新竹苗栗：竹東林場、南投：巒大山林場、南投：巒大山林場、花蓮：木瓜山林場、花蓮：林田山林場、花蓮：太魯閣林場、宜蘭：退輔會棲蘭山林場、宜蘭：大元山林場），六大山地鐵道系統（太平山、阿里山、八仙山、嵐山、哈崙、林田山），戰後伐林的規模與數量，是相當嚴重的環境災難，也是異常誇張的濫伐山林行徑。

兩個時代，台灣的山林浩劫

一九一七年時提出觀點認為，森林制度的確立是治水事業能否成功的關鍵，按照當時的採伐狀況，不僅樟樹資源即將枯竭，高價珍貴的樹木也將在數十年間面臨伐採皆盡的問題。

由於進入大嵙崁山區採樟煉腦的漢人，對於樟樹森林的伐採，而且也沒有植樹造林的概念，只是為了追求一時的經濟利益，不停地向原住民族居住生活的山區推進，在漢人步步進逼的處境下，泰雅族不斷的向深山退卻，而大嵙崁溪的森林浩劫就在泰雅人退入上游深山的處境下，不斷遭到伐採。在此也必須瞭解，大嵙崁溪近源頭處的塔克金溪、薩克亞金溪的河谷地帶，海拔在一千公尺等高線上下，因而樟樹森林的分布接近源頭處的秀巒（海拔八四四公尺）以下，直到石門、大溪，俱為樟樹林分布地帶。

雖然台灣生產的樟木能夠供應世界市場的需求，但是晚清至日治初期只砍樹不造林的短視終將令森林資源枯竭，在沒有永續經營的觀念時，連帶地也將賠上台灣溪河的生態。

從一九一二年開始施行五年河川調查事業，投入金額四十六萬五千餘圓的經費，完成《台灣治水計畫說明書》，並向中央政府提案，雖然最後實行全島治水的計畫被縮減規模了，但是終究獲得通過。此計畫是台灣治水事業關鍵的根本性大計畫，其中重要的是：其一河川護岸工程，其二關係到台灣土地改良事業成敗的河川整理事業，其三則是最關鍵的確立森林制度。「水之治，在山」，一旦舉目望見都是黃土禿山，那麼施行河川護岸工程和河川整理事業，其實是毫無意義之事。濫伐森林、濫採樟樹，惡果已經在一九一一、一九一二年以前所未見，台北城被盡數淹滅的暴洪之中，嚐到苦果。

如果再放任這些資本家對貴重林木的濫伐，再不對天然樟樹的濫採施以管控，再怎麼龐大的治水預算投入，都難以見到成效。所以，對大嵙崁溪上游的森林施行保護政策，才是大嵙崁溪治水事業的關鍵所在。

官方森林伐採事業的開始與分期

台灣的官方森林伐採事業始於一九一〇年殖產局設阿里山作業所，遂開啟長達八十年（一九一〇至一九八九）官營伐木事業。由林務局簡任技正姚鶴年編撰《林務局局誌》將日治時期的林政劃分成四期。

一、混亂期（一八九八至一九一四）：由於政權更替，百廢待舉，直到一九〇三年才有數據紀錄。

二、第一次濫伐期（一九一五至一九二二）：一九一五年完成全島林野調查，自此加強林業管理，然而因值一戰期間，日本本土為大幅發展工業，擴建鐵道枕木、工廠建築、船舶修造等所需木料，從台灣大量濫施採伐。

三、伐植平衡期（一九四五至一九四二）：一九二二年起為令採伐與植林能永續平衡，因而開始採行計畫式伐木與造林。一九三五年起因伐樟製腦式微，樟樹列入一般用材統計。

四、第二次濫伐期（一九四三至一九四五）：因二戰末期，經濟資源日益枯竭，遂不惜竭澤而漁，伐木事業交由官商合資或純粹日資的會社經營。

日治時期在一九一二年至一九四五年間，伐採立木材積一千七百三十四萬零五百六十四立方公尺，平均每年五十一萬零十七立方公尺。

戰後毫無節制的濫伐森林

戰後自一九四六年至一九五〇年間年均伐採量四十五萬立方公尺，一九五〇年代伐採量大幅增加，一九五八年均伐採量突破一百萬立方公尺，自一九五八年開始年均伐採量都維持在一百五十萬立方公尺以上，一九七二年開始伐採量突破一百八十萬立方公尺以上，一九七五年後由於環境意識崛起，如此大量伐木對山林造成嚴重的環境問題，遭到民間社會批判而受到制約，因而伐採量從一百一十萬立方公尺開始降低，一九七七至一九八八年年均伐木量七十五萬立方公尺，一九九一年起全面禁伐天然林。

如按照姚鶴年文章所揭露，自有現代化統計數據紀錄的百年來，台灣森林的伐採數量而言，在一九五八至一九七五年的十七年間，年均伐採量約在一百七十萬立方公尺；而在一九四六至一九七五年的二十九年間年均伐木量在百萬立方公尺以上，是日治時期年均伐採數據的兩倍以上。

另依據台灣省林務局所編印歷年《台灣林業統計》查校，可以得知在一九四六至一九九九年間，政府遷台後的半世紀間，總計伐採林木材積四千四百五十三萬一千零一十二立方公尺；按此採伐歷史數據可以從而得知，戰後民國政府的伐林數量遠逾日治時期，可說是「置森林保育於不顧，進行毫無限制的開發」。

況且，日治時期的數據還必須同時考量當時民眾生活上的煮飯燒水的需求，當時主要以燒材薪為主，而戰後已經轉為燒進口的瓦斯。日治時期自一九二二年後和戰後至一九九九年為止，雖然施行森林伐採，卻也同時施行造林政策。而清領時期的伐採非但濫伐毫無節制，且沒有永續經營的造林政策存在。三個時代相互比較之下即可以得知，台灣山林的浩劫在清領時期相當嚴竣，這也是台灣全島河川水利所有問題的根源之所在。

表六：晚清台灣樟腦出口量

①擔　②斤 ② = ① * 140　③公斤 ③ = ① * 83.58

年代	淡水			打狗			合計		
	擔	斤	公斤	擔	斤	公斤	擔	斤	公斤
1856	10,000.00	1,400,000.00	835,800.00	—	—	—	10,000.00	1,400,000.00	2,235,800.00
1861	6,000.00	840,000.00	501,480.00	—	—	—	14,574.00	2,040,360.00	3,258,454.92
1863	14,574.00	2,040,360.00	1,218,094.92	—	—	—	14,574.00	2,040,360.00	3,258,454.92
1864	8,808.00	1,233,120.00	736,172.64	—	—	—	8,808.00	1,233,120.00	1,969,292.64
1865	7,785.00	1,089,900.00	650,670.30	—	—	—	7,785.00	1,089,900.00	1,740,570.30
1866	8,448.00	1,182,720.00	706,083.84	—	—	—	8,448.00	1,182,720.00	1,888,803.84
1867	5,070.00	709,800.00	423,750.60	—	—	—	5,070.00	709,800.00	1,133,550.60
1868	1,440.88	201,723.20	120,428.75	812.91	113,807.40	67,943.02	2,253.79	315,530.60	435,959.35
1869	13,797.1	1,931,598.20	1,153,164.13	1,508.12	211,136.80	126,048.67	15,305.25	2,142,735.00	3,295,899.13
1870	14,418.20	2,018,548.00	1,205,073.16	2,363.00	330,820.00	197,499.54	16,781.20	2,349,368.00	3,554,441.16
1871	9,691.57	1,356,819.80	810,021.42	—	—	—	9,691.57	1,356,819.80	2,166,841.22
1872	10,281.49	1,439,408.60	859,326.93	859,326.93	11,284.00	6,736.55	10,362.09	1,450,692.60	2,310,019.53
1873	10,755.62	1,505,786.80	898,954.72	—	—	—	10,755.62	1,505,786.80	21,505,786.80
1874	12,079.55	1,691,137.00	1,691,137.00	—	—	—	12,079.55	1,691,137.00	2,700,745.79
1875	7,139.35	999,509.00	596,706.87	—	—	—	7,139.35	999,509.00	1,596,215.87
1876	8,794.53	1,231,234.20	735,046.82	—	—	—	8,794.53	1,231,234.20	1,966,281.02
1877	13,176.8	1,231,234.20	1,101,321.12	—	—	—	13,176.85	1,844,759.00	2,946,080.12
1878	13,502.60	1,890,364.00	1,128,547.31	313.02	43,822.80	26,162.21	13,815.62	1,934,186.80	3,062,734.11
1879	11,048.40	1,546,776.00	923,425.27	66.37	9,291.80	5,547.20	11,114.77	1,556,067.80	2,479,493.07
1880	12,335.17	1,726,923.80	1,030,973.51	—	—	—	12,335.17	1,726,923.80	2,757,897.31
1881	9,316.53	1,304,314.20	1,304,314.20	—	—	—	9,316.53	1,304,314.20	2,082,989.78
1882	4,933.84	690,737.60	412,370.35	277.49	38,848.60	23,192.61	5,211.33	729,586.20	1,141,956.55
1883	3,086.24	432,073.60	257,947.94	214.00	29,960.00	17,886.12	3,300.24	462,033.60	719,981.54
1884	443.47	62,085.80	37,065.22	19.00	2,660.00	1,588.02	462.47	64,745.80	101,811.02
1885	3.14	439.60	262.44	—		—	3.14	439.60	702.04
1886	964.13	134,978.20	80,581.99	371.00	51,940.00	31,008.18	1,335.13	186,918.20	267,500.19
1887	2,520.43	352,860.20	210,657.54	236.38	33,093.20	19,756.64	2,756.81	385,953.40	596,610.94
1888	2,873.48	402,287.200	240,165.46	961.00	134,540.00	80,320.38	3,834.48	536,827.20	536,827.20
1889	3,581.15	501,361.00	299,312.52	595.50	83,370.00	49,771.89	4,176.65	584,731.00	884,043.52
1890	6,482.64	907,569.60	541,819.05	759.20	106,288.00	63,453.94	7,241.84	1,013,857.60	1,555,676.65
1891	16,760.96	2,346,534.40	1,400,881.04	2,120.54	296,875.60	177,234.73	18,881.50	2,643,410.00	14,044,291.04
1892	12,969.86	1,815,780.40	1,084,020.90	4,570.71	639,899.40	382,019.94	17,540.57	2,455,679.80	2,455,679.80
1893	26,992.43	3,778,940.20	2,256,027.30	6,327.50	885,850.00	528,852.45	33,319.93	4,664,790.20	6,920,817.50
1894	27,810.74	3,893,503.60	2,324,421.65	11,736.38	1,643,093.20	980,926.64	39,547.12	5,536,596.80	7,861,018.45
1895	10,003.83	1,400,536.20	836,120.11	5,800.85	812,119.00	484,835.04	15,804.68	2,212,655.20	3,048,775.31
合計	327,889.21	45,904,489.40	27,404,980.17	39,133.57	5,478,699.80	3,270,783.78	367,022.78	51,383,189.20	78,788,169.37

資料來源：林滿紅，《茶、糖、樟腦業與台灣之社會經濟變遷（一八六〇—一八九五）》，二〇〇四，頁三五。

說明：1. 為便於讀者理解，本表度量衡換算以參考柯志明《番頭家：清代台灣族群政治與熟番地權》（二〇〇二版，頁四〇五）所列出換算數值為基準，「一石＝十斗＝一百升＝一千合＝一萬勺；一石＝一〇三・六公升；一石米＝一四〇斤＝八三・五八公斤。」其所參考標準係以臨時台灣土地調查局編《台灣土地慣行一斑・第三編》（一九〇五，頁二三二）所提及台北、台南、廈門等地出港米天平秤重點為計算基準，其量計標準是以一四〇斤作為一石核算。

2. 林滿紅所列資料整理自如下資料：一八五六年摘自達飛聲著，蔡啟恆譯，《臺灣之過去與現在》，一九七二，頁二七七；一八六一年資料摘自 “British parliamentary papers: Embassy and Consular Commercial Reports”, 1971, China: vol.32, 頁四一八（林滿紅稱《領事報告》）；其餘各年資料自《海關報告》所列歷年淡水、打狗部分。

表七：一九二二至一九九九年林木伐採數據

日治時期伐木數據（1922-1945）			戰後伐木數據（1946-1999）					
年別	面積（公頃）	材積（立方公尺）	年別	面積（公頃）	材積（立方公尺）	年別	面積（公頃）	材積（立方公尺）
1922	10,784	97,443	1946	610	87,395	1973	13,622	1,714,469
1923	11,167	212,425	1947	1,088	264,391	1974	10,632	1,533,807
1924	11,711	210,313	1948	5,916	334,266	1975	8,690	1,110,260
1925	10,650	141,248	1949	2,775	223,385	1976	7,633	1,101,481
1926	9,649	259,905	1951	6,702	745,138	1977	6,878	903,862
1927	11,102	379,596	1952	8,681	886,527	1978	6,440	892,186
1928	10,213	366,933	1953	5,911	763,037	1979	7,576	892,671
1929	9,857	322,878	1954	7,673	917,950	1980	6,330	775,058
1930	7,405	296,261	1955	7,182	806,643	1981	5,157	718,586
1931	8,800	342,430	1956	6,509	775,054	1982	4,821	677,260
1932	11,081	420,890	1957	7,507	981,105	1983	6,358	821,357
1933	10,862	545,009	1958	8,293	1,103,417	1984	5,729	785,101
1934	12,718	534,422	1959	8,094	1,251,874	1985	5,502	707,557
1935	8,820	215,622	1960	10,339	1,221,492	1986	6,295	735,665
1936	17,202	486,399	1961	9,916	1,333,251	1987	5,546	670,410
1937	11,185	532,232	1962	9,927	1,332,977	1988	5,208	426,483
1938	17,694	629,887	1963	10,061	1,472,689	1989	2,493	264,492
1939	11,230	871,963	1964	9,968	1,613,753	1990	1,917	203,213
1940	21,984	1,059,317	1965	10,801	1,663,296	1991	1,046	126,059
1941	23,297	1,016,550	1966	9,560	1,430,446	1992	1,036	118,323
1942	40,894	562,227	1967	9,396	1,577,731	1994	439	56,128
1943	24,361	1,230,608	1968	11,177	1,557,321	1995	625	63,177
1944	8,847	631,104	1969	11,400	1,475,587	1996	500	56,362
1945	25,243	1,114,010	1970	12,347	1,554,590	1997	448	52,173
			1971	16,092	1,762,006	1998	458	49,529
			1972	15,204	1,790,163	1999	393	42,945
合計	346,756	12,479,672		合計（1946-1999）			344,901	44,424,098

資料來源：台灣省林產管理局編印，《台灣省五十年來林業統計提要（民國前六年至民國四十四年）》，一九五六，頁一二八；林產管理局，《台灣林業統計年報》，一九五〇，頁九二 - 九三；台灣省林務局編印，《台灣省林業統計》，一九六一，頁四三；台灣省林務局編印，《台灣林業統計》，一九六五，頁四二；台灣省林務局編印，《台灣省林業統計》，一九六八，頁五二；台灣省林務局編印，《台灣省林業統計》，一九七〇，頁五〇；台灣省林務局編印，《台灣省林業統計》，一九七三，頁六六；台灣省林務局編印，《台灣省林業統計》，一九七六，頁六四；台灣省林務局編印，《台灣省林業統計》，一九八〇，頁七〇；台灣省林務局編印，《台灣省林業統計》，一九八一，頁七〇；台灣省林務局編印，《台灣省林業統計》，一九八六，頁九〇；台灣省林務局編印，《台灣省林業統計》，一九八九，頁九四；台灣省林務局編印，《台灣省林業統計》，一九九一，頁一〇〇；台灣省林務局編印，《台灣省林業統計》，一九九五，頁一二八；台灣省林務局編印，《台灣省林業統計》，一九九六，頁一四〇；行政院農業委員會林務局編印，《台灣地區林業統計》，二〇〇〇，頁一二〇。

說明：1. 本表數據包括樟樹採伐量，表內所列數字均為木材材積。

2. 據台灣省林產管理局說明日治時期統計數據之編成，一九二二至一九四二年為依據台灣總督府殖產局編印《台灣林業統計》，一九四三至一九四五年數據來自於台灣省林產管理局編印《林業統計補充提要》，一九四六年及之後數據來源於台灣省林產管理局查編的業務統計報告書所編印。

第三篇

失落的記憶

唐山渡過黑水溝，到台灣拓墾的先民，主要是以農業移民為主，農田水利是這個時期重要的設施，「巡水」也是這個時期重要的事務。在日治時期建造桃園大圳之後，為了維持這一條台灣最長灌溉隧道的有效運作，負責隧道巡查的「巡水人」就成為桃園的水利系統之中重要的記憶。但是，日治時期如何進行桃園大圳導水路的巡水路工作，已經找不到任何留存的文獻可以告訴我們當時是怎麼做的。這一段時期的巡水工作，是沒有辦法再追索的失落的記憶。

筆者有幸在二〇一八、二〇一九年時，因纂修《台灣桃園農田水利會百年誌》，由時任水利會黃文城主任工程師和李倢儀股長的牽線，訪談到當時已近九旬的桃園大圳石門工作站最後一任站長：張雲台。透過對老先生的口述訪談，記錄下戰後早期，桃園大圳巡水人的記憶，因而幸運地留下了一段值得永遠留存的巡水人精彩故事。

戰後台灣民主化起源的「中壢事件」，已經寫入課本之中，也廣為人們所熟悉。但是，戰前桃園臺地的農民，對殖民政府不公不義的壓迫，進行抗爭的運動，在暴力壓制、威脅、栽贓之下，中壢事件、新坡事件、桃園事件，三個抗爭運動，最終無疾而終，記憶也從而消失。三個抗爭運動的內部和外部性質，其實都頗為複雜，本文試圖還原事件發生的真正實相。

埤塘，是「千塘之鄉」桃園臺地最重要的地景，也是台灣政府想要申請世界文化遺產的重要標的之一。桃園臺地的埤塘，起源於霄裡大圳的開鑿，這是比較可以確認的。但是，比較難以確認的反而是，霄裡大圳在那裡？過往在談論、研究這個課題的，無不將霄裡大池和霄裡大圳連結在一起，卻往往忽視了《淡水廳志》揭載霄裡大圳的位置，其實和霄裡大池，是不相干的。《淡水廳志》的問題不少，但是霄裡大圳的記載和現地的地形地勢是相同的。本文將從《淡水廳志》記載的「一圳四埤」與古書典籍載入的「坡與陂同」這兩個方向，探討桃園埤塘的起源問題。

記憶中的巡水人

台灣最長導水隧道的巡水路

沒有親身走過導水路，不可能了解桃園大圳工程的偉大和艱難。

——黃文城，桃園農田水利會主任工程師

桃園大圳導水路的八段隧道總長一萬五千七百零七公尺，日治時期到戰後早期都是紅磚建築，因此每逢大雨、颱風，隧道都有崩潰的危險，尤其是地質最脆弱、最長的第三號隧道，崩坍次數最多，一九三〇、一九三一年的崩塌事件，造成桃園臺地的農作歉收，當時以農業為主的桃園經濟，遭受嚴重打擊。因此，在石門水庫、石門大圳還未建造之前，從一九二四年到一九六五年間，桃園臺地的經濟成長和產業生產的命脈，就是依賴著桃園大圳導水路的運作，一旦發生坍塌事件，桃園臺地上脆弱的經濟命脈就難以維持。

這條台灣最長導水路和導水隧道的巡查與檢修，百年來，維持著日治時期建立的巡水傳統。

只是，已經完成全隧道內部的鋼筋混凝土化，具有日治時期特色的ＴＲ煉瓦紅磚牆面，已被水泥牆面遮蔽掩沒。再加上負責導水路檢修的工作站員工人手充足，因此五六十年前那種艱困的巡水路過程，現在的人們已經很難體會了。

張雲台老先生是桃園大圳圳頭的「石門工作站」，最後一任站長，筆者深感榮幸之至，在他的意識狀況還算清楚的時候，對他進行了深入的訪談，也才知道在那個國家極為貧困的時期，在那個還是煉瓦紅磚牆面時期的巡水過程。當時桃園的經濟命脈必須倚靠這條導水路，每逢大雨、颱風、地震過後，站長必須一個人走入這條近二十公里的導水路，沿途觀察是否會出現崩坍的狀況。工作站只有站長、管理員和工友三個人，巡水路是站長承擔的主要工作。

筆者曾和桃園農田水利會的工作人員一起走過四次導水路，深知其間的辛苦之處。但是，再怎麼樣，也難以模擬張雲台一個人走在這個沒有光、只有流水聲的黑暗世界，時間要長達五、六小時的感覺。總之，這段故事是值得傳頌，讓台灣人都知道，守護用水資源的巡水人，他們的辛苦與堅毅。

桃園大圳曾經是東亞最長的導水隧道，在國家的財政相當困窘，人員不足的時候，要如何維持這一條隨時可能會崩塌、以紅磚建造的導水隧道的運作，是相當困難而艱苦的任務。

比嘉南大圳導水隧道長五倍的巡水路

一九一六年十二月十一日桃園大圳動工；一九一九年八月七日桃園農田水利會創業。百年來，桃園大圳這條「北台第一大圳」創造了「北台糧倉」與當今「第一大工業城市」的繁華與傳奇。

桃園農田水利會自從一九一九年創業以來，全體員工沿襲日本時代流傳下來的「技師」精神，兢兢業業，克勤刻苦，為守護桃園人的水源，努力以赴。

其中有個「巡水路」的工作，需要沿著台灣最長的導水隧道行走，在完全沒有光的世界裡，走著走著，恐懼、漆暗、陰冷，時刻襲來。在水利工程沒有像今日先進的時代裡，當時是怎麼巡這條比嘉南大圳導水隧道還要長五倍、比雪山隧道還長三公里的八段導水隧道呢？

石門工作站最後一任站長張雲台老先生，現在已經九十歲以上了。在筆者對他進行口訪時，還不到九十歲。當時他所回憶的，在一九四九年至一九五六年間，在石門工作站擔任站長的時光，是彌足珍貴的故事，可以補足一段失落而精彩的台灣史。

石門工作站的地點非常偏僻，距離最近的村落是三坑子，當時要從石門到三坑子，必須以步行的方式，連自行車都沒辦法通過。工作站內的編制，只有站長一人、管理員一人，外加工友李阿生全家，李阿生全家在石門工作站工作長達三十五年，直到一九五六年石門水庫動工才離開返回新屋老家務農。

站長的職務是必須負責巡導水路，每逢大雨、颱風、地震過後，張雲台就必須把進水口的水閘門關掉，帶著一個手電筒，一支長鐵桿，獨自一人爬入深達二十五公尺的進水井，然後走入陰暗的導水路，這一條長達二十公里的導水路，張雲台一走就是七年時光。沿著水路走，沿途必須用手上這根鐵桿敲，如果有破損的地方，都必須逐一記錄下來。

自己一個人走這麼長的陰暗隧道，腳下有時候水深及腰，萬一一個人在隧道裡出了狀況，又該怎麼辦？張老先生回憶說，在大雨、風災、地

桃園大圳導水路一號隧道出口。圖片提供：林煒舒。

震過後，當時山下水利會的通知到山上時，他就一定要走這趟。有幾次手電筒沒電了，或者是壞掉了，怎麼辦呢？

張老先生滿臉不在乎的神色表示，沒有光的時候，還是繼續要走啊！要不然怎麼辦？因為山下幾十萬人的民生用水，兩萬三千甲農田的灌溉用水，都必須倚賴這條導水路，一旦導水路出現崩塌現象，山下必須立刻派人到山上進行檢修。為幾十萬人的用水，為兩萬甲農田的灌溉，再怎麼困難都要巡水路。

他就在這條全台灣最長的隧道裡，為了守護桃園的水源，整整走了七年。

桃園大圳導水路巡查經驗談

〈桃園大圳慰靈祭祭文〉提及在桃園大圳掘鑿期間，「在不見天日的隧道內，日以繼夜，無休無止地挖鑿，工程人員卻陷入了，挖了又塌，塌了再挖的艱難困境。在難以停止的崩塌處境之下，更冒出了無法預測的瘴癘惡氣，從而造成多數人員殉職的悲慘境況。」讀到此段，眼前出現了彷彿在徒手掘鑿的導水隧道內，當崩塌、惡氣出現時，無處可逃的工程人員，被掩埋的苦難景象。

自二〇一八年十二月開始，直到二〇二〇年十二月止，為了撰寫《台灣桃園農田水利會百年誌》，筆者和水利會負責管理導水路的同仁們，以及主任工程師，四度進入這條曾經在長達半世紀以上台灣最長的灌溉隧道內，和他們一起巡導水路。在第一次行走導水路之前幾日，主任工程師懇切委婉地告訴筆者：「如果沒有親身走過導水路，是寫不出那種感覺。」是啊！當筆者自身四度進入導水路行走，最好的導覽人員「主工」，在每一段路都跟大家不斷地講：這一段有突起，那一段有凹陷；這裡的一個洞在滲水，和去年的大小差不多，但是還沒有到必須補修的狀況。

巡導水路時，連同主工總共六個人，圳道內的水深及膝，而一號水橋出口處的積水最深處到達腰部，整整將近五個小時的導水隧道巡查過程裡，膝部以下都浸泡在水裡，只能一直行走，沒有可以停頓休息的地方。

在巡隧道時，負責管理圳頭和導水路的缺子工作站同仁們，沿路用手電筒探照隧道的裂縫，或有破洞處，記錄下這次巡查和上一次巡查時，同一個裂縫是否擴大，沿路主工和工作同仁們也討論有些地方是否該檢修的問題。

為了體會張雲台老先生在口訪時跟筆者提及的情境，因而在第一次參與巡導水路時，刻意不帶手電筒，有時和工作同仁們相距在數百公尺時，自己就會陷入純粹的漆黑洞窟裡，這種感覺和筆者曾經住過兩年金門地下坑道的經驗一樣，終身難忘。

被遺忘的農民運動

農民版的中壢事件

現在台灣農民的悲哀，可說是達到極點了。

——《台灣民報》

一九七七年十一月十九日中壢市民自發性的「中壢事件」，可說是戰後台灣民主化的起點，是現代台灣人可以琅琅上口的歷史事件。對台灣歷史發展同樣重要的，發生在一九二七年的「中壢事件」，至今仍鮮少人知道，彷彿從不存在一般。之所以發生此種鮮為人知的情況，甚至事件發生的眾多過程，仍然如墜五里霧般，籠罩著層層面紗，可能原由應與此一運動是與思想傾向左翼的「台灣農民組合」簡吉、趙港等人，在戰後被民國政府長期查禁有關，甚至連「新坡事件」都因為被日本警察冠上「第二次中壢事件」之名，而變得更加難以辨識。

按照台灣民族意識的主體性而言，被日本警察冠上「第二次中壢事件」，但是真正發生的地點其實是在「觀音庄新坡」，所以應正名為「新坡事件」，才不致於讓此一事件，一再地持續的遭到誤解。

桃園大圳灌溉區的農民事件總共有三起：除了前面提到的中壢事件、新坡事件外，還有桃園事件。三次事件發生的遠因，其實應該追溯到一九一八年的「米騷動事件」，這是日本本土在一八七七年的西南戰爭之後，規模最大的一場抗爭運動，同時也是日本史上最重要的群眾運動，影響範圍之廣可謂為波及日本本土各地，參與者難以計算，在數百萬人以上。此一事件影響了日本左翼勢力的興起與日本共產黨的創建。對台灣的影響則是台灣農民組合、日本共產黨台灣民族支部兩個左翼組織在台灣的崛起，以及桃園大圳、嘉南大圳和日月潭等三大水利工程的興建。

中壢事件、新坡事件與桃園事件，本質上是源自於桃園大圳通水後，除了大批新墾拓的農地落入了日本殖民者的退休官僚與官僚之手，以及桃園大圳開鑿產生的苛捐雜稅、水租等攤派，導致農民幾乎在還沒有分享大圳通水後的利益，就先被各種規費拖垮。即便農民的抗爭是溫和、軟弱的，殖民政府仍然運用警力強力壓制，而且更製造了栽贓冤獄性質的「新坡事件」。所造成的寒蟬效應，讓桃園臺地的農民運動，就此無疾而終。

桃園大圳的開鑿，對桃園臺地的長期經濟發展與增加農民所得，長期成長效果顯著，奠定了今日富庶社會的根基。如同「桃園大圳供養塔」碑文所寫的：「由是，灌溉之利大開，平疇有藝，潤物孔多，財用日足。」

但是，在桃園大圳開鑿後的短期發展上，必須面臨的問題包括：共產革命興起後左翼思潮擴張、日本的農民運動擴散到殖民地、日本拓殖株式會社收取佃農地租，以及桃園大圳組合收取桃園埤圳工程費、廢埤賦課金等農民抗租、業主抗捐問題的衝擊。

日本本土「米騷動事件」的影響

在日治時期，台灣和日本本土的農民運動之間的連動關係，是值得關注的課題。其間米騷動事件之後的日本與台灣的農民運動，對於農民在抗爭運動上的形式，所具有的啟發與深遠影響，也是一個值得深入探查的課題。

雖然早在一九〇九年，中部地方就因為林本源製糖會社施行的土地買收爭議，因而發生了農民群起抗爭事件。但是此種早期的農民抗爭事件，在本質上是一種無組織、無整合的型態，與一九二〇年代由台灣農民組合領導的農民運動，屬性上並不相同。

一九一八年七月二十二日夜間，本州北陸地方富山縣新川郡魚津町漁民的妻女欲組織走上街頭，抗議縣政府將在翌日把本地生產的米穀，由汽船「伊吹丸」駛入魚津港，載運富山縣生米穀到北海道。由於魚津警察署在事前得到情報，因而介入勸導下，當天的活動中止。但是，隔天（二十三日）上午八時左右，依然有四十六名漁民的妻女在海岸聚集，要阻止「伊吹丸」載運米穀出港，因而引發騷動，造成「伊吹丸」裝載工作中止，於是警察出動大肆捉捕民眾，即為米騷動事件的開端。

之後，魚津港事件的餘波在富山縣境內不斷擴散，各地陸續發生數十名至數千名以上民眾聚集的各種抗爭事件，並且擴散到日本本土各地。總計自一九一八年七月二十二日至九月十七日為止，五十八天期間內，發生四百九十七次，數百萬農民與民眾，蜂起抗爭事件。

此次事件是一八七七年（明治十年）西南戰爭以來，日本本土發生規模最大，且遍及全國的抗爭事件，日本政府出動軍隊鎮壓，多達七十次，更在多場抗爭行動中，軍隊開槍射殺抗議勞工、民眾與農民。米騷動事件之所以發生的原因是由於米價暴漲導致的惡性通膨，失控性的持續物價上漲，普羅民眾和農民在飢餓邊緣掙扎，因而蜂起抗爭。米騷動事件中的抗爭類型，井上清與渡部徹將之分成「居住群集型」和「階級結合型」，以及兩者結合的「混合型」。

此一事件對台灣水利事業的影響可整理為三個層面。其一是，大型水利事業的推進器：為解決米價暴漲問題，嘉南大圳、日月潭等大型水利事業被列入執行項目，而桃園埤圳工程也進入加快執行階段。

其二，蓬萊米出生的催化劑：一九一八年米騷動事件的形成、擴大與暴動，源自於日本社會的米荒與米價膨脹問題，雖然日治初期開始台灣總督府就著手進行研發，培養有著日本米基因的新米種，但是一直難有進展；米騷動事件是促成日本政府加快投資殖民地米穀培育技術的契機，直到一九二〇年代中期促成蓬萊米的出現和普及，以及米穀生產量的增長。

其三，有組織農民運動的興起：對於一九二〇年代日本與台灣的農民運動而言，米騷動事件是日本和台灣的農民運動進入組織階段的關鍵，而米騷動事件之所以發生的原由則是一九一七年十一月布爾什維克派發動十月革命，推翻克倫斯基（Alexander Kerensky）在二月革命建立的自由民主政權，左翼共產革命浪潮不斷擴散。

米騷動事件是左翼思潮擴散到日本的一次大規模的、無組織的、民眾與農民自發的抗爭運動。而其抗爭是試圖改革日本的農業，在資本體制下「農業．農村．農民」如何從對應摸索佃農被剝削的問題。

日本有組織的農民運動是從一九二一年賀川豐彥與杉山元治郎在神戶市成立「日本農民組合」開始，之後由於遭到日本共產黨滲透而分裂，到了一九二六年組織成立「勞働農民黨」創黨的中央執行委員長是由日本農民組合長杉山元次郎出任。台灣出現有組織的農民運動則是一九二五年（大正十四年）簡吉等人組織創立「台灣農民組合」。

在一九二〇年代是戰前農民運動的興盛期，從一九二三年至一九三〇年間，總計發生了三十二次重要的農民運動。而在桃園臺地則伴隨著桃園大圳通水後所出現的佃農抗租運動，以及業主與農民的抗捐運動，這兩種雖然都可以歸類為農民運動，但是兩者的屬性，其實不太相同。

由台灣農民組合組織的農民抗租運動，屬於體制外抗爭模式；桃園大圳組合之內的業主抗捐運動，則是由業主在體制內發起的抗議行動。但是對兩者而言，卻同樣是有組織型態的農民運動，這是此一時期桃園農民運動的特質。

中壢事件：農民抗租運動

日本拓殖株式會社的社本部設在中壢庄，屬於日資鈴木商店系統，其所擁有的土地分布在觀音庄的下大堀、草漯、許厝港，新屋庄的崁頭厝、北勢，中壢庄的下水尾、內壢、宋厝等地，土地面積兩千八百多甲，年可收租穀六萬多石，與拓殖會社簽訂贌耕契約農民，合計約四百多人，加上再分贌耕農民，總計達到七百餘人。

一九二七年十月二十四日上午九時，從各贌耕地匯聚來的農民百餘人，每人都挑柴草、烘爐鼎、米油鹽與破被破蓆，聚集到中壢庄拓殖會社事務所前，要求和會社主事人面會。農民們異口同聲說：今年收成不好，又遇到米價暴跌，但是會社的贌耕費不考慮農民，不但照收而且收得過多，農民苦不堪言，沒有辦法再生活下去。農民並不奢望能夠取消贌耕費，只是卑微地提出希望即日或得到減租日期的承諾。

由於沒有得到會社的回應，到了中午農民們就在會社前空地上生火炊飯，此時警察先警告農民如果不自行解散，就要開始進行檢束了。對於警察的威嚇，農民泰然自若，以充耳不聞回應。因此警察就開始動作，將農民所帶來的物品，扣押搬到手押台車上。翌日早晨，聚集到中壢庄拓殖會社事務所前的農民，不但沒有減少，反而更多。

由於連續兩天農民聚集抗議，會社人員不得不出面安撫，告訴農民，近日內將召開董事會討論，到了下午四點半農民們遂解散。

但是，農民提出訴求，「要求會社減租五成，如果無法做到應依照農民意願解除契約」，拓殖會社卻只是一味安撫，沒有回應的誠意。於是同月二十七日上午十一點左右，又大舉再度包圍拓殖會社事務所，由於警察迅速動員，農民無奈下到十二點半就解散。

十一月六日農民組合新竹州各支部組合員兩百多人在桃園郡大園庄埔心廟召開聯合會，被警方強制解散；當天晚上在宋厝和下大堀的活動，也遭到警察命令，強制解散。七日，中壢郡觀音庄下大堀農民拒繳應給拓殖會社的佃租，警方出動警員一百五十名，強制介入彈壓抗爭農民，並且進行拘捕。

翌日，警方認定十月下旬和前日農民的抗議，是由台灣農民組合所煽動以及組織，遂對組合本部副部長黃石順、中壢支部長等五位幹部和三名農民，採取強制拘捕行動。此次事件被殖民政府稱為「第一次中壢事件」，但是卻是發生在中壢的農民主動抗爭的運動，與發生在新坡的事件，性質上完全不同。

因此若以台灣人的本位而言，將這一次影響深遠的歷史事件，稱為「中壢事件」，比較符合歷史事實。在中壢事件之中，被拘捕、遭判刑的農民組合幹部和一般農民，合計有三十四人。

而在事件發生之前，《台灣民報》曾以〈農民的悲哀！〉作為標題，提到：「現在台灣農民的悲哀，可說是達到極點了。」當時陸續發生農民相關的事件：蔗農地爭議、小作爭議、土地爭議、竹林爭議、芭蕉爭議等，一九二五年十月發生在北斗郡二林庄的「二林事件」，是以製糖會社剝削蔗農，強徵土地種植甘蔗，大財閥、官憲與土地業主，一層一層地剝削和威脅著農民的生存，卻也因為台灣農民組合的成立與日漸發展，成為農民權益保障與發聲的組織。

在農民組合成立之前，農民遭到不平、剝削，也只能求天拜地，沒有組織的農民是難以和官方、財閥與業主抗爭。同時也提到一個中壢事件之所以發生的原因是，農民辛苦開墾的土地卻被分配給退休官員、御用仕紳，以及編為街庄所屬公有地，農民沒有得到土地。

在另外一篇〈台灣的農民運動〉則呼喊口號：「農民同胞須要團結起來解放自己的束縛。」內文提及台灣同胞人口數是三百八十萬人，其中農民占了六成，約兩百三十四萬人，而佃農（小作人）九十三萬人、自耕農（自作人）七十萬人、自耕兼佃農（自作兼小作人）七十一萬人，全台每年農業生產總額約三億八千萬圓，一九二五年度出口總額兩億六千三百萬圓之中，百分之八十是農產品與其加工品，因此可以得知台灣是個農業國，這些出口賺取日圓和外匯的產品，都是農民流血流汗才能生產出來。

受到左派思潮影響的《台灣民報》同時引用列寧（Vladimir Lenin）所說：「不勞動的人不可吃飯。」這樣的用語，認為如果不是依靠農民的勞動，官員、仕紳和公務員是沒有薪水可領，沒有飯可以吃，這也是簡吉曾提及：不做「薪水小偷」的概念。

由此亦可見得，此一運動受到十月革命與米騷動事件影響之深遠。台灣農民組合在簡吉、趙港等人領導之下，和日本農民組合、勞動農民黨聯結，而且受到為二林事件進行辯護，來到台灣的麻生久、布施辰治等人影響，台灣的農民運動逐漸向左翼思想傾斜。

一九二七年十月末至十一月上旬的中壢事件，雖然遭到警方的強力彈壓，組合幹部和部分參與農民也被捉捕判刑，但是拓殖會社對於農民的訴求，顯然並沒有改善的誠意。

拓殖會社改採贌耕中介人制，《台灣民報》提出一個草潔的案例，當時拓殖會社贌給贌耕中介人邱某，每甲平均十四石，而轉贌給予農民，每甲須要二十五石，因此反而多了一層贌耕中介人的剝削。就此而言，官方媒體也提出必須解決「本島佃農爭議最猛烈的新竹州中壢地方」的爭議，對於農民組合的作法必須抑制，以免對全台的米作區域造成不良影響。看起來農民組合與官方都已經預見了「新坡事件」發生的可能性，但是官方對於拓殖會社卻採行抑制榨取佃農的作為。

新坡事件：栽贓農民的冤案

一九二八年（昭和二年）八月九日上午，數百名農民組合員襲擊新坡派出所，當時官方立即禁止新聞媒體報導，警方並對組織行動的組合員和農民進行捉捕，逮捕趙港、張道福等二十二人。

在沒有任何法律程序下，把二十二名農民關押將近一年，《台灣民報》認為發生在新坡的所謂「第二次中壢事件」，根本不是什麼謀逆大罪，其間真相被官方掩蓋，看起來比較像是警方栽贓；由於這個事件其實是警察栽贓的冤案，和中壢事件在本質上，截然不同，因此站在台灣人本位的立場，應將其正名為「新坡事件」。新坡事件直到一九二九年六月中旬才進行公審時，《台灣民報》記錄了張道福和趙港的說辭，張道福的說法摘錄事件發生經過的關鍵三點：

一、我們冒雨而行，是先出發後才下雨，至於在范阿傳家裡並不是開什麼祕密會議，亦不稱為便衣隊。

二、我們在下大堀大道邊小憩時忽有刑事某請我們幾人到派出所說話，後來農民皆擁入，被巡查們阻擋，竟然與之衝突致使窗門打破，其實進入派出所裡只有三四人而已。

三、進入的理由，是要奪回支部的看板，或是要向警察抗議，這一點我是不明白的。

而趙港的說辭，被記錄的情節並不清晰，在此僅摘錄其中兩點：

一、參加農民運動的動機，是直接感覺農民生活的悲慘。

二、農民組合的目的是在：農產物分配之公平、第二手頭家之排除、小作權之確立。

七月四日上午台北地方法院對官方所記載的「新竹州中壢郡新坡派出所的襲擊暴行，所謂中壢的暴行事件」進行宣判，首謀趙港懲役八個月，李木芳等九名從犯懲役六個月，呂阿燕等十二人判罰金十圓。從法院如此輕判，已可得知殖民政府所謂「第二次中壢事件」，也就是「新坡事件」，實際上根本就是一件冤案。更加荒謬的，被判刑和罰款的二十二人，直到被定讞為止，已經被關押將近一年了！

由台灣農民組合組織的「中壢事件」，以及不明不白的所謂「新坡事件」，在總督府動用警察暴力，強行壓制下，桃園大圳灌溉區農民組織發起對殖民者的抗租運動，就如此消散無蹤了。

負擔沉重的水利工程分攤費與苛捐雜稅

在桃園大圳通水之後，長期而言，由於水利設施的完善，桃園農民生活持續改善，社會日益發展。但是，在桃園大圳通水早期必須面臨的挑戰有兩個，其一屬於長期性挑戰，即桃園農民與大嵙崁溪中下游各條圳路灌溉區域農民的爭水事件；其二則是短期性挑戰，由桃園農民與業主負擔的桃園大圳灌溉區域工程費（即桃園大圳組合負責徵收的第一、第二組合費）、廢埤賦課金等，必須以二十年為期攤還這些苛捐雜稅。

爭水事件直到戰後石門大壩建立，以及台北盆地南部進入城市化發展後，才逐漸消彌。工程費分攤與廢埤賦課金等苛捐，在通水初期引發了幾次重要的抗爭與社會運動，在總督府的暴力壓制，與新竹州政府持續調整政策，蘿蔔與棍棒雙管齊下，才消弭了農民與業主的抗爭。

自一九三〇年（昭和五年）開始，日本與朝鮮米大豐收，日本米穀市場呈現供給遠大於需求狀況，米價持續暴跌。主要依賴日本市場的台灣蓬萊米，在日本政府優先保障日本本土農民收購價格的政策下，僅僅倚賴單一市場，面對難以出口銷售的米穀，稻農有苦難言。

一九三〇年二月，桃園大圳組合召開評議會，新竹州知事、桃園與中壢郡守，及二郡管下各街庄吏役員埤圳評議員等約五十人出席，會議上協議一九二九年度（昭和四年會計年度）歲出歲入追加及變更預算事宜，由於桃園大圳組合向勸業銀行借入一百一十萬圓，因而一九三〇年度（昭和五年會計年度）編列歲出預算九十三萬一千八百九十二圓，比前一年度增加九千一百八十一圓。

一九二九年度歲收達到兩百零四萬八千四百三十四圓，因而被認為歲收與支出經費，都相當龐大。此一歲出經費是以桃園大圳灌溉區內的「土地特別賦課」與「普通水租收入」二項會計科目經費，作為填補經費缺口；而其詳細經費細目的編列與計算標準是按照廢埤每一甲平均特別賦課七十八圓、普通水租八圓；水田每甲平均特別賦課二十二圓、普通水租八圓。

以一九三〇年觀音庄一、二期作合計一萬零五十一甲，收穫總價額一百三十三萬七千二百八十五圓為例，在不計上中下田的狀況下，每甲水田平均可收一百三十三圓，特別賦課支出三十圓，尚可收入一百零三圓。因而此間民怨癥結所在，確實是廢埤特別賦課金，所課稅額過重所造成。

桃園事件：業主對於苛捐的抗爭

由於桃園大圳組合的歲入預算賦課過重，一九三〇年十二月二十二日上午，桃園水利組合在桃園公會堂召集評議會，會議一開始在評議員黃純青領頭下，提出此一預算案的賦課如此之重，顯然有違法之嫌。

由於與會的新竹州知事等官員沒有回應，在黃純青、楊秋發、楊碧欉相繼提出質問之後，全體評議員在會議上以靜坐不語表達抗議，直到十二點休息。下午一時會議再開時，黃純青依然領頭發言，主張第一特別賦課金應減收二成，第二特別賦課金必須改正，積立金、預備金等項目應予刪除，並要求議長必須回應。

在相持不下、場面逐漸肅殺狀況下，簡朗山起而要求休息五分鐘，黃純青不從，眾評議員也起而反對，接著楊秋發、范姜萍、李媽繼相繼起而發表演說，贊同黃純青的意見，場面轉為熱烈，楊秋發更發出激昂的言論，提到：當此穀價大敗之際，業主欲死不能之秋，不修正不行。站在官方立場的簡朗山和楊秋發辯論，在相持不下狀況下，議長宣布散會。

在此種情境下，面對水租、地租、桃園大圳灌溉區域工程費（第一、第二組合費）、廢埤賦課金等項目眾多的苛捐雜稅下，一九三一年（昭和六年）一月九日，由桃園水利組合評議員黃純青領銜，總計六十名評議員具銜，上陳情書建請新竹州政府應當延期徵收由業主和農民負擔的灌溉區域工程費，並提出廢除廢埤賦課金。

此份陳情書揭示每甲必須繳納的項目計有：水利組合費二十九．九三圓、土地直接稅（即地租，包括地租附加稅、地租割、農會費、土地整理組合費等）十三．七二圓、土地所得間接稅（即戶稅，包括戶稅割、所得稅、保甲費、保甲夫役等）十九．六圓，總計必須繳納六十三．二五圓。而廢埤一甲業主收益僅七十圓，必須納水利組合費一百零七．八五圓、土地直接稅十三．七二圓、土地所得間接稅十九．六圓，業主反而損失七十一．一圓。

自桃園大圳通水以來，土地稅賦過重，原來可能出現自然增值的土地，反而暴跌。甚至要處分土地，也沒有人敢承接。

業主提出的抗議，雖然得到新竹州知事的回應。但是，在一九三一年五月時桃園大圳導水隧道崩潰，兩萬四千甲農田乏水灌溉，狀況最好的農田減收也有一、兩成，最差的減產多達五成，農民與業主苦不堪言。

而米價低到糯穀千斤只值三十餘圓，圓糯米百斤也只值六圓，農民連生產成本都無法回收；業主則被水租、地租等賦課催迫，農民則要求減佃租，業主對水利組合催徵開鑿桃園埤圳工程的灌溉區域工程費與廢埤賦課金，不滿聲浪日益高漲。

到了九月時，由於米穀市場持續不景氣，業主與佃農都陷入貧困狀態，因此由灌溉區域的大地主林熊徵、陳有輝等聯名，再向總督府與水利組合遞送陳情書，懇求能延期徵收工程費，以及免除廢埤賦課金。此一行動目前還難以從史料中得到官方曾經回應的證據，顯然最終仍然是無疾而終。

外來政權高壓下的抗爭運動，終究會煙消雲散

由「台灣農民組合」組織、發起的佃農抗租運動，以及業主在桃園大圳組合內發起的抗捐運動，最後的發展是抗租的佃農與簡吉等農民組合幹部陸續被捉捕判刑，而桃園大圳組合的業主，顯然被官方摸摸頭之後，就噤若寒蟬。

之所以中壢事件、新坡事件與桃園事件，呈現雷聲大雨點小的狀況，當時已有日本記者意見認為問題出在：其一，台灣人未曾受過組織型式的訓練，不管體制外或體制內的抗爭，對組織都沒有向心力；其二，台灣人往往是考慮自己的利益，優先於組織團隊的，只有利己主義，此點與將團體利益置於上位思考的日本人，大不相同。

日本記者泉風浪並以台灣人習慣送紅包作為例子，提及在台灣要委託他人辦事，如果沒有送前謝金，那麼任何事情都會變得難以執行；泉風浪同時也提及，台灣人的這種性格，才會導致在一九二〇年代中後期蓬勃發展的農民運動，終究如同線香花火般，消散得無影無蹤。

但是，泉風浪的觀察終究只侷限在相當狹隘、片面的角度，矢內原忠雄所提出的觀察，視角就不太一樣。日本對殖民地台灣所施行的，是遠比朝鮮苛刻的政治專制與警察萬能，高壓型態的統治方策，「台灣完全欠缺政治自由，連萌芽的根苗都還很難看見。」

與朝鮮相比較，財政經濟雖然蓬勃發展，教育體系雖然較為進步，但是台灣人所處的政治高度壓迫狀態是「超過朝鮮，比朝鮮更嚴苛」。

兩相比較之下，台灣的農民運動之所以轉向左翼，之所以夭折，與其怪罪備受專制壓迫的台灣人，更應該檢討的是台灣總督的威權專制。

失落的埤塘記憶

「千塘之鄉」的起源

霄裡大圳，在桃澗堡，距廳北六十餘里。乾隆六年，業戶薛奇龍同通事知母六集佃所置。

——陳培桂，《淡水廳志》

霄裡大圳是桃園臺地的「埤塘之祖」，這大概是過往提到桃園埤塘的起源時，比較有共識的地方。其實，桃園最早開拓的地方，並不是霄裡，早在鄭治時期已經在南崁區域拓墾了。但是，我們為何仍然認定霄裡大圳是桃園埤塘開鑿的起源，在此可以使用「有圳不必有埤，有埤必有圳」，這麼一句簡潔易懂的話語，予以概括地解釋。南崁溪存在著兩條主要的幹流，以及眾多中小型的支流，因此在桃園臺地上二十三條有著獨立出海口的溪河之中，南崁溪是水量比較穩定的一條。因此，早期先民在南崁拓墾所留下的紀錄之中，如康熙時期的城子溝圳等，看不到「埤圳」的用語，都是以「圳」、「溝」等作為水利系統的名稱，而且也找不到開鑿埤塘的紀錄。

霄裡大圳的開鑿，《淡水廳志》提出了「一圳四埤」的說法，眾說紛云下，不斷提出揣測式的說法，探討霄裡大圳「一圳四埤」，究竟是那四口埤塘。眾多說法卻都擺脫不了「霄裡大圳」就是現今的「霄裡圳」的框架，因而將「一圳四埤」的說法，侷限在現今的「霄裡大池」與其上游的「紅圳」（今洪圳），並將「紅圳」誤導為「霄裡大圳」。

將現在的「紅圳↓霄裡大池↓霄裡圳」解讀為「霄裡大圳」的說法，全然無視《淡水廳志》所記載的方位，以及圳水流淌灌溉的區域，根本和現在的霄裡，全然無關的事實。本文將以《淡水廳志》記載的文字，以及地勢地形，和日治時期的調查資料，三項「史料」、「地理」、「調查」作為解讀出，正確的「霄裡大圳」的依據。

本文談論的另一個重點是，桃園臺地上所出現的兩條具有代表性的大圳：桃園大圳和霄裡大圳，在設計上的特點，拿來比對，因而得出「埤圳集水」和「圳埤引水」兩個重要的概念。

簡言之，霄裡大圳模式是拓墾先民受限於技術因素，沒有辦法從大河建造取水口，以及長隧道和圳道，引水上桃園臺地，遂從規劃開鑿的圳路左右的丘陵、高地，挖掘數量驚人的埤塘，將天水收集後，再透過一條又一條的小引水路，串接到大圳的圳路，將水源輸送到霄裡社、八座庄等地，灌溉農田。

霄裡大圳的開拓，是先民克服自然環境困境的一頁精彩篇章，必須將真正的霄裡大圳和「一圳四埤」真正的位置，記錄下來。更值得讓台灣人知道，在近三百年前，先民的水利智慧。

霄裡區域流傳諺語稱「看不盡的霄裡田，吃不完的霄裡米，斬不盡的鷹歌竹」，可以看到不缺水的霄裡區域，在農業時代是桃園臺地最富庶的地方。

霄裡的埤圳集水系統

霄裡大圳的開拓是桃園臺地拓墾歷史上的大事，霄裡區域流傳諺語稱：「看不盡的霄裡田，吃不完的霄裡米，斬不盡的鷹歌竹」，可以看到霄裡因大圳的開拓，成為在農業時代，桃園臺地上水資源比較充沛的區域。另外，埤塘是桃園臺地在人文形塑的地理景觀上的主要特色。

比較值得注意的是，與臺地特質結合的霄裡大圳蓄水模式，尚未能從大嵙崁溪引水上臺地之前，埤塘集水模式的始祖。此種具有霄裡地理特質的集水模式，可以見到締造此一水利系統者所發揮的巧思，是一種集先民智慧所發展出來的水利系統，頗值得探討。

在本文之中，將桃園大圳「圳埤引水」模式的水利系統模式：「大嵙崁溪↓桃園大圳↓埤塘↓水圳↓農田」，稱為「桃園大圳模式」與霄裡大圳「埤圳集水」的「霄裡大圳模式」水利系統，進行討論。兩種水利系統模式在設計理念上，可謂為全然相反。「霄裡大圳模式」可拆解為「湧泉↓水圳↓埤塘↓水圳↓埤塘↓農田」。

其實關於知母六和霄裡大圳的文獻記載，同時也是唯一的文字紀錄，僅有《淡水廳志》所記一百三十三字：「霄裡大圳，在桃澗堡，距廳北六十餘里。乾隆六年，業戶薛奇龍同通事知母六集佃所置。其水由山腳泉水孔開導水源，灌溉番仔寮、三塊厝、南興莊、棋盤厝、八塊厝、山腳莊共六莊田甲。水額十分勻攤，番佃六、漢佃四。內有陂塘大小四口。乾隆年間，因新興庄田園廣闊，水不敷額；佃戶張子敏、游耀南等向通事別給馬陵埔陰窩，開鑿一圳引接之。」

知母六與龍潭坡之間的關連，也只有一小段五十六字簡略的文字記載：「靈潭陂，在桃澗堡，距廳北五十里。乾隆十三年，霄裡通事知母六招佃所置。其水灌溉五小莊、黃泥塘等田甲。相傳昔旱，莊佃禱雨於此即應，故名。」除此之外，再也難以找到其他史料，可以探討知母六、霄裡大圳、龍潭圳、霄裡社三者之間的聯結，因而只能從現存《古契書》檔案文獻，與《淡水廳志》的文字紀錄，予以探討。

「直圳」就是霄裡大圳

四方林的地勢在兩百三十至兩百四十公尺間，比龍潭大池高約十公尺，其水源來自於四方林南側馬陵埔（今三角林）的風櫃口埤等九口埤塘。「馬陵」一詞原意不詳，此地自漢人拓墾後改地名為「三角林」，其意為「開墾由北而南，留下三角狀地帶為未闢林地」。

風櫃口周邊，冬天的東北季風吹到冬瓜山再迴旋而出，風勢異常強勁，因而得名。由於西側緊臨銅鑼圈臺地崖階之下，湧泉水豐沛不乾涸；馬陵埔因而成為霄裡社拓墾過程之中，重要的水源地。從馬陵埔的埤塘湧出的水源，形成直圳、紅圳兩條水源幹線，源源不絕流入霄裡、八德區域。

第一條幹線是從風櫃口埤流入四方林、龍潭坡，再流入上下九座寮埤、霄埤，透過紅圳流入霄裡埤；第二條幹線則從馬陵埔的幾口埤塘，直接引注到柳樹埤，再引流到社角溪，這一條圳路被稱為「直圳」。兩條水圳各自串連十多口埤塘，沿線補注水源，形成一個以「埤圳集水」模式為主的水利系統。

一九〇四年版《台灣堡圖》是現存最接近清領時期霄裡大圳形成時期的地圖，從圖面上所揭示的地理資訊，將會產生一個謎團：霄裡大圳並不存在。或許也可以換個說法：並不存在一條命名為「霄裡大圳」的圳路。

清領時期霄裡區域，實際上存在著五條圳路。霄裡玉元宮以北至白鷺厝，灌溉圳道是「山腳西圳」，水源獨立於「霄裡西圳」（今霄裡圳）之外，山腳西圳的水源在樹山伯公的霄裡洗衫坑下方，本地民眾稱此一湧泉水口為：「泉水空」，這就是山腳西圳的源頭。

「泉水空」是湧出泉水的地方，也是河川的源頭

在桃園臺地上，凡湧出水源之地，會被稱為：泉水空、泉水空仔、泉水孔、泉水坑、水泉空。霄裡的水源可以霄裡街仔的玉元宮作為界線，畫分成北側的山腳西圳灌溉區、盧屋清操世第以南的霄裡西圳（西圳）灌溉區、紅圳（中西圳）與霄裡埤灌溉區，以及柳樹坡與直圳（東圳）灌溉區。

按照《新竹州水利概況》此份史料所述，可以得知「直圳、霄裡西圳」，這二條水圳灌區，就是《淡水廳志》所提及的霄裡東圳、西圳，如此才能解釋不存在一條圳路被稱為「霄裡大圳」的謎題。

另外還有一條「霄裡中圳」，即《淡水廳志》提及的「中圳」，其圳道位置即為「石門大圳霄裡分渠」。霄裡中圳原來連接取水源頭在西尾（約一百七十五公尺）上方崖頂約一百八十公尺處的一口大埤塘。況且，「霄裡大圳」此一名詞，清領時期史料僅《淡水廳志》記載，包括《古契書》、《明清檔案》都無此一辭語存在，亦即並無第二件史料曾書寫或記錄，因而「霄裡大圳」一辭既是孤例，也是語意不清的「獨立語」，其所稱地點：水路從山腳泉水孔開鑿導水路，灌溉番仔寮、三塊厝、南興莊、棋盤厝、八塊厝、山腳莊等總計六個莊頭田園。水源地為「泉水孔」，按此可認定為早期源頭在泉水空塘的「直圳」。

由於直圳灌溉區域包括番仔寮、三塊厝、南興莊、八塊厝，而「棋盤厝」在此地的文獻與地名，都查無此名。但是，在南興莊與八塊厝之間的地名則為「營盤」，因而棋盤厝的地名，或有可能是在「營盤」至八塊厝之間，也可能是陳培桂將營盤錯寫成棋盤。

從《淡水廳志》所寫下的這段文字，可以清楚判斷，其所指涉圳路流向，即為合大興埤圳，因為水源流過番子寮後，流向三塊厝、南興莊，這些地點都在右岸的番子寮臺地上，而霄裡埤和紅圳位置在左岸的九座寮臺地上，兩者是分據兩側的高地，中間隔著一道高聳的崖崁。圳水流下臺地之後，流向是右轉往東北方的營盤、八塊厝、山腳莊，按照《淡水廳志》這樣的地名排下來，才與當地的地名與地理區位排列，全然相符。

「霄裡大圳」如果是清領時期常用語，在與霄裡有關的契書相關用語上，應當使用得相當頻繁。因而僅有《淡水廳志》一個孤例，頗難判斷其真實性。

霄裡區域並不存在一條「大圳」

況且，在清領時期的霄裡社、霄裡庄，由於地形地勢緣故，難以匯聚成一條「大圳」。在此一區域內，縱橫交錯的圳路，都獨立的匯入茄苳溪。從地形和水系上進行觀察，能得以判定霄裡區域並無一條可稱為「大圳」的圳路存在。因而，所謂的「霄裡大圳」，比較可能是「東圳、中圳、中西圳、西圳、山腳西圳」的概括性統稱。

另外，「水額十分匀攤，番佃六、漢佃四。內有陂塘大小四口。」此一詞語也可以顯示另一個值得探討的課題：撰寫《淡水廳志》者，並未到過霄裡區域，對霄裡的水利系統瞭解不太多。霄裡區域的水源頭與灌溉區域，大小埤塘在上百口以上，其中比霄裡埤更大的埤塘，包括柳樹坡、劉金波大埤等，在十數口以上。因此，霄裡埤在此一區域頂多只能排到中等規模。

在乾隆年間，由於新興庄的田園遼闊，水源不足的狀況下，佃戶張子敏、游耀南等人向霄裡社通事告知，為了解決水源問題，因而同意另外給予從馬陵埔陰窩處所，開鑿一條圳路引水接流。據此，直圳的水源頭直接接續到蕭東盛拓墾的馬陵埔（今三角林、打鐵坑、十一分）。

而且，按照《淡水廳志》在此處內文所提及之語意，將其地理區位排列，更能確認陳培桂筆下提及的「霄裡大圳」，即為「直圳」，其水源頭可以追溯到馬陵埔。此地在霄裡社拓墾之後，共計掘鑿多達十八口大小埤塘，其中十一分埤是直圳的水源地，而注入霄裡埤的紅圳，其源頭則在風櫃口埤、二埤之上一口無名大埤。

「一圳四埤」的合大興圳

「一圳四埤」的名稱與位置，也是必須解讀的問題。在一七四一年（乾隆六年）開鑿霄裡大圳：「內有陂塘大小四口。」這裡值得探究的問題是，這一批四口埤塘顯然是桃園臺地在文獻記載上最早出現的，同時也可以稱為是桃園臺地水利系統的源起，因而不得不提出的問題是：《淡水廳志》提及開鑿霄裡大圳所挖掘的四口埤塘，究竟在那裡？有沒有名稱可以追索？

在《新竹州水利概況》調查霄裡區域時，曾經確認了一七四一年開鑿的埤塘名稱和水域面積為：柳樹埤七．五九八甲、崩埤四．一〇四甲、大堀埤四．二二〇四甲、觀音埤〇．一四五甲、頭埤〇．九六七甲，埤塘面積合計十六．九四甲，以及串連五口埤塘的直圳。

換言之，在一七四一年開鑿的是「一圳五埤」，與《淡水廳志》記載「一圳四埤」略有差異。況且，從此份史料的紀錄可以明確得知，合大興埤圳才是《淡水廳志》記錄的霄裡大圳。而知母六所開的「一圳五埤」在之後轉賣到漢人佃戶邱、黃、廖三姓之手，埤塘的名稱並沒有更改，一直延續開鑿時期的名稱。但是，《淡水廳志》記載的霄裡大圳，則改名為「直圳」，這是霄裡大圳之名消失的第一個可能原因。

另外還有第二個可能原由，或有可能一開始知母六時期的名稱即為「直圳」，只是不知道在何時、何種原因，被《淡水廳志》所記錄下的名稱變成霄裡大圳。

霄裡大圳埤圳集水系統的完成年代

這一套「埤圳集水」模式水利系統完成的年代，非但是值得探討的課題，同時也可以從古契書檔案觀察。一七七七年九月（乾隆四十二年八月）霄裡社業主、通事蕭鳳生將知母六留下菁埔的土地，租給佃人沈實元、蕭際朝拓墾，洽租的田地土名是「澗仔壢新典庄㳄口埤塘下」，土地東側以圳溝為界，西邊到達崁下的大陰溝，南邊到新興庄的㳄口埤塘腳下，北迄土牛溝。

一七七八年八、九月（乾隆四十三年七月）間，霄裡社通事蕭鳳生和甲頭、白番等人，將祖上留下坐落在土名打勝山員樹林的埔地，因霄裡社人丁稀少無力耕作，因此眾人合議與附近殷實庄鄰洪天、蔡來、鄭明來，招來承接進墾埔地，招墾土地，東達崁頭，西邊迄於大車路，北側則與陳林二氏為界，由洪天等三人自籌工本，一旦開拓成田園則自行耕作，且承諾永為己業。

從上列兩份契據史料可以看到，能夠引水到員樹林、澗仔壢的年代約在一七七〇年代中期，其形成的年分可判斷應在此之前。

至於將霄裡大圳的水源地開拓到銅鑼圈，拓墾成功的年分是在一八二三年（道光三年）。按照一八五八年（咸豐八年）黃佛喜與邱其山訂定〈立杜賣田業斷根字〉契據，載明之前向霄裡社番的業主蕭東盛購買土地界址在「銅鑼圈明興庄青埔壹所，坐落土名牛欄河底。東至坑唇為界石為界；西至崁眉天水流落為界；南至大樟樹為界；北至轉灣尖尾角車路上崁眉天水流落為界」。

在場見證人買主是申悅朝，按照原載界址踏查交割分明，而且聲明番業主已經交割完成租佃應供納的大租與隘費，因此也出具「完單執照」。此契所記載內容，可以得知霄裡社的拓墾範圍於一八五八年之前，在銅鑼圈拓墾的部分土地，已經轉售給黃佛喜，而黃佛喜在一八五八年再轉賣予邱其山，此一土地的原番業主則是蕭家。

現今所稱的霄裡圳，其實是在日治中期改造過的「霄裡西圳」。清領、日治時期，霄裡圳（西圳）的水源頭來自於向天埤，在一九〇四年《日治二萬分之一台灣堡圖》（明治版）、一九〇七年《日治五萬分之一蕃地地形圖》、一九二一年《日治二萬分之一台灣堡圖》（大正版），都可以清楚觀察到，從霄裡埤往東北方流向番社的圳路為霄裡中西圳（紅圳），分別與霄裡中圳、霄裡東圳合流後匯入茄苳溪。

霄裡埤出水口海拔一百六十公尺，而官路缺水頭伯公福壽宮的海拔高度一百六十三公尺，比霄裡埤高近三公尺，按照水往低處流的物理性質，霄裡埤的水流不可能流到官路缺、大車路與石哀娘、福泉宮這一線的崁腳地帶，只能流向低處的營盤、社角、八塊厝。因此官路缺的水頭伯公，其位置幾乎是與向天埤連接，卻遠離比較低矮的霄裡埤。

在一九三四年《二十萬分一帝國圖》（聯勤翻印版）、一九四四年《美軍二萬五千分一地形圖》圖面上，霄裡的圳路就被改造成從浮筧街流往正北方，並在復興橋順著地勢連接清領、日治前期的霄裡西圳舊圳路，至此西圳和中西圳才被合併，成為今人熟悉的霄裡圳。

霄裡庄開墾於何時？

霄裡庄的拓墾時間，則是另一個可以檢驗和討論的問題。淡水廳桃澗堡霄裡庄的開墾，始於一七三七年（乾隆二年），粵人薛啟隆取得官府同意拓墾虎茅莊，以今日桃園區的市街作為中心，東達龜崙嶺（今龜山區），西至中壢區東部的中原（今內壢），南迄霄裡（今八德區霄裡），北側達到南崁（今蘆竹區錦興里、南崁里、五福里、內檜里、山鼻等里）。幅員相當遼闊。直到一七四〇年（乾隆五年）黃燕禮購入南宵虎茅庄課地一所，位於之後茄苳溪庄，之後地權歸黃燕禮。一七六五年（乾隆三十年）在墾批上出現霄裡庄業主黃燕禮之名。也就是說，在一七四〇年黃燕禮是南宵虎茅庄的業主，遲至一七六五年霄裡庄業主已經換成黃燕禮。

《淡水廳志》記載：「三官祠，一在霄裡社，乾隆三十八年歲歉，黃燕禮等祈安建設。一在八塊厝莊，嘉慶八年疫災，莊民建設。」這是霄裡三元宮（今霄裡玉元宮）建廟的源起，可以看到建廟的原由是一七七三年（乾隆三十八年）業戶黃燕禮等為了歉收而祈安，才決定在霄裡建三界廟。但是，在這裡也可以觀察到另一個霄裡庄業主為何要在一七七三年建廟的原由。

由於一七七二年（乾隆三十七年），吳仲立等四名佃戶開始開鑿霄裡庄的「一埤三圳」（霄裡埤、西圳、中西圳、山腳西圳），直到一七八五年（乾隆五十年）才完成開鑿工程，時間長達十三年，由此可見開鑿過程頗不順利，尤其開鑿初期探查水源所在，必然相當艱辛；為了祈求能為「一埤三圳」順利找到水源，因此由業主協助出資建廟，由此才能解釋霄裡三元宮和「一埤三圳」開鑿在時序上的關聯。

古人的技術，開鑿一條長圳路，並非一兩年能做到

玉元宮以北至白鷺厝（今元智大學校區）是山腳西圳灌溉區。霄裡庄的田業是業主黃燕禮與同股眾人等，在一七六三年（乾隆二十八年）向薛家大庄業大租承接所購買，按此可以清楚得知霄裡庄土地原業主是薛家，按照「水額十分勻攤，番佃六、漢佃四」，應可解為以業戶薛啟龍為首的第一批漢墾民，獲得灌溉地權十分之四，以知母六為首的霄裡社番民，則得到灌溉地權十分之六。

黃燕禮在向薛家承購當時，將「四至界址及正供、錢糧、社課等款」在購入契據之內造冊，也完整載明，同時交接無異義。從此契據記載可以清楚得知，黃燕禮承接霄禮庄的土地，是在一七六三年，這個時間是霄裡庄拓墾開始的明確時間，如此可據以判斷，從一七四一年（乾隆

六年）開鑿霄裡大圳（東圳），至一七四八年（乾隆十三年）開鑿靈潭坡，其間則是不斷尋找水源的過程，因而將紅圳水源上溯到龍潭坡、馬陵埔，直圳水源則追溯到馬陵埔。

更何況以古人的技術開鑿一條長圳路的水圳，並非一兩年即可完成。在一七一一年（康熙五十年）至乾隆初年，墾民在土牛溝以西漢墾區的開發模式，是以墾區莊拓墾為主。

黃燕禮向薛家購買的各庄田業，都在田頭「築坡堵水灌溉」，這是因為在此地周邊的田業，沒有大溪泉源可以開圳灌溉，而不得不將耕田變成灌溉埤塘。而霄裡山下庄沿崖崁附近土地，都是荒埔，原為赤礫乾旱的埔地，墾拓成田的難度很大，因此只能給予各佃戶開闢為蓄水埤塘和放牧牛隻使用。

當時向黃燕禮承墾的佃戶吳永輝、吳永歧、徐時偉、張子敏、楊惠初、謝廷松、謝廷玉、何發伯、游榮順、李奕能等，為了水源問題，因此向黃燕禮提出在霄裡山下庄的崖崁荒埔，開鑿山腳西圳，以確保水源的穩定。

「龍潭大池」是霄裡大圳的源頭

「龍潭大池」這個名稱是在日治時期才出現的，日本人習慣稱比較大的「溜池」（台灣的用語是「埤塘」）為「大池」。龍潭大池的原名是「龍潭坡」或「龍潭埤」。

從銅鑼圈蕭家家業範圍，幾乎包括現今桃園市龍潭區土地的四分之三以上，其中二分之一以上的土地，也就是以龍潭埤、風櫃口埤，這兩口大埤塘作為紅圳上游集水源頭，匯聚水源範圍。紅圳從上游到下游的集水埤塘，可以分成三塊：馬陵埔、四方林與九座寮。

在最上游的馬陵埔，以風櫃口埤為主，分成半路店、大庄兩條圳路，半路店是以打鐵坑溪作為水源，引注到四口埤塘再開鑿圳路，灌注入九座寮埤；大庄圳路是從馬陵埔的九口埤塘作為貯蓄水源，而風櫃口埤（海拔兩百四十公尺）是此一圳路九口埤塘水源匯聚之處，從風櫃口埤開鑿大庄圳路，引水注入龍潭坡（海拔兩百二十九公尺）。

「龍潭大池」的開鑿是桃園水利史上重要的大事，開鑿時間兩份史料都指稱是在一七四八年，但是《新竹州水利概況》的說法則提及在一七五一年（乾隆十六）竣工通水。龍潭埤是一口面積遼闊的大埤塘，以當時的水利技術而言，工期長達三年是比較合理的說法。龍潭埤的水源主要來自於馬陵埔的九口埤塘，另外竹窩子圳路也從濫心（海拔三百零七公尺）補注水源進入龍潭埤。

龍潭埤是老街溪上游燈潭河的源頭，同時也是紅圳的水源地，從龍潭埤引水到四角坡、上九座寮埤，然後和半路店圳路的引水路匯聚到霄埤（海拔兩百公尺），再引水到霄裡埤，並在社角溪和直圳匯流，成為茄苳溪上游河道，灌溉八德與霄裡兩個區域農田。

龍過脈埤

蔣中正總統陵寢和晚年居所的「後慈湖」，原名「龍過脈埤」。由於「水」在傳統的風水地理觀念上，即占有重要的地位，許多寺廟建在埤圳附近，即為考量「水」所具有的風水意象，傳統民宅也都會在屋前都開鑿風水池。大溪福仁宮中也有「龍過脈碑」，明文禁止在龍脈處挖掘溝渠，修築水圳，其碑文謂：

龍過脈者，大嵙崁附近各莊一帶發祥之地區也。址在海山堡三層庄，土名頭寮，俗呼葫蘆坑，以其山形狀似葫蘆，龍過脈處即葫蘆頸。過脈所鍾。道注大嵙崁、田心、月眉、門柵等舊街莊，年年祥瑞，發越遠近，物阜民康。其龍脈之健全損傷，實與地方休戚有相關焉，憶清光緒三年，有人在該處栽植茶株，戶口不安。彼時舉人李騰芳仝莊耆出為諭止，立碑誓禁迄今年湮代遠，碑蹟無存。忽於明治四十四年二月間，林本源佃人復在該處開築水圳，街莊紳公觸目驚心，僉議紳者趨向林本源事務所磋商，經蒙仍依舊約，立即廢止，命佃填平，爰是諏吉安龍，豎立二碑，一置福仁宮廟內，一置葫蘆坑，俾後人知所來歷，相與尊守保護，毋得斬傷掘據，庶几地靈人傑，神鎮民安，地方之幸，亦即國家之幸也。是為勒。

皇次 辛亥六月 日街莊紳董公立

後慈湖埤塘旁邊的山脈即為「龍過脈山」，即碑文所提及林本源佃人築埤開圳之處。林本源的佃人在開築水圳時，除了崇信水神、水鬼之外，部分現存的寺廟文獻也反映出，由於建造灌溉水利系統，而產生的地理與人文變化。如大溪區和平老街的福仁宮，是從埔頂仁和宮分香而來，〈仁和宮沿革〉即記載分香建廟參拜的事蹟。隨著大漢溪水位下降，以及連接兩岸的大溪橋、武嶺橋、崁津大橋的陸續興築，此一景況已難再現。

水中土地公

桃園市大溪區有一座埤崙屢豐宮，廟址位於頭寮大池之中，是全台唯一的「水中土地公廟」。本廟原為頭寮地區的開庄土地公的祭祠區域涵蓋自加油站至頂寮道路以東，溪洲山脈以西的整個山谷地區。此區百年前是沼澤地，先民在山谷兩側墾荒，並於谷中選擇高凸地區設一小祠，以土地公作為守護神，稱之為「埤崙土地公」，其後因有求必應而香火鼎盛，一九六七年，水利會在擴建頭寮大池的工程計畫中原擬遷建埤崙土地公，然而每當執行拆除工作時，挖土機一靠近土地公祠，隨即故障且動彈不得，類似的狀況一再發生施工單位只好放棄拆除，改採原地升高的作法，這才使得工程得以繼續進行。

新福圳頭寮大埤水中土地公。圖片提供：林煒舒。

追尋埤塘的名稱

埤塘用語的多元文化

陳楚荊揚曰陂。

——揚雄，《輶軒使者絕代語釋別國方言》

一九四五年九月，北京話系統的「國語」進入台灣，取代原來的「國語」，也就是「日本語」，成為統治者使用的語言系統之後，透過教育、行政、藝文、娛樂等數也數不清的方方面面，滲透進入台灣人的生活之中，漸漸地，閩客原族群忘記了自己的語言，生活中，社會上，家庭裡，只聽得到一九四五年九月之前，不曾聽過的北京語，甚至連一九四九年隨著民國政府「遷台」的各省方言，也被北京語消融，導致外省第二代、第三代，以為自己的先人本來就是說北京話的。其實，外省第一代使用的語言系統，極其複雜，直到第二代被全面性地以「國語」從幼稚園開始覆蓋，再加上政府又對閩、客、原語施以極盡醜化式的潑糞政策，導致今日台灣的社會上，幾乎只剩下北京話的「國語」。

錯誤的語言政策，消滅了漢語的化石：閩南語與客家話，更消滅了遍布大洋洲的南島民族原鄉：台灣的原住民族語，種種負面的效應也一一浮現了。

使用一種統合性的語言，作為各族群之間溝通的工具，並不是不好；但是，將一種語言捧為「高等」，其他語言被污衊為「低等」，這就不是好事了。歐盟是一個各個國家民族相互平等的體系，官方語言多達二十種，其中包括馬爾他語、立陶宛語等語言，只有幾十萬至百萬人在使用，但是就算這些弱勢的語言，也與有著幾千萬至上億人口使用的英、法、德語，都是受到官方的尊重。

在台灣，至今為止仍然令人痛心的，閩客原語在幾年至幾十年間，就將完全走入歷史，三十年後台灣可能只剩下北京話的「國語」，對自詡為多元文化、多樣族群的台灣而言，這是好事嗎？

閩客語在台灣人生活裡的消失，在本文之中列出的例子就是「坡」了。近些年來一些學者專家，提倡著「陂」才是埤塘的正確用語，甚至出現了因為日本人看不懂「陂」，才改寫成「坡」的說法。完全無視清代留下的古文書之中，稱埤塘的用語，最常用的，幾千件書寫著「坡」。更無視於，戰前的台灣根本不用「坡」這個字稱「山坡」，台灣人稱北京話系統的「國語」稱「山坡」的用語是「崎」、「坪」，台灣是把「坡」這個字使用在「埤塘」的用語上。令人驚訝的是，甚至連日語都保留了以「坡」稱埤塘的古漢語文化！

這是最古老的漢語：「閩南語、客家話」所保留下的古漢語文化。

其實，閩客語稱埤塘的用字，相當多元，這些用法與中國的方言文化，息息相關。就算是被捧得高高的「陂」，按照中國第一本調查記錄方言的書籍，同時也是「方言」一語出處的《輶軒使者絕代語釋別國方言》所提及：「陳楚荊揚曰陂」，也就是說，「陂」這個字原本也是楚國的方言，而在古代的中國（今河南省）、齊魯、幽燕、秦陝、川蜀、百越、南越等各地，稱埤塘的用字，也不一樣。中國是個有著多元文化、多樣語言的大國，把這些屬於各地方、各民族的語言文化，盡數消滅；使用北京話系統的「普通話」、「國語」統一，有趣的多元文化變成無趣的、貧乏的國度，想想看吧！這樣子真的好嗎？

過往，我們常聽到，因為日本人看不懂「陂」，所以就改寫成「坡」！其實這並不是知識謬誤的問題，是邏輯能力的問題。因為日本人非但看不懂「陂」或「埤」，日文之中也沒有「坡」，所以，一般日本人也看不懂「坡」這個字！「陂」、「埤」、「坡」三個字在日文之中都沒有，因此何來因為看不懂「陂」，就改寫成「坡」？但是，這個論點本身就是不通的，因為在日文之中，「坡」、「陂」兩個字是存在的，而且都是埤塘的指稱。也就是說，日文和台灣台語、客家台語一樣，都將原原本本古漢語的用法和文化，完整地保留下來，反倒是北京話系統的「國語」和「普通話」，已經喪失古漢語的原意了！

看不懂「陂」的日本人，就能看得懂「坡」？

一九四五年之後，在台語、客語受到北京話系統的「國語」影響之前，台灣人稱埤塘的主要用語應為「坡」。北京話用以指稱「山坡」的詞彙，在屬於真正古漢語系統的閩客語之中，在指稱的主要意義上，其實不太相同。

話說回來，日本人因為看不懂「陂」，所以就把「陂」寫成「坡」，這個說法的影響極為深遠，而且不斷被傳抄，已經成為一種常見「都市傳說」。令人好奇的是，這個說法最早的出處從何而來？也許是一篇文章或論文。

但是，提出這個說法的人，其實犯了一個很嚴重的邏輯上的謬論。因為，在日文之中其實同時存在著「坡」與「陂」的用語，而且這個用語在日語的文化之中，是直接承續自《說文解字》；日文之中以「坂」作為「山坡」的用語和地名，與「坡」有關的用法，存在著ハ（Ha）、ヒ（Hi）兩種音讀，つつみ（Tutumi）、さか（Saka）、ななめ（Naname）三種訓讀。ハ（Ha）使用在姓氏，如當代日本相當有名的年輕企業家、主持人坡山里帆（はやまり，Haya Mari）就是個代表性案例。つつみ（Tutumi）訓讀的意思即為「土手」，日文解為「坡塘」（ハトウ），也就是說「坡塘」這個用語本就存在於日文之中。さか（Saka）可以確定在日文之中，完整保留了許慎寫下的「坡者曰阪」的原義。而且，「陂」在日文字典之中，更被明確地標註了「坡」是「陂」的「異體字」，兩個字的讀音與意義，完全相同。日本貴重的古籍《出雲國風土記》記載了秋鹿郡的一口埤塘，名為「恵曇陂」（えとものつつみ，Etomonotutumi）；島根郡有兩口埤塘，一口名為「前原坡」（さきはらのつつみ，Sakiharanotutumi），一口名為「法吉陂」（ほほきのつつみ，Hohokinotutumi）。從這裡也可以看到，日本的埤塘古名就是按照古漢語的慣例，被命名為「坡」、「陂」的埤塘，而在古日文之中，這兩個字都被讀為つつみ（Tutumi）。

另外，在日本的漢字檢定之中，同時保留了「坡」與「陂」，只是都列在一級，一般日本人的接觸和使用機會不高。

從這裡就可以看到，相對於北京話系統的國語和普通話而言，日文和閩客語都保留了《說文解字》在兩千年前原汁原味的，真正的漢字文化。因此，說日本人因為看不懂「陂」，所以寫成「坡」，本身就是一種荒謬至極的說法。因為既然看不懂「陂」，當然也看不懂「坡」，這不是很簡單的道理嗎？

過去，這個問題困擾筆者好多年，慢慢地才終於參透這一層道理。在看不懂，也不明白「坡」字的意義之下，同時日治初期的統治，又以尊重舊慣為原則，自然如實記載閩客族裔稱呼此種人工開鑿蓄水池的名稱。以此種概念而言，日治時期所記錄下的埤塘名稱與用語，是相當真實的歷史紀錄，它的史料價值，並不亞於地契文書。

筆者在撰寫《桃園農田水利會百年誌》的時候，看到、讀到了相當多的文獻和史料，同時也不斷地想，不停地思考。

在與桃園臺地的民眾接觸，進行田調時，第一位帶給筆者這個觀念的，就是桃園農田水利會的黃文城主任工程師，當我在某次和他談論這個問題時，我將眾多田野調查確認的埤塘名稱，一一進行標示時，由於黃主工是道道地地的桃園人，他看到我在標示時使用了眾多的「坡」作為埤塘的名稱。對於桃園臺地的水利系統最清楚的黃主工，相當清楚桃園臺地眾多埤塘的名稱是使用「坡」字，但是，在一九四五年九月之後，眾多受到「國語化」影響的文章誤導之下，以及台灣人所接的「國語」教育的影響，雖然產生困惑：從小到大看到長輩都把「坡」使用在埤塘的名稱上，但是現在寫文章的都寫成「陂」，也只能這樣子相信了。

台灣人稱「山坡」的用語其實是「崎」，並不使用「坡」形容現在我們熟悉的「山坡」。這讓筆者想到了一個故事，聽說當年彭明敏寫出了那篇著名的〈台灣自救運動宣言〉時，警備總部認為台灣人寫不出這種純國語式的文章，因此認定了這篇文章一定是外省人幫忙寫的。這個故事發生在戰後早期，離我們已經相當遙遠了。所以，我們如果還把國語和閩客語當成是同一種文化的語言，那才是很荒謬的！

當我們對於自己的台灣文化，有著比較深刻的認識時，才能夠真正的意識到，不只戰前使用的「國語」是外來語，戰後的「國語」其實也是另一種形式的外來語。離台灣最近的地方是沖繩，台灣人也很喜歡去沖繩觀光。

以沖繩為例，琉球人原來是存在著自己的語言和文化傳統，古琉球語是南島語的一支。三山王國時代，北山、中山與南山三個王國分別向建國初期的明朝，派出使節朝貢。由於人口稀疏，中山國王「察度」向洪武皇帝提出希望能協助充實琉球的人口，於是明太祖派遣「閩人三十六姓」（琉球國史稱「久米

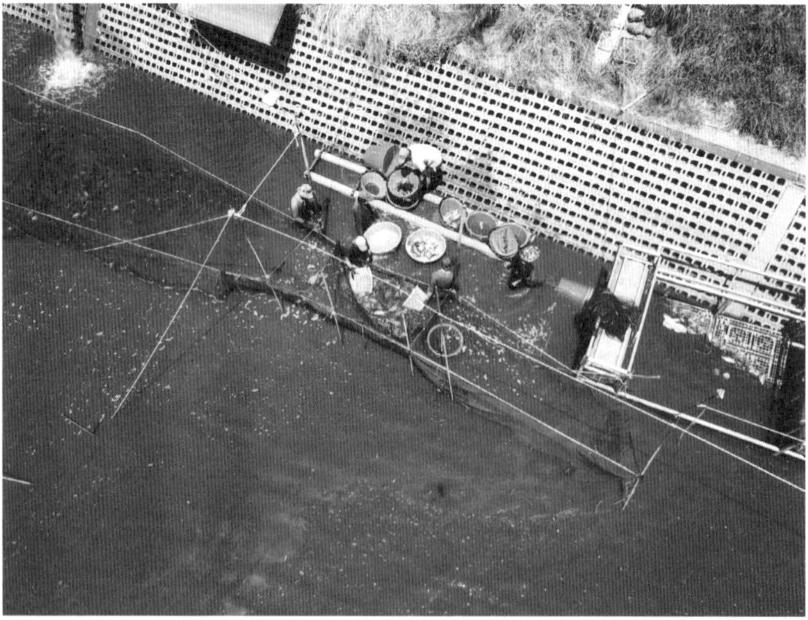

桃園埤塘捕魚。圖片提供：余英宗。

三十六姓」）入住琉球，因而琉球王國的文化基因裡，自然也留存著閩人的文化。而且，所謂「閩人三十六姓」之中，不只是閩人或閩南人，其中也有著相當數量的「客家人」。

再說啦！琉球王國史上最偉大的政治家「蔡温」，就是「閩人三十六姓」的移民後裔。蔡温的祖籍是福建省泉州府南安縣，他同時也是琉球歷史上最重要的「治水」專家，在琉球史上留下了眾多重要的水利事業政績。

只是，琉球王國被薩摩藩併吞後，南島系統的語言和文化，以及閩語、閩南語、客家語，都隨著「國語」教育的深化，盡數消失無蹤了。

日本的統治，確實也有相當程度的留存下來，成為台灣文化的ＤＮＡ之一。例如台灣人現在稱埤塘為「池」，就是日治時代的遺緒。因此，這裡所提出的值得探討的第一個問題就是：看不懂「陂」的日本人，就能看得懂「坡」？其實這個問題的本質是「邏輯」的能力。接下來所要探討的第二個問題，就更奇怪了。也就是更難懂的：看不懂「陂」的日本人，就能看得懂「埤」？

看不懂「陂」的日本人，就能看得懂「埤」？

我們在前頭談論到，關於台灣的河川、水利之中，有著一個深刻地影響著戰後台灣水利史在發展與認知上的問題。

這是個對於我們認識自己的土地，有著關鍵性意義的問題，我們提的問題是：看不懂「陂」的日本人，就能看得懂「坡」？但是明治維新之前的日本人，其實是使用「坡」和「陂」在埤塘的名稱上。接下來要談論的是第二個，還是一樣形式的，但是卻更加有趣的問題。

我們想要深入究問的是：看不懂「陂」的日本人，就能看得懂「埤」？這兩個問題的提問形式都一樣。但是，其間所涉及的卻是在一九四五年之後，長期誤導了我們對於認識自己土地的知識，其影響深遠而廣泛。

況且，這兩個問題產生的原由，竟然是源自於百餘年來，在一九四五年前後兩個前後相續的政權，在語言文化上迥異於台灣本土文化的時代裡，台灣人長期被「國語化」的結果。或者也可以追溯到清代，附著在到台灣統治的官吏身上的「官話」與「方言」裡。所以，最早產生並且寫出：「因為日本人看不懂『¢』，所以就寫成『△』。」這個詞句，或講出這種話語的人，本身就沒有意識到，自己是使用北京話的「國語」在提出這個問題，在思考這個問題。

因此，我們必須瞭解，這兩個問題之所以提出的本質，所涉及的其實是「邏輯思維」的問題。這就是我們在這裡要探討和回應的，它的結構本來就是很簡單明確的「邏輯」問題。

台灣的水利事業現代化的起源，過去長期被湮沒於《台灣總督府檔案》的史料之中，近幾年來，我們透過對這些浩如煙海的史料，一件一頁地爬梳，終於找到了最具關鍵性的文件。

時序是一九〇八年二月，日本帝國議會的眾議院召開法律案審查會議，這個會期的審查是以「一般會計」與「特別會計」的總預算審查作為主要任務。由於不管戰前或戰後，日本的「會計年度」都是採用「四月制」，因此從一八九七年至一九四五年為止的「台灣總督府特別會計」都與當時的中央政府同步，採行「四月制」的會計年度。

「四月制」會計年度同時也是台灣史上使用最久的會計年度，在數十年間，現在施行的「曆年制」會計年度，只要不再修改，將能打破「四月制」所保持的紀錄。

因此，為了下個年度的預算能夠順利實施，日本政府會在新年過後的二月召開總預算審查會議，三月三讀會通過後，四月一日準時施行年度預算。這就是實施長達百餘年，日本的國家總預算制度。

一九〇八年二月這個會期被列為第一個審查的預算案，就是在前一年年底編成總預算案送入眾議院審查的「台灣水利事業」，當時這個預算案是併入《台灣事業公債法》的修正法律案之中，成為附屬法律案。關於「台灣事業」與「水利事業」之間的連結問題，未來有機會再寫成專書探討。在這裡我們要解決的只是日本人看不懂，也沒辦法理解「埤」這個字的問題。

在台灣水利事業的預算法律案審查期間，眾議院議員曾經提出一個看似很簡單，卻可能會讓台灣人瞠目結舌的問題。當時一位提出質詢的眾議員，問了站在質詢台上的「台灣總督府民政長官」祝辰巳，嚴肅認真地講出來：「我想請問閣下，你們這份計畫書裡頭寫了很多『●〇』

這兩個字，到底這兩個字是什麼意思？」或許，從二十九歲開始就從「大藏省主計局」，這個培養日本第一流文官人才的單位，調到後藤新平身邊任職的祝辰巳，似乎楞住了。

對他而言，自從調到台灣任職之後，早就適應了這兩個字，也沒有想過這個問題，而且這兩個字在日語之中是完全不存在的，因此只能使用「台灣台語」或「客家台語」讀出來。＊祝辰巳稍稍整理了思緒，想了一下之後才提出回應：「這兩個字是『ピン』、『ション』。埤，就是『溜池』；圳，則是灌溉農田的『用水路』。這是台灣人習慣使用的詞彙。」當下，提出質詢的議員才恍然大悟。

更有意思的是，一九三〇年代之後負責規劃「台灣水利事業」的八田與一，也曾經被問過一樣的問題。可見得對日本人而言，「埤」也好，「圳」也罷！這是兩個完全看不懂的字！明治維新之後，日本人稱農田水利灌溉設施的「埤塘」主要用語是「溜池」，新式的「溜池」被稱作「貯水池」，但是其他各種源自於古漢語的埤塘指稱用語，仍然頑強的存在於日本各個地方的方言用語上，並未隨著政府頒行的統合性用語而消失。日本人稱「水圳」的用語是「用水路」，這就是桃園大圳的圳路被稱為「線」的由來。

其實，問題可能並不出在是什麼人，在大學課堂上如果問學生「埤」、「圳」、「陂」這幾個字怎麼唸，能正確唸出來的，除了中文系所之外，已經不太多了。對一般學生而言，這些農業時代的用語，已經是罕見字了。當然更加難以瞭解這些農業文化的關鍵字，與其背後的意義了。這也是必須加強台灣意識和本土教育的理由。台灣人離開農業時代越來越遙遠了，或者也可以說，離我們自己的本土語言，越來越遠了。慢慢地連這幾個理應和我們最親近的字彙，同時也是養活了我們的水利設施用語，都看不懂了！

更何況在日文裡頭，雖然存在著「坡」、「陂」，「埤」在日文則是極罕見用字，至於「圳」這個字，是根本不存在！不過，當時一般日本人的識字水平不高，所以初來乍到的日本人，當然只能先把它記下來，以後再想辦法唸出來就好了。

漢字的文化博大精深，關於埤塘用字和用語的起源，在現在已經發現的甲骨文之中，還沒有出現意思完全貼近的文字，比較接近的字彙，因此難以追溯到是否源起於甲骨文的時代。

提出只有「陂」才是正確講法的，恐怕是全然無視於龐大的《四庫全書》之中，俯拾皆有，用「坡」稱埤塘的用語。再說啦，《說文解字》寫了：「阪：坡者曰阪。一曰澤障。一曰山脅也。从𨸏反聲。」《康熙字典》之中，更早就解釋得很清楚了：「陂：……又《集韻》一曰山坡，或作岥。」所以，只有「陂」才是正確的，這個講法本身就與漢籍的紀錄，全然背反。

＊日本的古文上存在「埤益」（ひえき，Hieki）這個詞彙，日本的文學也清楚《尚書・埤傳》的存在，台灣人稱「埤塘」的用語，可能源自於此。

埤塘用語的多元文化

桃園臺地埤塘在中壢區、龍潭區、桃園區、新屋區、觀音區、楊梅區等七個行政區域較為密集，而埤塘名稱上的用語為「埤、坡、陂、塘、潭、湖、堀、池」，其中「埤、坡、陂」三個用語都讀成「pi」，在桃園臺地上常見的用字與地名計有如下所列：

一、坡（pi）：

坡，是台灣的埤塘用語常用字，而且保存了濃厚的古漢語文化特質。戰前和戰後，台灣的文化和語言，受到兩個時代國語化的影響，已經逐漸消失。台灣人原來保存了古漢語元素的埤塘用字，也隨著逐漸遺失，令人惋惜。「坡」在地契史料上使用率極高，其指稱標的都是埤塘；使用在指稱「山坡」用語上，很難找得到。

由此也可觀察，閩南台語與客家台話，和源自於北京話的「國語」，在語詞上的差異非常大。「坡」在地契史料中，頻繁出現，指稱埤塘的用語有數十個之多，例如「坡圳」、「築坡」、「作坡開圳」、「大坡」、「坡仔」、「坡水」、「築坡鑿圳」、「坡頭」、「坡腳」、「坡塘」、「公坡」、「私坡」、「坡底」、「坡尾」、「坡溝」、「坡墘」等辭彙，其中尤以「坡塘」、「坡圳」、「築坡」、「作坡」這四個辭彙的使用頻率最高。

近來，許世融、程俊源、韋煙灶、林煒舒等四人，為了解開此一課題，耗時長達四、五年撰寫的〈析論台灣地名中「坡作陂解」的現象〉一文，從語言學、文字學、地理與與歷史學的研究出發，提出「台灣舊地名中『坡作陂解』並非漢字書寫上的誤植，而是涉及到漢字發展史上關於坡、陂、坂／阪等的字義、字音流變及其傳承過程，且是台灣漢族住民移居地與其祖籍地（閩南、閩西與粵東）普遍存在的現象，而非台灣獨有」的結論。

其實，筆者在撰寫相關著作過程裡，接觸到頗多戰後早期由桃園農田水利會（今農業部農田水利署桃園管理處）繪製的地圖，其中標示埤塘的名稱，「坡」是數量最多的，據此推斷，在台語、客語受到北京話系統的國語文影響之前，桃園人稱埤塘的主要用語應為「坡」。

而「坡」被使用在埤塘的用語上，在古漢籍之中，也是俯拾皆是。如《東觀漢記》：「坡水廣二十里，徑且百里，在道西，其東有田可萬頃。」此處所用的「坡水」，成為後世河工的常用專業名詞。

〈梁劉孝綽和太子落日望水詩〉

川平落日迴，落照滿川漲。
復此淪坡池，泒引別沮漳。
耿耿流長脈，熠熠動輕光。

臨泛自多美，況乃還故鄉。
榜人夜理楫，棹女闇成粧。
欲待春江曙，爭塗向洛陽。

此處所使用的「坡池」用語，也常被後世所沿用。比較可惜的是，「坡」使用在指稱埤塘的用語上，在北京方言的「國語」、「普通話」的使用上，已經消失了！但是，古漢語的指稱用語，卻被完整的保留在台灣台語、客家台語和日本語之中。台灣常見以「坡」稱埤塘的用語計有：大坡、紅坡、新坡、西坡、二坡、長坡、崩坡等。

（一）大坡（Thài-pi），意「大埤塘」。
（二）新坡（Sin-pi），意「新築的池塘」。
（三）牛角坡（Gû-kak-pi），意「形似牛角的池塘」。
（四）雙連坡（Sung-liên-pi），意「兩口相連的埤塘」。
（五）青草坡（Chhiⁿ-chháu-pi, Chheⁿ-chháu-pi, Tshiang-tsháu-pi），意「青草叢生的池塘」。
（六）紅坡（Âng-pi, Fûng-pi），意「紅土色的池塘」。
（七）紅泥坡（Âng-lî-pi, Fûng-nâi-pi），意「多紅泥的池塘」。
（八）龍潭坡（Liông-thâm-pi, Liûng-thâm-pi），意「有黃龍現身故事的深水池塘」。

（九）草湳坡（Chháu-lâm-pi, Tsháu-nàm-pi），意「茂草的多軟泥池塘」。

（十）坡脚（Pi-kha），意「池塘的下面」。

（十一）八角坡尾（Poeh-kak-pi-bé , Peh-kak-pi-bóe），「坡」在此原發音為「pho」，意「八角形池塘的末端」。

（十二）海豐坡（Hái-Hong-pi），意「海豐人的池塘」。

（十三）埲坡（Pang-pi），意「曾崩塌過的池塘」；坡堵（Pi-tó），意「池塘的水閘」。

（十四）坡塘窩（Pi-tng-o, Pi-thông-vo），客系台語地名，意「有池塘的盆狀地」。

（十五）坡寮（Pi-liâu, Pi-liâu），也寫成「坡蓡」，意「埤塘管理工作用的工寮」。

（十六）八股坡（Poeh-k-kó-pi, Peh-kú-pi），意「組成八股所開鑿的埤塘」。

二、埤（pi）

埤，是全台埤塘用語上，不論閩客族裔，使用最頻繁的用字。台灣知名的「埤」，為數眾多，頗難以計算。「埤」字使用在埤塘的指稱上，古代文獻的案例頗多。在漢字之中，一個單字往往會存在著好幾個意思，台灣人常用以指稱「埤塘」的「埤」，《康熙字典》之中記載了：「埤……下濕也。《晉語》松柏不生埤。《司馬相如．子虛賦》其埤濕則生藏莨蒹葭。……田百畝謂之埤。又《集韻》匹計切，音睥。埤堄，女牆也。與陴壀俾同。」所以「埤」的意思可以有：

（一）「裨益」可寫為「埤益」，意義相同。《尚書‧埤傳》即取此意，以解「書經」的微言大義。

（二）矮牆：杜甫，〈題省中院壁〉，「掖垣竹埤梧十尋」。

（三）溼地：《晉語》，「松柏不生埤」。司馬相如，〈子虛賦〉，「其埤濕則生藏莨蒹葭」。

（四）百畝田謂之「埤」。

（五）埤堄，女牆也。與「陴、壀、俾」的用法相同。因此，台灣的埤塘名稱，經常被古人書寫為「陴」，是有其源流存在的。

所以，日治時期的日本人曾提出在漢字文化圈之中，只有台灣是以「埤」指稱埤塘，這個講法其實不太正確。

「埤」是台灣最常見的埤塘名稱用語，舉例如下：

（一）斗門埤（Táu-mng-pi, Táu-mûi^{n}-pi, Téu-mûn-pi），意「設有閘門的池塘」。

（二）崩埤（Pang-pi, Pen-pi），意「曾發生潰堤事件的埤塘」。

（三）龍樹坑埤（Liông-chhiū-hang-pi），是桃園大圳第四之九號貯水池的舊名，意「在龍樹坑的埤塘」。

（四）埤寮（Pi-liâu），意「埤塘管理工作用的工寮」。

（五）八角埤（Poeh-kak-pi, Peh-kak-pi），意「八角形的埤塘」。

三、塘（tng）

塘，是指稱埤塘的常用字。閩南台語白讀音「tng」，文讀音「tông」。客家台語四縣音「tongˇ」、海陸音「tong」、大埔音「tongˇ」、饒平音「tong」、詔安音「tongˊ」。桃園臺地現存埤塘之中，水域面積最大的新屋區「後湖塘」。另如竹塘、青塘等名稱，也是常用的地名。黃泥塘、後湖塘，是桃園臺地上知名度頗高的塘。以「塘」作為埤塘的指稱者，多為客家台語系的地名。

（一）黃泥塘（Ng-lî-tng, Ûi^{n}-lî-tng, Vông-nâi-thông），客家台語系統地名，其意為「多黃泥的池塘」。

（二）後湖塘（Hèu-fû--tng），是桃園大圳第十一之八號貯水池的舊名，意義應解為「後方盆狀地的埤塘」。

（三）坡塘窩（Pi-tng-o, Pi-thông-vo），客家台語系地名，意為「有池塘的盆狀地」。

四、陂 (pi)

陂，是在清領時官方在撰寫地方志的常用字，但是在台灣民間稱埤塘的常用字，則以「埤」、「坡」二字使用最頻繁。

據中國第一本記錄方言的著作《輶軒使者絕代語釋別國方言》內文所載：「陳楚荊揚曰陂。」可從而得知，「陂」原為淮水（今淮河）中下游流域，楚國東部的方言用語。東漢時期應劭在《風俗通義》提及西漢時期揚雄受嚴君平影響，因而旅行各地求教於孝廉、戍卒，經過二十七載時間，撰成《輶軒使者絕代語釋別國方言》一書（一般簡稱《方言》）。應劭《風俗通義》提及《方言》書名涵義：「周秦常以歲八月遣輶軒之使，求異代方言，還奏籍之，藏於祕室。」

也就是說，在秦代之前，每一年的八月，官府經常派「輶軒使者」（即「輕車使者」）到各地搜羅「方言」，記錄整理之，後因戰亂而散佚。漢語的「方言」一詞，即源自於本書。

「陂」這個字和「坡」是相互通用的，在《康熙字典》之中，已經解釋得很清楚了：「陂，……又《集韻》一日山坡，或作岥。」

這個概念《說文解字》的講法相同：「阪：坡者曰阪。一日澤障。一日山脅也。从𨸏反聲。」直到清朝為止，「陂」亦可解為山坡之意，並不是只能解為「池塘」。《康熙字典》又提及：

「淀，陂水之異名也。」「澱：《唐韻》《集韻》《韻會》𠀤堂練切，音電。《說文》滓垽也。又《爾雅‧釋草》葴，馬藍。《註》今為澱者是也。又《通雅》湖淀波之漾者曰澱。《水經注》汶水又西合一水，西南入茂都澱。澱，陂水之異名也。亦與淀通。《玉篇》或作𪒠。通作壂。」

另外《水經注》記載：「故溝又東北歷長隄，逕漯陰縣北，東逕著城北，東為陂淀，淵潭相接，世謂之穢野薄。」此處早就將「陂淀」兩字連用，「淀」是幽州地方的漢語方言，和「陂塘」「埤塘」，是一樣的意思，至今為止，河北、內蒙古東部仍以「淀」稱埤塘、湖泊。

在桃園臺地使用「陂」稱埤塘的用語，並不太多，常見者有：舊陂、草陂、大陂、紅陂等。

（一）舊陂（Kū-pi），意「舊有的埤塘」。

（二）草陂（Chháu-pi, Tsháu-pi），意「水生植物茂密的池塘」。

（三）九座寮陂（Káu-tsō-liâu-pi, Kiú-tshò-liâu-pi），客系台語地名，閩系常用語為 Káu-tè-liâu-pi，意「九座小屋的埤塘」。

（四）石頭陂（Shak-thêu-pi），是桃園大圳第三之一號貯水池的舊名，意「石頭很多的埤塘」。

五、潭（thâm）

是台灣常見用於形容人工挖掘的埤塘名稱用語之一。在桃園臺地常用以稱埤塘之用詞，廣為人知者計有：大潭、伯公潭、番子潭等用詞。潭的客家台語讀音，四縣音「tamˇ」、海陸音「tam」、大埔音「tamˇ」、饒平音「tam」、詔安音「tamˊ」、南四縣「tamˇ」。

（一）大潭（Tōa-thâm, Thài-thâm），此一辭彙原義為「大深水塘」。

（二）伯公潭（Peh-kong-thâm, Pak-kung-thâm），客系台語地名，意「岸邊有福德祠的深水坑」。

（三）番子潭（Hoan-á-thâm），是全台常用地名，有「番人開鑿的深水塘」或「所有權是番人的深水塘」。

六、湖（ô, fû）

客家系台語常用以稱人工開鑿埤塘，在桃園臺地上，使用「湖」稱埤塘在桃園市楊梅區較常見，知名者計有頭湖、二湖、三湖等。

（一）頭湖（Thau-ô, Thêu-fû），意「第一口埤塘」。

（二）上四湖（Téng-Sì-ô, Shòng-Sì-fû），客系台語地名，意「上方的第四口埤塘」。

（三）三湖（Sa^{n}-ô, Sam-fû），意「第三口大池塘」。

七、堀（khut, khwut）

此一詞彙使用在指稱埤塘，在地契文書史料上，清領時期常用「水堀」、「埤堀」、「大堀」、「堀墘」、「堀尾」、「湳堀」、「沼堀」、「堀頭」、「陂堀」、「堀溝」、「湖堀」、「溪堀」等語詞，形容人工挖掘的埤塘或低窪溼地。而「烏塗堀」、「三角堀」、「鰎魚堀」、「大水堀」、「堀仔頭」、「山豬堀」等辭彙，常使用在台灣的地名上。在桃園臺地上常見地名計有：上大堀、下大堀與三角堀等用語。

（一）上大堀（éng-tōa-khut, Shòng-thài-khwut），意「上方的大坑池」。

（二）下大堀（Ē-tōa-khut, Ha-thài-khwut），意「下方的大坑池」。

（三）三角堀（Sa^n-kak-khut, Sam-kok-khwut），意「三角形狀的埤塘」。

八、池（tî）

「池」是明治維新之後日本人稱埤塘的主要用字，即「溜池」的「池」，台灣人稱埤塘為「池」，主要是受到日治時期遺緒所影響，其中以「大池」用語最常見，如霄裡大池、龍潭大池等。大池（Tōa-tî）之意即為「大池塘」，與「大坡」、「大埤」、「大坡池」、「大坡塘」同義。日本全國稱「大池」的溜池總計三百三十一口，其中不冠上「○○大池」直接稱為「大池」，在百口以上。

桃園臺地的埤塘用語是：中壢、龍潭附近稱「陂」，大園附近、南崁以西用「埤」，南崁溪以東、新屋區附近用「坡」，楊梅區與湖口鄉之間為「湖」，這個說法是陳其澎提出來的。

但是，桃園臺地的埤塘用語，受到多元族群文化的影響頗鉅，還存在著崛、埈、陴、坑、圳等用字。

如一八四六年（道光二十六年）在芝葩里庄記載「東至溝；西至園；南至土地公堀圳；北至車路，四至為界」。一八八三年（光緒九年）「並帶陴塘壹口，蓄洩灌溉」。都可證明埤塘用語的多樣性，此種用語的多樣性，可以證明台灣的拓墾歷程之中，先民語源的多樣性。

日本的埤塘用語，相當多元

近來，日本人也開始出現關於人工開鑿的「溜池」，在名稱使用上計有：池、溜、湖、沼、壕、堤、堰等多樣性用字的研究，從而認為這種多樣性的用字和用語，這是由各地的不同文化因素所造成，尤其關東、關西的差異頗大，因而是一種多元在地文化的特質。其使用於溜池用字上的意涵計有：

一、池（いけ、ike）：池是現代日本稱人工開鑿溜池的主要用字，但是直到江戶時代為止，日本人稱大水塘的用字主要是「淡」（うみ、umi）。另外也仿照古漢語的用法，以「坡」、「陂」稱埤塘。池的常用詞彙，如大池、西池、新池、平池、升池等，總計六千兩百二十八口。

二、湖（こ、ko）：如黑部湖、河口湖、青木湖等，計一千兩百六十口以湖為名。

三、沼（ぬま、numa）：長沼、冷水沼、內沼等，計有三千五百三十口。

四、溜（ため、tame）：如西蓮溜、宮溜、諸浦溜等，計有三百二十一口。

五、潭（たん、tan）：如床潭、走古潭、長潭等，約有十口。

六、塘（とう、tou）：塘在日本使用的案例頗為罕見，只有沖塘、太牟田塘、塘路湖、南塘、錢塘、城山大塘、字塘、塘之池等案例。

七、坡（は、ha；つつみ、tutumi）：古日文稱埤塘的用語，讀音是つつみ，現代日文則讀成は。以古籍《出雲國風土記》為例，記載了以坡命名的埤塘，如前原坡、恵曇坡。

八、陂（は、ha；つつみ、tutumi）：陂是古日本在埤塘的用語之一，讀音是つつみ，現代日文則讀成は。以古籍《出雲國風土記》為例，記載了以陂命名的埤塘，如恵曇陂、法吉陂。

原住民族的埤塘用語，不能忘記了！

另外，也不能遺忘原住民族稱埤塘的用語，以桃園市的泰雅族為例。在桃園市的泰雅族是

Ngasal-Kinhakul 的 Qnazi 系統。泰雅族語形容積水之處所，在使用名詞上，「langu」指積水處，「wsilung」指稱天然的湖泊，同時也可以指稱海洋。「lubung」是「野埤」，「pitung」則是人工挖掘的埤塘。

「pitung」的發音，黑帶．巴彥（Hitay Payan）認為是受到客家系台語所影響的譯音。還有一個值得注意的現象，在中國本土各地所使用的埤塘用語，也存在著多元文化的影響，例如《史記．項羽本紀》記載：「項王軍壁垓下」，鶴間和幸認為「垓」是一種築造「堤防」形成的「貯

桃園台地分布著數千口埤塘，是桃園市最重要的地理特色。圖片提供：余英宗。

水池」，也就是「埤塘」。

因此「坅下」的語意應為「埤塘的下方」，可能是楚國的方言。從埤塘用語的多樣性可以得知，「埤塘」僅為概括性的閩客語慣用語彙。埤塘不僅是桃園的重要地景，更是台灣的奇景之一，不僅映照出拓墾先民在此定居的經過，更呈現了人們依附著自然環境，和土地共存互依的明證。

《淡水廳志》所載中壢是竹塹之北、淡水之南的中間區域，「地高亢而不曠，間有小陂而瀦水甚少，半為旱田。」一般而言，欲灌溉三分田地，就必須保留一分地作為埤塘使用。桃園地區早年為了儲水灌溉之便，在極盛時期曾經開闢近萬口埤塘，作為農業灌溉使用，「千塘之鄉」的稱謂，為台灣人所熟悉，同時也成為具有桃園特色的地理景觀。

第四篇
想像的共同體

在東亞的漢字使用區域，台灣、香港、澳門所使用的是正體漢字；日本、琉球使用的漢字，部分已經簡化；中國則是使用簡體字。韓國、朝鮮和越南雖然已經將漢字廢除，但是也可以列入廣義的漢字文化圈之內。在這些受到漢字影響的文化圈之內，曾經存在著共同的水神信仰，也就是以「禹」作為水神的信仰文化。至今為止，這些以「禹」作為水神的信仰遺跡，仍然存在於這些國家之內。而且，把水神「禹」的崇祀文化遺跡，打包作為聯合國教科文組織的「世界文化遺產」申請項目的第一個國家，日本可能會拔得頭籌。

台灣的「大禹」信仰樣態，分成「三官大帝」和「水仙尊王」兩個系統，三官大帝分成天官、地官、水官大帝三位，水官就是「大禹」。而水仙尊王雖然有五水仙和十水仙的分別，但是水仙的主神仍然是「大禹」。

桃園臺地的三官信仰值得深入探討。在臺地的南邊，以霄裡大圳形成的三官大帝廟宇，原來是由霄裡社蕭家接受了閩客漢人的三官信仰，進而傳播到臺地上的每個角落，形成建廟系統的三官信仰；另外，在三七圳灌溉區和觀音區境內，則有不建廟的八本簿、四本簿等三官信仰圈的存在。

日治時期將台灣的水利設施進行了全面的現代化，其中最重要的三大水利系統：桃園大圳、日月潭與嘉南大圳。桃園大圳是以「關東流」的「灌排合一」概念設計，嘉南大圳則是以「紀州流」的「灌排分離」想法設計。桃園大圳的設計者是張令紀，嘉南大圳的設計者是八田與一。

戰後早期，民國政府的接收人員寫下「昭和水利事業」的用詞之後，這個詞彙就成為台灣水利史研究亟待破解的謎團，筆者運用文獻與史料，破解了這個有著神話傳說般的問題，也清楚地解讀「昭和水利事業」不可能存在的理由，從法律、體制、文化上而言，都不可能存在。

東亞的共同信仰

「大禹」是台灣、韓國和日本共同的水神信仰

今台俗不知三官所由來，而家家祀之，且稱為三官大帝。以上元為天官誕，則曰天官賜福；以中元為地官誕，則曰地官赦罪；以下元為水官誕，則曰水官□□。

——周璽，《彰化縣志》

「大禹」，是東亞的漢字文化帶（現仍使用漢字）或前漢字文化帶（曾以漢字為主的區域）的共同的水神信仰文化。日本正在調查的「禹王遺跡」從二〇一〇年開始調查至二〇一九年為止，總計確認了一百三十三處；二〇一三年「治水神・禹王研究会」成立，或許在不久的將來，就能看到日本將「禹王遺跡」列入申請世界文化遺產的項目。相對而言，「大禹」信仰在地球上最興盛的地方「台灣」，至今連對自己土地上的禹神信仰研究，都還處在萌芽狀態。相對於日本，在此一饒富趣味的文化樣態上的積極性，我們和日本差距甚遙，但是，台灣才是非物質與物質文化

遺產的禹神信仰，保存最多的地方。

包括「三官大帝」、「水仙尊王」的水神信仰，都是以大禹作為主要神祈的傳統信仰，而且台灣的禹神信仰除了以百餘座三官廟、水仙廟作為主體之外，另外還存在著眾多不以廟宇為主的，不立廟的三官信仰祭祀圈，這是值得探究的。每年在台灣都還過著三個政府沒有放假，卻極其重要的大節日：正月十五日，上元節（元宵節）；七月十五日，中元節；十月十五日，下元節。

每年都會舉辦的「台灣燈會」，就是為了慶祝天官大帝誕辰的「上元節」。「上元節」在漢文化的傳統上，一直都是最重要的節日之一，至今仍然如此。而且，相關的文學創作眾多，如蘇東坡的詞〈蝶戀花．密州上元〉：

燈火錢塘三五夜，明月如霜，照見人如畫。
帳底吹笙香吐麝，更無一點塵隨馬。
寂寞山城人老也！擊鼓吹簫，卻入農桑社。
火冷燈稀霜露下，昏昏雪意雲垂野。

以及朱淑真的詞〈生查子．元夕〉（另說為歐陽修所作）：

去年元夜時，花市燈如晝。
月上柳梢頭，人約黃昏後。
今年元夜時，月與燈依舊。
不見去年人，淚濕春衫袖。

都是極其知名，詠歎千年的絕美宋詞。每年七月十五日「中元節」，每逢此日全台各地每家每戶、廟宇，都會準備供品香燭，祭拜地官大帝和孤魂野鬼。至於下元節的平安戲傳統，隨著社會變遷，一般民眾重視程度遠不及上元和中元節。

在桃園大圳，負責管理導水路的「缺子分站」，長年奉祀著「水官大帝」的神像，每天都由工作站員工，早晚上香，逢初一、十五，以及農曆十月十五日的水官大帝誕辰，也都會準備供品祭拜，此種希望由「大禹」協助守護水源頭的崇祀文化，是在戰後結合台灣農民的傳統，逐漸形成的，是真正具有台灣特色的文化，值得永久保存。

日本全國以「大禹」作為水神信仰的遺蹟，至二〇一九年為止已知總計一百三十三處（含沖繩十三處）。

台灣以三官大帝作為主祀神的廟宇，總計一百二十二座，其中新北市、宜蘭縣、桃園市、新竹縣、苗栗縣，合計七十三座，約占六成之譜，三界信仰集中在北部的趨勢，尤其桃竹苗客家區域的狀況，相當明確。但是，只計算有建廟的數字，是沒有說服力的。在桃園臺地上另有不建廟的三官大帝崇祀區域，三界信仰實際上在桃園臺地，比有建廟的數據所呈現的，更加昌盛。

全台以水仙尊王作為主祀神和雙主祀神的廟宇，總共三十七座；地理分布上以北海岸和淡水河流域，以及澎湖、台南、高雄和屏東平原等閩南文化區域為主。

自然崇拜的信仰形式

傳統農業社會裡，日出而作、日落而息的農民們，為了農作生長順暢，必須與自然界之中的萬事萬物，保持密切互動，其中包括氣候、水文、土壤、風雨與溫度上的變化，乃至禽獸、魚介等，對於農民的生計產生極其深遠的影響。

因此，農民代代相傳積累了眾多生活上的經驗，自然產生能對自然界運作的現象，進行著細緻入微的觀察，也抱著敬畏之心，面對充滿挑戰的環境。在漢人的文化傳統中，數也數不清的神祇崇祀，其實都衍生自對於環境變化的知識與崇敬。

大航海時代以降，漢人越過黑水溝來台灣拓墾，福建、廣東兩省傳統信仰的神祈，隨著先民飄洋渡海。在開墾時期裡，先民必須面對著族群衝突、瘴疫之氣、氣候調適、洪患旱災肆虐，以及莊稼收穫無成的各種困頓與挫折，從而更需要對故鄉遙望的情感寄託，來自原鄉的信仰，往往成為各個族群聚居庄頭的中心廟宇，神靈更可以發揮紓解情緒，團結墾民的功用。

在拓墾時期形成的廟宇，流傳著眾多神靈的顯聖，為民眾解決難題的傳說故事。這些故事裡所流傳的，其實是訴說著墾民在險惡的生存困境中，殷切期盼所能得到的豐收富足，以及平安健康。

桃園大圳圳頭水官大帝

在負責管理桃園大圳圳頭工作的缺子分站裡，供奉著一尊水官大帝神像，除了讓台灣分布最廣的水神信仰護持著桃園大圳之外，也是一種守護水源的精神信仰。在台灣民間信仰之中，水官大帝是三官大帝的三元神之一，是「天、地、水」三官的合稱。在台灣傳統社會裡，閩南文化範疇的民眾暱稱「三界公」，客家文化區域親暱的稱呼「三界爺」；中國各地的稱法也不盡相同，一般尊稱為「三官老爺」。

三官大帝是由三尊神像所組成，在桃園大圳圳頭位置單獨奉祀水官大帝的情況，其實不太常見。三官的塑像一般都採取帝王服飾的坐姿裝扮，雙手持笏板並合掌於胸前，三尊神像的容貌、形象都差不多，與三山國王的白、紅、黑臉極易辨別不同，比較難於從外貌分辨三元神的差異。

三官也稱為「三元」，過往以奉祀三官為主神的廟宇，都會取「三元宮」作為廟名。三官信仰在桃竹苗的客家區域裡相當普遍，客語聚落裡以三界為主祀或配祀的宮廟，數量相當多，某些三官祭祀組織還牽扯到拓墾時期區域內的水權分配問題，因而在墾務拓展過程，往往扮演舉足輕重的角色。

供奉在桃園大圳圳頭「缺子分站」的水官大帝。圖片提供：林煒舒。

三官信仰淵源

三官信仰源自於古代中國先民對天、地、水的自然崇拜。在古代社會裡，天、地、水是人們生活、生存與生命延續的要件，因而民眾常懷敬畏之心，虔誠頂禮膜拜，《儀禮．覲禮》載記：「祭天，燔柴。祭山、丘陵，升。祭川，沉。祭地，瘞。」據信是三官信仰的最早起源。《三國志．張魯傳》注引《典略》：「請禱之法，書病人姓名，說服罪之意。作三通，其一上之天，著山上，其一埋之地，其一沉之水，謂之三官手書。」認為三官能為人賜福、赦罪、解厄，即天官賜福、地官赫罪、水官解厄。

之後更發展成為「上元賜福天官一品紫微大帝」、「中元赦罪地官二品清虛大帝」、「下元解厄水官三品洞陰大帝」的尊稱。

在漢人的民間傳統信仰更認定，「堯帝」因至仁被尊為「天官大帝」，「虞舜」由於墾地成為「地官大帝」，「大禹」則是治水功勳尊奉為「水官大帝」。清代周璽纂修的《彰化縣志》曾記載：

按師巫家，有所謂天地水三官者，其說始於漢末。宋景濂跋揭奚斯三官祀，謂漢熹平間，漢中張修為太平道，張魯為五斗米道，其法略同；而魯為尤甚。自其祖陵、父衡，造符書於蜀之雀鳴山，制鬼卒祭酒等號，分領部眾。有疾者令其自首書名氏，及服罪之意，作三通：其一上之天著山，其一埋之地，其一沉之水，謂之天地水三官。三官之名，實始於此。其以正月、七月、十月之望為三元日，則自北魏始。蓋其時尊信道士寇謙，襲取張氏之說，而配以首月，為之節候耳。今台俗不知三官所由來，而家家祀之，且稱為三官大帝。以上元為天官誕，則曰天官賜福；以中元為地官誕，則曰地官赦罪；以下元為水官誕，則曰水官□□。謬妄相沿，牢不可破。故考其由來，祀三官者，知三官之所自始也。

台灣傳統信仰與宮廟發展，應源自於荷治時期隨拓墾先民渡海來台，之後隨著移墾社會的發展逐漸茁壯。三官信仰在台灣的發展，從早期簡單的紅紙書寫「天官賜福」，自唐山原鄉帶入的「三官爐」，再由農墾社會發展演變，形成建廟與未建廟形態的民間崇祀信仰。

拓墾先民移入後建立了隘墾城仔、農墾城仔，隨著經濟發展社會穩定後，由於傳統社會的產業型態主要為農業，因而水圳、埤塘的興築，水田化歷程的擴展，米糧作物產量增加，與水崇拜有關的三官信仰，在隘墾型態漸漸遠去，蛻成日常生活裡的祭祀行為，並且和祖先崇拜結合，不同樣態的「三官爐」更成為傳統建築之中，民間信仰上重要的組成元素之一。

三界崇祀的族群型態

北台灣客家區域的三界信仰型態，和漳泉裔台灣人之間存在著兩個主要的差異。

其一，祭祀時間。客家族群以舊曆正月初九祭拜玉皇大帝，舊曆十月十五日的水官大帝誕辰之時，才祭拜三界爺。客家人之所以選擇水官誕辰的下元節，作為三元神的祭祀時間，與拓墾先民在收穫之後，為了感謝神明保佑五穀豐登，因而辦理對神明酬謝的活動存在著關連。

其二，祭祀地點。漳泉裔台灣人在祭祀三界公之時，通常使用的名詞是天公爐，將天公和三界公的信仰文化，合而為一。客家裔台灣人則是將三界爺的牌位推到戶外，安設在門外面對正廳右側庭院圍牆上的凹入處，並在紅紙上書寫「天官賜福」，或是安置在天井、禾埕之中，祈求能夠得到三界爺的保佑。

漳州人在上元節、中元節、下元節都會祭拜三界公。泉州人則是拜天公，因而會出現將三界公稱作天公的現象，但是在祭拜的時間上，卻與真正的「天公生」並不相同。

其實，泉州人並不是不拜三界公，但是更看重玉皇大帝，因而在泉州人的傳統之中，存在著「迎天公」的祭祀活動，此種慣習是漳州人所沒有的傳統文化。中研院民族所研究員林美容也曾經提出說法：「最常聽說的一個如何區別漳、泉的方法是看天公爐有幾個耳朵。」

在三合院式的傳統建築裡，通常會從正廳門後的天花板上吊掛一座天公爐，也被稱作「三界公爐」，是為了祭拜三界公而設置。漳州人傳統民宅的天公爐是三個環耳，泉州人則是吊掛四個環耳的天公爐，雖然在台灣社會上一般都通稱「天公爐」，但是三個環耳其實是「三界爐」，後者才是「天公爐」，由此也可以觀察，漳州、泉州裔台灣人在傳統信仰上的文化差異。

天官誕辰在舊曆正月十五日「上元節」，地官生誕在舊曆七月十五日「中元節」，水官誕辰是舊曆十月十五日「下元節」，此種三元節的習俗由來目前所知已記載於《魏書》之中。

台語系台灣人慣稱「三界公」，客家族群則習稱「三界爺」，桃園臺地是全台三元信仰在建廟與三界爐崇祀，頗為興盛之地，一旦走入桃園臺地的範圍之內，就能看到三官廟宇與文化，此地三官崇祀如此昌盛的原因，和亢旱高地缺水的自然環境，息息相關。

三七圳灌溉區域之內，和桃園臺地上其他村落廟宇頗不相同，並未建造三官廟宇，只有曾昌茂留傳的三界爐等物品，在每一年的農曆八月中旬，由值年爐主交接，把三界爐供奉在自家正廳。

桃園地區三官大帝廟宇，主要分布在龍潭、平鎮、楊梅、八德與大溪區等南桃園區域，與該地區客家人與平埔族群間的互動有密切關係。但是如果不以建廟的方式觀察，在新屋區、觀音區的八本簿、六本簿、四本簿祀典，其實存在著具有更深厚三官信仰文化，因此桃園大圳灌區的三官崇祀，或許才是最昌盛的區域。桃園境內沒有三山國王廟，卻有全台最多的三官廟，與其他主神同祀的廟也很多。

這種不建廟型態的三官祀，形成社子溪流域的文化傳統，迥異於桃園臺地上其他區域的三界文化。八本簿祭典舉行前一天還要到祭祀圈內的地方公廟，依序將新屋區笨港里天后宮、九斗里長祥宮，以及楊梅區員笨里泰祥宮的主祀神一起請來看戲，藉此增加輪祀區信眾的參與，並借由信仰文化和輪祀傳統，降低水權紛爭，建立彼此間互信。三七圳灌溉區範圍廣袤，達到千甲之多，卻由於社子溪水源並不穩定，因而只有靠近水源上游的兩三百甲田園，可保用水無虞。直到桃園大圳開鑿之後，此地的灌溉水源才日趨穩定。

水圳與三官大帝信仰

自康熙年間之後的清領時期以來，傳統民間社會的建廟祭祀、建醮、丁口簿、戲班酬神、賽神豬等，種種祭儀敬神之禮相當豐盛。而在農業社會裡，水利問題一向都是農民關心的要項。因為清領時期的埤圳建築技術相當落後，不管五石圍、六石圍的技術，都不能保障灌溉排水能有實質上的改善，於是民間社會不得不仰賴自然信仰。

在埤圳設施建築完成後，水圳得以灌溉的範圍，影響層面極廣，更關係到民眾的生計，有關埤圳灌溉一事，應屬公共議題，與大眾的生活脈動息息相關。因而形成沒有組織之名，卻有組織之實的各個埤圳規約關係，與村庄間的宗教祭典、社會秩序等事務結合。

桃園境內的水圳，通常都由佃戶共同開鑿，比較少以獨資經營狀態存在。埤圳的圳戶、現耕佃人等，一般都會訂定公約，要求眾人遵守灌溉秩序。在訂立合同或有違約狀況下，一般都會處以在神明前進行祭禮演戲的「罰戲」活動。此種罰戲活動，是藉由傳統民間社會存在著敬神畏神的心理，借助神明信仰對民眾的約束，維護著水利灌溉系統的秩序。與灌溉秩序相關的庄民、圳戶、地主等，除了祈求神明保佑灌溉一事能順利，也希望神明能善盡守護埤圳的職責，免於洪患風災破壞。

清領時期埤圳的圳戶、埤長、水甲、業戶、地主之間，存在著各種各式各樣的祭祀活動。黃燕禮與知母六在興築霄裡大圳之後，在圳頭位置建造一座「三界祠」，除了奉祀三官大帝之外，也是為了祭祀開築埤圳的死難亡靈，更希望祈求農田灌溉能平安順遂。

由於天然災害頻仍，幾乎每年各地的埤圳都會遭遇洪患風災沖毀，在那個科學技術不甚發達的時代裡，傳統社會的民眾往往會認定是厲鬼作祟，因而，每到舊曆七月都會在圳頭位置，舉行圳頭祭活動。從傳統社會的慣習，足見農田水利才是最為農民最關心，最重視的問題。

無形的文化資產

三七圳開鑿與三界信仰

陂必有圳，圳不必有陂。

——《淡水廳志》

「看天田」時代的桃園埤塘，大部分時間都是乾涸的「看天埤」。自從桃園大圳、石門大圳開鑿之後，才改變了桃園埤塘的樣貌，成為一年四季都有水的景觀。在桃園大圳通水之前，每年農曆十月秋收後，為了答謝三官大帝的保佑，三七圳的八本簿平安戲是將做平安戲的紅壇，搭建在埤塘裡面，形成一種很獨特的埤塘文化。但是，桃園大圳通水之後，除了人工式的把水放光以外，埤塘裡再也沒有乾涸的時候了，在埤塘內做平安戲的場景，自然就消失了。

三七圳的開圳功勞者是曾昌茂，相傳他在乾隆年間從原鄉廣東省海豐縣孑然一生渡海來台。辛勤積攢了一些資本後，一七四三年（乾隆八年）為了解決社子溪南北農田河水資源不足問題，於是自行出資，雇工開鑿三七圳，開成後也不收農民水租，去世之後，受惠的農民為了報答昌茂公的開圳恩德，於是將他渡海來台時帶的三界爐，作為追懷昌茂公的紀念物，形成了每年舊曆八月十五日舉行感恩追思的祭典。

桃園臺地在桃園大圳開鑿之前的埤圳設施之中，除了霄裡大圳之外，另一個為人們熟悉的水利系統則為「三七圳」。

桃園臺地上未建造三界廟的觀音區、新屋區與楊梅區的部分地方，存留著維持至今長達兩百年的四本簿、六本簿與八本簿等，以三界爐為主的三官祀文化。

三七圳由來三說法

社子溪是桃園臺地上的第四大河，也是貫穿楊梅與新屋的重要水源。早期移民多從河口溯溪而上，分別進入新屋與楊梅內拓墾；社子溪除洪水時期外，平時絕少水流。乾隆年間，笨仔港當地墾佃為開墾土地，引社子溪水修築三七水圳，主其事者為曾昌茂。三七圳開鑿過程有三種說法。

一、缺水開圳說：由於從湖口庄鳳山崎以北，沿著紅毛港、大溪漘（今楊梅區以西一帶）附近地域，臺地高亢，缺少水源。因而一七四三年，在曾昌茂的協助下，開鑿了三七圳。

二、爭水衝突說：三七圳的由來另外還有一種說法，是由中央大學傅寶玉老師採集而得。由於在清領早期，先民拓墾新屋區域社子、笨港和槺榔，經常因為爭水導致衝突事件，因此後來在槺榔和社子的交界處，建造了一座大分水汴，當時以三分和七分作為水量分隔標準，是三七圳的名稱由來其中一種說法。

三、北三南七說：關於三七圳名稱之由來，花松村也提出另一種說法，由於在大溪漘南岸壘石截流讓引水向西南流淌，灌溉溪南陂頭面、老厝、大竹圍、社子頂、下糠榔子、笨子港等莊田七百多甲；然後三七圳水仍從社子溪西行，沿著溪流河道引水灌溉溪北隘口寮（今楊梅區水美里）、營盤下（今楊梅區上田里）、紅瓦厝（今新屋區埔頂里）、甲頭厝（今新屋區東明里）、赤牛椆（今新屋區赤欄里）、下莊子、崁頭厝（兩處均在今新屋區永孜里）等地莊田三百餘甲，總計社子溪南邊的田業得水七分，溪北田業則得水三分，因而命名為三七圳。

社子溪從崁頭厝（今新屋區永安漁港）西南行入海，三七圳以社子溪為界，分成三七南圳、三七北圳，各有一個取水口，總長達到十九公里。三七圳是清領時期在桃園臺地的楊梅、新屋區域所建造，規模比較大的水圳。

「溪南溪北八本簿平安戲」祭祀圈

曾昌茂（另有記為「曾昆茂」或「曾坤茂」）是廣東省海豐縣人，在乾隆年間孑然一生渡海來台，流寓於新屋笨子港。一七四三年，出資開三七圳，不收墾民水租，去世後所拓墾的灌溉區域，民眾為報答其開圳的功德，因此在每年舊曆八月十五日舉行感念祭典。

三七圳灌溉區的農民，為感念昌茂公的開圳恩德，曾經倡議為他建一座奉祀的廟宇，但是每次以建廟這件事，祈求聖筊，卻始終無法擲得，經過問卜方才得知，昌茂公喜愛原本的巡水人習慣，不希望被安置在固定的地方。於是兩百多年來，社子溪流域八本簿祭祀圈至今仍然維持著不建廟安置昌茂公三界爐的傳統。

《桃園縣志》所記載的曾昌茂故事，是可信度比較高的文本。「廣東海豐人，清乾隆年間孑身渡台，流寓新屋鄉笨子港。見於當地莓莓原田無水流之灌溉，惄焉憂之，乃有創修水利之志。尋與地方人士洽議，欲興工開圳。咸表欣諾。於是……，向各地主訂立契約。約成，即由笨子港開工，經始挖掘……。加以其時，楊梅一帶，森林茂密，榛莽遍地，山胞不時突出殺人。昌茂為達成志願，不顧險阻，晝則佩刀劍，攜籐牌，持畚鍤，與雇工墾壤叩石……。如是精誠無間，經年累月，水圳竟以開成。由頭重溪引水，經水尾，上陰影高員笨，而抵上槺榔笨子港，是即所謂三七水圳也。溉區得源源活水，川流不息，為利茲溥；計有農田二百八十四甲。」

曾昌茂背負三官大帝香爐渡海來台，終身未娶，又無子嗣可以供奉香爐，村民為感念昌茂公開圳的恩德，於是將其生前所留下的三官大帝香爐，敬奉在家裡。歷經多年之後，引起村民們追思，辦理豐年祭、演外台戲等型式的活動，費用則以灌溉圳水澤被之地，亦即今新屋區與一部分楊梅區、觀音區等地方，畫成八個地區，商議在各個地區設負責人，以丁口數作為經費分擔依據，稱為「丁口錢」。「丁」指男性，「口」指稱女性，過往收取的口錢，僅丁錢的半數，由於台灣社會變遷，男女平權意識提升，「丁口錢」的收取已經不再區分性別。

八本簿輪祀的香爐有三座，分別是三界爐、伯公爐與曾茂公爐，原來曾茂公只有留下一座三界爐，曾茂公靈位只以一枝香綁香火袋，插在三界爐裡，當每一年平安戲結束後，值年爐主交接三界爐時，以人力扛神轎到下一個值年爐主家中。某一年由於神轎搖晃導致曾茂公香火袋遺失，此後數年間擲筊擔任爐主的家裡，都很不安寧。

直到某年扛神轎過河時，三界爐掉到河裡，拾起時在三界爐內發現香火袋，此時眾人才明白之所以連續幾任爐主，值年時家中都會有親人往生的原因，是因為神明和過世凡人的香火混在一起才造成，於是為避免再發生類似的事件，眾人決議再設置曾茂公爐和伯公爐。

收取經費的簿本分為八大本，簿內登錄人丁數，負責收取者按照簿本上登錄的丁數，挨家挨戶收取，收得的款項悉數作全年辦理大小祭典，採辦祭祀物品使用，因而遂有八本簿之名。

自一八〇〇年（嘉慶五年）舊曆十月十五日創立至今，以輪值地區的戶長，在神壇之前逐戶擲聖筊，得筊數最多者則為爐主，舊曆八月中交接典禮，清點各項物品，擇日將三界爐迎到爐主自宅。此一被稱為「八本簿」的祭祀組織，就是現在「溪南溪北八本簿平安戲」祭祀圈，是新屋、觀音和楊梅區的客家傳統信仰祭祀圈。

四本簿與六本簿的平安戲

桃園臺地上的水崇拜信仰，普遍以三官大帝為主，霄裡、八德區域可以是北部討論三界信仰發展的重點地區。

而在台北盆地內的廟宇則以水官大帝和水仙尊王作為普遍的水信仰，只不過兩者之間的差別是，桃園臺地上建立了全台數量最多的三界廟，未建造三界廟的觀音區、新屋區與楊梅區的部分區域內，則存在著四本簿、六本簿與八本簿等以三界爐為主的三官祀文化。

其中一個鮮明的案例是，負責管理桃園大圳導水路的缺子工作站二樓，為水官大帝鄭重安置了一座廟堂，並由土地公、土地婆陪祀。凡是在圳頭、水尾、埤塘、支分線，以前農田水利會時代都安置了眾多的土地伯公。缺子工作站安設水官大帝，並由專人每日上香，這些都是與桃園水利傳統結合的信仰模式，是先人開圳拓墾時建立道道地地的桃園水崇拜信仰文化。

四本簿，全稱是「三元三品三官大帝四本簿平安戲」，由四大庄頭輪值，四大庄是崙坪（觀音區崙坪里）、大堀（觀音區大堀、大同、上大里）、藍埔（觀音區藍埔、坑尾、石磊里）、清華（觀音區清華、富源里）；六本簿，是以觀音區保生里、新屋區永興里、下埔里、石牌里、永安里組成「三官大帝千秋六本簿平安戲」祭祀圈。

相對而言，台北盆地以三界公作為主神的廟宇，數量不多，但是以三界公、水仙尊王作為陪祀神，則是一種處處可見，相當普遍的現象。

埤塘裡的平安戲

在桃園大圳通水之前，三七南北圳的八本簿平安戲，過往還有個重要的習俗：將平安戲紅壇，搭建在埤塘裡頭。據稱此一習俗的形成，是由於三七圳灌溉區農民相信三界爺是負責管水的神，每年秋收結束，將埤塘的水放掉後，搭建紅壇在埤塘之內，唱戲酬神，此種作法形成的主要原因是希望農民不要忘本，在只能依靠埤塘蓄水灌溉的時代，埤塘是桃園臺地農田的命脈。除了上述形而上原由之外，還有兩個實質上的原因。

其一，空置場地運用：桃園臺地在秋收之後就進入乾冷季節，直到翌年春耕時節才有蓄水需求，因此埤塘成為平安戲最佳的場地。其二，擋風效果較佳：由於社子溪流域在海岸地帶，桃園的沿海地域屬於新竹風管地帶，冬天風勢冷而強勁，而埤塘是凹地，四周也築有土堤，因此有著擋風效果。

在埤塘內搭紅壇唱平安戲的傳統之所以消失，其原由是在桃園大圳還未通水之前，社子溪流域原來只能一期作，在大圳通水之後就轉成二期作，因此再也無法把埤塘水完全放乾，在埤塘內作平安戲的傳統習俗，也就自然消失了。

三七圳與曾茂公祭祀

三七圳，自圳頭至水尾，計長二十七里。溪南七分之水，由笨子港北行入於海；溪北三分之水，由嵌頭厝西南行入於海。據《新竹縣採訪冊》記載：

總計溪南田業得水七分，溪北田業得水三分，故名三七圳。圳頭至水尾，計長二十七里。溪南七分之水，由笨子港西北行入於海；溪北三分之水，由嵌頭厝西南行入於海。乾隆八年，曾昌茂開浚，每年不收水租。曾昌茂故後無嗣，各佃僉議於每年八月鳩捐百餘金各莊佃人每丁各出錢三十餘文，演劇、刑牲致祭，輪流辦理，永遠勿替，以報其功德。

曾昌茂獨資開鑿三七圳後，圳水分灌各佃田地卻不收水租。故後無嗣，為報其功德各莊每丁出錢三十文，可得百餘金，使用在演戲刑牲致祭。直到現在，每年舊曆八月祭祀三官時，仍由八大莊輪流擔任爐主主持祭拜。

曾昌茂逝世後並沒有子嗣，三七圳灌溉區域的民眾乃倡議建廟奉祀，但是始終擲無聖筊，問卜的結果，才知道他堅持巡水的習慣，不喜歡安定於一處。於是信眾乃將祭祀區分成八大區每年輪一區，以擲筊方式選出爐主迎取曾茂公香爐，連同當年曾茂公由唐山背負來台奉祀之三界爺香爐一併返家奉祀，不另立廟祠祭拜，「曾茂公」的活動儀式，雖然這項活動不在圳頭舉辦，但飲水思源的意義是相同的。

輪值平安戲時，八個莊頭共同出資，包括新屋區與部分楊梅區、觀音區劃分八大地區，由各地區負責首事收取經費，收費者依簿本上登錄丁口數挨家挨戶收取丁口錢。

想像的水利事業

「昭和水利事業」可能存在嗎？

民國十三年桃園大圳灌溉系統完成後，日籍技師八田與一首先研究石門水庫，曾擬定一計畫大要，稱為「昭和水利計畫」，其目的在擴展灌溉及於桃園大圳東南方之臺地。

——《石門水庫工程定案計畫報告》

先講結論：「昭和水利計畫」，不可能存在。

一講到水利，在台灣人的心目中，最尊敬、最熟悉的日本人，自然非八田與一莫屬。但是，至今為止八田與一這個名字，對大部分的日本人而言，卻也是一個非常陌生的名字。從一九六三年開始，每年日本NHK的大河劇，都會選擇一位日本的歷史人物作為主角，以每週播出一集的頻率，放送一整年。早期，NHK的大河劇大概都相當古板，演員也沒有太令人驚艷的角色和內容，而且選擇的歷史人物，大概不出平安、戰國、江戶、維新等時期，維新後的題材相當罕見，能講得出來的大概只有《山河燃燒》、《命》、《韋馱天～東京奧運故事～》，大概只占了六十三分之一；尤其殖民地的歷史人物，可以直接填上「零」的數字。

其實啊，八田與一是技術型官僚，與政治型官僚差別極大，更何況他在台灣的形象極為良好；除了亞洲最大的農田灌溉水利工程「嘉南大圳」之外，他還留下了世界第二高壩「達見大堰堤」計畫，達見大壩在一九四三年動工，按照八田的規劃應在一九四五年完工，但是由於戰爭日益加劇的情勢下，直到戰爭結束仍未完成。比較有意思的是，日本在朝鮮半島的鴨綠江主河道上，建造了締造世界紀錄的「水豐水庫」，並在一九四四年完工通水。可見得世界第二高壩達見大壩，並非沒有機會在一九四五年完工，且由於戰後政府將戰前的水利工程資料銷毀，導致我們今天仍然無法確定達見大壩在戰爭結束為止，建成比例到底達到了多少，這也是台灣史上的謎團之一。

本文討論的主題是，戰後長期困擾台灣史研究學界的「昭和水利事業計畫」，到底存不存在？這個詞彙目前可以確定最早出現在一九四七年的「昭和水利灌溉給水隧道」，之後一九五三年「昭和水利事業」，以及一九五五年「昭和水利計畫」。然後三個詞彙不知道在什麼時候被拼湊成「昭和水利事業計畫」。為什麼這個計畫不可能存在？理由有三個：第一，日本官方規定水利事業的名稱必須以地方或河川流域命名，所以，戰前官方常用以稱台灣的水利事業的名詞就是「台灣水利事業」。第二，「昭和水利事業」這個詞彙出現在戰後早期，日治時期任何的報紙、史料、文獻都找不到，如果它是戰前重要的官方計畫，在報紙上會宣傳，在官方文書上都會書寫，但是，官方的文書和報紙上，使用的常見名詞是「台灣水利事業」。昭和水利計畫，這個名詞應該是戰後早期，國民政府接收人員創造的接收用詞，所指稱的意思是「日本昭和統治時期的台灣水利事業計畫」，這是比較有可能，也比較真實的意義。

「昭和水利事業計畫」，曾經困擾台灣歷史學界長達半世紀以上。但是，這個名詞在日治時期沒有任何現存文獻、史料曾經記載過。如果這個計畫是真實的存在，不可能連任何一個官方的公開資料都找不到！

這個名詞的出現，是由於戰後國民政府接收人員的誤解，所造成的錯誤，也是一個不可能存在的名詞。

「昭和水利事業」三個版本

在戰後至今逾近八十年，「昭和水利事業計畫」似乎一直都是台灣水利史研究上的一個重要的課題。據此則存在著一個值得重視的課題：「昭和水利事業計畫」是一個真實的存有？亦即台灣總督府確實頒布或制定出「昭和水利事業計畫」？此一計畫係由八田技師或其團隊所擬製？此一課題在戰後迄今已然困擾台灣的水利史研究長達半世紀以上。

陳正祥曾提出在桃園大圳竣工之際，八田與一就開始研究石門水庫，並擬訂整體的計畫綱要，並命名稱為「昭和水利計畫」。當時提出此一計畫的原因是為了解決桃園大圳東南方「較高的臺地，無法分享大圳之水利」的問題。

陳正祥也提出「昭和水利計畫」的具體內容涵括一座重力拱壩，壩頂高程兩百七十公尺；並設有鞍部溢道，溢道頂高兩百五十公尺，長一百五十公尺，上設五公尺高閘門，調節洪水量達到三千立方公尺，可灌溉農田六萬公頃。附帶發電量六千八百五十瓩，全年可發電六千萬度，所需總工費概估為三千兩百萬圓。並提出「其後並有若干零星之調查研究，但皆限於議論，未見實際執行之計畫」。

由於《台灣地誌》此段論述八田與石門水庫聯結，「昭和水利計畫」的源起與內容，並未註明出處，因而難以判斷其說法由來，究竟出自何處。因而陳鴻圖進一步提出：「究竟有沒有『昭和水利事業計畫』，或是否為八田所擬定，仍有待文獻進一步來證明。」

因此，追索此一辭彙源起之早期史料，則為顧雅文、簡佑丞所發現的一九四七年「昭和水利灌溉給水隧道」，由桃園縣政府於一九五三年寫入施政報告的「昭和水利事業」，以及一九五五年《石門水庫定案報告》的「昭和水利計畫」。

三個辭彙的出現存在著一個共通的特點：俱為戰後初期的文獻所載記。在此有著極大的盲點必須釐清。亦即戰前無論官方或非官方留存的史料、文獻，在名與實之上，並無法查找到與「昭和」一辭有關連的水利事業存在。

「昭和水利事業計畫」的名稱，有著相當大的漏洞，此一計畫名稱與日本政府的官文書文化並不相符，因而此一名稱在實質上應解讀為「形容詞」，並非「名詞」。

日本的水利事業計畫是以地方或流域為名

此外，在探討此一問題時，也必須回歸到戰前日本於一八九六年四月七日法律第七十一號頒布《河川法》，以及同年六月三日勅令第二三六號〈河川法施行規程〉的內文之中，或能從日本帝國在與河川關聯的母法，得以一窺其堂奧之境。

《河川法》第一條條文為：「第一條，本法律所稱河川係由主務大臣在具備公共利害的重大關係者，即為認定河川。」第八條所規範者則為：「河川法規範的直接管理及工程」，其條文主要內容提及在河川相關工程上，受其他府縣工程所影響，或者在工程施工上相當困難，工程技術上要求高，而預算超過一府縣單位的財政上難以承擔的工程時，無法實現計畫時，主務大臣得負責其工程計畫，直接施行之。

日本的道府縣各個河川流域，在水利事業上所使用、制訂的各種計畫名稱，其間差異頗大，並無法以一個水利事業計畫名稱，予以單獨指稱。如以木曾川為例，除了制定了本川、大小支川、派川等改修計畫之外，一九二〇年頒布制定了「農業水利改良計畫」，一九二四年十二月發表了〈木曾長良川間ノ改良事業計畫〉。一八九九年三月二十二日日本政府發布法律第八十二號，制定《耕地整理法》，藉由導入採用西歐的耕地整理法制，將農地進行區劃，使其形狀整理成一致狀態，達成耕地生產效率增進的目標。

日俄戰爭後的一九〇五年，改正《耕地整理法》，為強化食糧生產，因而藉法律制度規範，進行大規模灌溉排水設施整備，以達成農業增產效益。而台灣總督府官員對於耕地整理目的的理解亦頗為直接，其所認定的耕地整理目的即為「土地改良」，歸屬於台灣水利事業的其中一個子科目，亦即透過土地的整理與區劃，從而擴大土地的利用，將旱園改造為水田，達成稻米增產。耕地整理的另一個目的則是透過米糧增產，達到抑制米價目標，亦即壓制通貨膨脹的趨勢，達成物價平穩。因此，台灣總督府對於水利事業的概念，乍看之下似乎很複雜，其實務操作上卻簡單異常。

以年號命名台灣的水利事業計畫，是一件很奇怪的事

對於大嵙崁溪水利事業在戰後初期被冠上「昭和」二字，現在能追索到與「昭和水利事業」一辭有關，並闡述其計畫整體概要用語者，能追溯到的應為《石門水庫四十一年度工作報告》。而在一九五三年由桃園縣政府出版《中華民國四十二年五月為政二年》一書。

《為政二年》內文記載內容曾提及：「石門水庫計畫，遠在日據時期，曾有日人八田技師，研究並曾擬一計畫之大要。稱之為『昭和水利事業』，其目的在擴展灌溉，及於桃園大圳東南方之臺地，旋為使淡水河洪水停滯於河谷上游，曾作洪水期水文資料之調查，凡十四年之久，庫址及壩址之地質亦曾研究，民國二十七年，曾鑽探基礎於岩床。初步計畫為弧線重力壩，其標高兩百七十公尺，及鞍部溢道在標高兩百五十公尺處，長度為一百五十公尺，其上設五公尺高之閘門，此水庫蓄水量達五億八千萬立方公尺，可灌溉六萬公頃用地（包括桃園大圳在內）及附設六千八百瓩發電設備，年可發電六千萬瓩。惜在本省光復時，未曾留有詳細資料，當時估價需三千兩百萬日元，折合現在美金約為兩千兩百萬元左右。」

此處所記載之內容已能大致瞭解八田版石門大堰堤的基本設計數據。此一記載與另一份文獻的數據可拿來比較：「民國十三年桃園大圳灌溉系統完成後，日籍技師八田與一首先研究石門水庫，曾擬定一計畫大要，稱為『昭和水利計畫』，其目的在擴展灌溉及於桃園大圳東南方

之臺地。惜除計畫大要及淡水河提防計算資料外，其他如大壩之設計，灌溉設計，及水力發電設計等，均不可考。計畫大要包含一弧形重力壩，壩頂高度兩百七十公尺。旁設鞍部溢道，溢道頂高度兩百五十公尺，長一百五十公尺，上設五公尺高之閘瓩，年發電能六千萬度。並擬於上游右岸設置兩千瓩水力發電廠供給施工用動力。當時估計總工程費為三千兩百萬日元。」

此段出自於一九五五年擬撰的《石門水庫工程定案計畫報告》內容，大致上與一九五三年《為政二年》相符，而後者的內容又出自《石門水庫四十一年度工作報告》，然後《台灣地誌》所揭載「昭和水利計畫」的全文內容，脫胎自《石門水庫四十一年度工作報告》，應無疑義。只是《台灣地誌》的文字內容與《為政二年》、《石門水庫工程定案計畫報告》如此相似，因而無以判斷究竟是出自那一本。只是《石門水庫工程定案計畫報告》的內容，顯然出自《石門水庫四十一年度工作報告》，而《石門水庫四十一年度工作報告》應為「昭和水利計畫」一辭的源頭版本，其內容文字還習慣於使用「水利事業」的用語，到了石門水庫設計委員會筆下被改為「水利計畫」，《台灣地誌》再改為「水利計劃」，最終又演化成「昭和水利事業計畫」。因而所謂「昭和水利事業」、「昭和水利計畫」，其實是出自於一九五二年《石門水庫四十一年度工作報告》一書。

另外還有幾個可以驗證所謂「昭和水利事業」真實性的方法。在一九四四年留存台灣總督府《職員錄》內文之中，主管水利事業的土木課屬國土局管轄，當時的土木課長大田周夫、土木事務官井上由巳，土木課技師則有濱田正彥、關文彥、上野忠貞、磯田謙雄，另外曾經經管過水利事業相關業務者，則有道路課長北川幸三郎與技師白木原民次，電力課長佐佐木英一與技師水尻倉太郎、川上謙太郎等十餘名技師。他們在歷年書寫的台灣總督府相關文獻與報紙、期刊等史料文獻之中，未曾使用過「昭和水利事業」的用語，經常使用的用語反而是「台灣水利事業」或「水利事業」，經由此點也可以得到與前文討論，相同的結論。

因此，從日本帝國的法制用語、當事人留存文書史料、台灣總督府官方公文書、日治時期報紙與期刊文獻等層面檢視，都能夠確認「昭和水利事業」僅出現在戰後早期民國政府的接收人員存留下的文書資料，因而可以得知此一用語實際上是接收人員的行文用辭，與戰前的體制並未存在著連結。

石門大壩曾經是「東亞第一高壩」？

政府為了宣傳石門水庫的獨特與重要性，曾經提出石門大壩是「遠東第一高壩」的說法，過往半世紀至今為止在中華民國政府的眾多宣傳資料之中，導致石門水庫是「遠東第一高壩」如此沒有根據的用語和形象，深入台灣人的意識之中，也成為台灣人熟悉之至的常用語。事實上，日本在戰後初期的一九四〇年代末期至一九五〇年代末期，曾經建造過一座又一座比石門大壩，更宏偉、更巨大的混凝土線式與重力拱壩。

日本第一高壩在一九六三年完工。黑部大壩壩址在富山縣中新川郡立山町大字芦峅寺，是當今日本最大、最知名的混凝土重力拱壩。壩體高一百八十六公尺，壩頂長四百九十二公尺，壩體積一百五十八萬立方公尺，總貯水量兩億立方公尺，為大貯水式發電所，一九六三年完工時成為日本第一的大壩，足足比翌年完工的石門大壩高七十三公尺，為當時名符其實的「東亞第一高壩」，日本國會眾議院曾經記錄「黑部大壩、高一八六公尺、日本第一」，其兩側為「翅膀」狀，中間為「拱」，因此又被稱為「翼形混凝土重力式拱壩」，富涵水利技師設計巧思，造型相當獨特。至二〇二一年止，日本國內共建造多達兩千七百二十八座「壩」，且眾多大壩都饒富創意與巧思，值得台灣借鑑。

日本第一座超過一百五十公尺高壩是在一九五三年四月動工，一九五五年八月全壩體完工的佐久間大壩，為線式混凝土重力壩，壩高一百五十五．五公尺，是日本所建造的大壩（包括一九四五年前的台灣、朝鮮、關東等殖民地）之中，第一座超過一百五十公尺界線的巨型大壩，從而開啟了日本的「巨大壩時代」。

在戰前日本大壩工程技術在設計上的顛峰，目前已知是未完成，高度兩百公尺的大甲溪「達見大堰堤」。在戰前已完成的是一九三七年動工，一九四四年完工通水的鴨綠江水豐大壩，壩型為混凝土線式重力壩，壩高一百零六．四公尺，堤頂長八百九十九．五公尺，堤體積三百二十三萬立方公尺，總貯水量一百一十六億立方公尺（約五十五座石門水庫容量）。

另外，在一九五〇年代完工壩高逾一百一十公尺的混凝土線式重力壩計有：五十里壩（一九五六年竣工，壩高一百一十二公尺、壩頂長兩百六十七公尺）、佐久間壩（一九五六年竣工，壩高一百五十五．五公尺、壩頂長兩百九十三．五公尺）、小河內壩（一九五七年竣工，壩高一百四十九公尺、壩頂長三百五十三公尺）、田子倉壩（一九五九年竣工，壩高一百四十五公尺、壩頂長四百六十二公尺）、有峰壩（一九五九年竣工，壩高一百四十公尺、壩頂長五百公尺）、奥只見壩（一九六〇年竣工，壩高一百五十七公尺、壩頂長四百八十公尺）。

因此，直到一九六五年才完工的石門大壩在實際上從未成為「遠東第一高壩」，在此之前日本政府已經建造出眾多比石門大壩更高的混凝土重力壩或重力拱壩。

「遠東第一高壩」一詞出現在石門水庫設計階段，台灣省建設廳水利局編輯的《台灣省建設廳水利局四十一年度年報》，其實並不是一句周延的用語，但是對於後世的影響極其深遠，也產生了眾多的誤解和困惑。其實在使用「東亞第一」、「遠東第一」這種詞彙時，必須更加謹慎，才不會產生誤解。

台日的共同羈絆

「灌排合一」的桃園大圳與「灌排分離」的嘉南大圳

從來該廳（桃園廳）管內。因灌溉不便。旱魃之歲頻逢。故其收穫額大為減少。其結果處處多設小池塘。現其數八千箇所。總坪數七千二百甲。亦云多矣。

——《台灣日日新報》

一八九五年六月日本開始統治台灣之後，日本的技師陸續被派到台灣，主導了台灣的水利工程技術。在此同時，傳統的日本水利工法也被引進到台灣，其中被討論得比較多的是「輪中堤」、「霞堤」。其實日本傳統的水利工程技術，大概是五花八門，各種工法技術幾乎可以使用目不暇給來形容，並不能一直將焦點放在輪中堤和霞堤。再說啦，「霞堤」的名稱在幕末之前的文獻並沒有記載過，近年來已經有日本的水利史學者認為，所謂的「霞堤」可能是幕末或者是維新時期，隨著西方的水利工程技術進入日本，由荷蘭的水利技師創造的一種結合日本傳統的「信玄堤」工法，與來自於荷蘭的水利技術的新工法。其實，會提出這種講法的原因，確實也是因為「霞堤」的長相，和講究雁行狀排列的「信玄堤」，老實講，長得還真的很不一樣。這就是一直強調，不斷講「霞堤」的學者專家們，必須好好想一下的問題了。

傳統上的講法是認為，日本的水利工程流派可以分成「甲州流」、「關東流」與「紀州流」，將三大流派的工法和維新之後引介的西方工法結合，因而創造出具有日本特色的工法，在世界上獨具一格的新水利工程流派，是被日本政府尊稱為「治水的恩人」、「近代砂防之祖」的德・萊克（Johannis de Rijke）。但是，這種三大流派的說法，恐怕也不是太正確，因為日本的傳統水利工法，相當繁雜；由於日本和台灣一樣是多高山的島嶼國家，但是日本的國土面積比台灣大十幾倍，然後形成獨立政治實體的歷史，比台灣長了十幾倍；日本的河川數量，也是台灣的十幾倍，所以，只簡單用「輪中堤」、「霞堤」概括日本的水利工法，講真的，怎麼看都不太對！近年來也有一些日本水工學者發現了這一點，也陸續提出了論述。

如果我們改成這樣的講法：日本的河川水利工法主要的流派是「關東流」與「紀州流」。或許會比較妥切一點，比較沒有那麼武斷。「關東流」工法是「灌排合一」，「紀州流」工法是「灌排分離」，這兩派不同的水利思想，在台灣的土地上所留下的傑作是「北桃園、南嘉南」的兩條大圳。其中，桃園大圳是「關東流」，嘉南大圳是「紀州流」，至於「中明潭」的工法思想源自於那一流派，就必須再討論了。

日本的水利工法，對台灣的影響為何如此深遠？日本的傳統水利工程流派分成甲州流、關東流與紀州流，綜合三大流派的水利工程技術，將之與明治維新之後引入的西方現代化工法結合，從而締造屬於日本本土的新工法者，則為被尊稱為日本的「治水的恩人」、「近代砂防之祖」、「砂防之父」德・萊克；德・萊克在治水事業、砂防事業上的思想，一個半世紀以來對日本水利工程界的影響，深遠而巨大；對於戰前台灣的治水事業而言，影響層面是一樣的。

關東流的「灌排合一」

明治維新時期透過招聘來自於荷蘭、英國的水利技師，引進西方的現代化水利工程技術，從而促成了日本在利水的思想理論、工程技術、測量調查、學習研究等等，方方面面的現代化。簡言之，這是一次翻天覆地的大變革，其影響至今仍然沒有停歇的跡象。此一明治維新在河川水利事業上的成就，隨著一八九五年六月日治時期的開始，被輸出到了台灣，從而也造就了台灣的水利事業上，出現革命性的變革。

「利水」在日本統治範圍內的日本本土、朝鮮與關東等殖民地，都是常用辭彙。其間所涉及者則為「水的利用」，與以「水的控制」為主的治水，在根本定義上，截然不同。

江戶時期日本本土由三百多個大名治理，是實質上的邦聯體制。在河川工程的法制上，德川幕府規範：二十萬石以上大名的河川工程，由該藩自行施作，所需經費也要自行籌措，幕府並不補助。但是，在跨越兩個大名以上的大河流域，親藩大名、譜代大名往往會壓迫外樣大名以及小藩，動員其人力、財力等，進行工程施作，這也是當時在河川事業上的問題。

日本第一大河是貫串關東平野的利根川，而中利根川流域是由整治利根川、荒川等大型主要河川所組成，進而締造了日本治水事業的歷史，遂被稱為「日本史上最大最長的土木事業」，至今此一水利事業仍為現代進行式。中利根川流域是被利根川、江戶川、中山道所環繞，面積約為一千平方公里，以圍繞東京灣的農業土地進行開發。此地的拓墾是以伊奈氏的水利工法作為起始，此一工法被稱為「伊奈流」或「關東流」。

一五九〇年（天正十七年，正親町天皇），德川家康被關白豐臣秀吉轉封到關東地方，家康遂將關東領內的土地整備，交由關東郡代伊奈氏，此為關東平野開發的起點。

由於關東地方主要大河利根川、荒川的用水不足，為了補充用水水源不足，因而在伊奈氏第二代忠次開始，採用建造溜池與溜井方式，將水源貯蓄導入用水路的灌溉方式；此種水利工程的代表作品計有在武藏國內古利根川與原荒川合流地點建造的「瓦曾根溜井」，上游古利根川舊河道埔地的「松伏溜井」、「琵琶溜井」，荒川左岸鴨川沿岸的「關沼溜井」。

伊奈氏的水利工程作品，最知名者即為以「見沼溜井」所形成的「八丁堤」。見沼溜井的建造是在一六二九年（寬永六年，明正天皇），在見沼南端兩岸之間距離最狹窄處，埼玉市的附島和川口市喜三郎之間修建一座約八百七十公尺長的堰堤，以阻斷由芝川流入荒川的水流，同時建造一條長六十公里的用水路，將利根川的水源引入溜井內，由於此一堰堤周圍有八個城鎮，因而被稱為「八丁堤」。

見沼溜井平均水深一公尺、周長四十公里、廣達一千兩百公頃蓄水面積，可以保障供給流域內二百二十一村，五千公頃水田的用水量。伊奈氏的成就包括一五九四年（文祿三年，後陽成天皇）利根河分流，以及慶長年間建造備前堤，一六二一年（元和七年，後水尾天皇）新川通與赤堀川崛造工程、一六二九年荒川整治竣工等。

伊奈氏的治水工法是一種順應自然的方法，並利用如同自然堤防般的小型高地，讓水能往低地流動。關東流河川工法的堤防是按照每年洪水發生的高度所建造，一旦洪水水位高於堤防，則洪水將越過堤防，形成洪流氾濫狀況。而為應對此種緊急氾濫狀況，必須修建乘越堤（越流堤）與控堤（在遠離河道處修建的二線堤）、霞堤，並利用池塘、湖沼作為滯洪池；為了防止洪水滯留，因此讓河道保持蜿蜒曲折狀。

此外，關東流也主張增加上游的替代河道。而在利水部分，關東流的用水路水源取自湖沼、埤塘，灌溉水路即為排水路，並未分離設計，即為「灌排合一」。

紀州流的「灌排分離」

到了江戶時代中期，伊奈氏所建造的用水路年久失修，而且「關東流」不改修河道的工法，在防範洪流氾濫上，成效未如預期。由於江戶的人口增長迅速，出現了灌溉用水不足的情況，各大名領地之間時常發生爭水事件。

為此，被日本史稱為「米將軍」、德川幕府「中興之祖」的八代將軍德川吉宗，任命紀州藩的井澤彌惣兵衛為永（通稱「井澤為永」），承擔改造日本水利設施的責任。

見沼代用水路的建設，是日本農業土木史上三大用水路之一，同時也是井澤所創造最大的業績。在經過井澤的改造後，其用水路延長到六十五公里，灌溉面積達到一萬五千公頃。

一七二九年（享保十四年），施行見沼代溜井用水的開發工程，在此前百年伊奈氏建造了八丁堤，形成了見沼代用水路，自利根川引取河水，將用水路線沿線的低溼土地改造為水田。井澤所開創的水利工法被稱為「紀州流」。

通說認為井澤為永的工法要旨是將彎曲的河道改修成直線形，並將其固定，河道兩側建造高聳的連續堤，不使洪水氾濫淹沒。在利水面上，從遙遠的河川建造長長的用水路，引導河水灌溉田地，並將池塘、沼澤與湖泊，改造成水田。紀州流主張應將用水與排水分隔，亦即「灌排分離」工法。

江戶前期水利技術的主流派為關東流，自享保（一七一六至一七三六，中御門天皇）之後江戶幕府水利技術的主流就轉變為紀州流，兩個流派即為明治維新之前，日本水利技術上的主要工法。

關東流是從甲州流演變而成，其始祖為戰國時期甲斐國主武田信玄。井澤為永的「紀州流」水利工法，講究周到牢固，以及精益求精、又大又厚的連續堤。

其實「紀州流」是「甲州流」和「關東流」的直接繼承者與改良派，井澤將「關東流」的優點集結，汰除缺點，可說是日本的傳統水利技術集大成者。

雖然江戶時期由於各藩國之間的利水法制都不相同，也有著各自頒布施行的灌溉、航行等水利法制，自明治初期就曾嚐試統合各藩之間傳承數百年，甚至上千年以上的利水法制，卻始終未能成功。

但是，在傳統水利技術領域，自享保改革取得空前成功的紀州流，就成為日本的主要水利流派，井澤為永也因此被日本史尊稱為「治水・利水之祖」，同時也是明治時期引進現代西式工法之前的大宗師。設若按照前述標準予以分別，則桃園大圳在設計理念上所採用的灌溉迴歸水再利用的循環系統，以及保留改修部分埤塘作為貯水池，在設計理念上屬於「關東流」的「灌排合一」工法。

而嘉南大圳則是以濁水溪、烏山頭水庫作為主要取水源頭，在設計理念上屬於「灌排分離」

一九三四年嘉南大圳景觀。《臺灣教材寫真集》（昭和九年）。圖片提供：國立臺灣圖書館。

工法，其設計上的概念來自於「紀州流」。

日本工法的影響

桃園臺地是個狹窄，且難以留住水的緩坡型高地，其地形的要點頗似日本知名的溜池之鄉「淡路島」。據統計日本全國的溜池數目約為二十五萬口，其中百分之十八（四萬四千口）位於兵庫縣境內，而兵庫縣所屬溜池約百分之五十位於淡路島（兩萬三千口）。因而兵庫縣可說是日本的溜池之縣，而淡路島則為溜池之鄉。

淡路島的面積約五百九十二．五五平方公里，平均每平方公里就有三十九口溜池，約為桃園臺地埤塘平均分布密度的兩倍，因而淡路島溜池分布密度之高，應為舉世罕見的地理景觀。

雲嘉南平原則是一塊開闊的平原地帶，而且有著濁水溪、曾文溪、八掌溪、二仁溪等大河，作為取水源。桃園臺地與雲嘉南平原在水利系統現代化的起步之際，來自日本的水利技師考量到兩地的地形、地理、氣候環境的不同，因而採取不同思想流派的工法，取得適合於土地的工法，此種「因地制宜」的做法與實驗，從而可以由日治時期各種不同樣貌的水利工程設施，進行深入觀察。

灌排合一的桃園大圳設計概念

自一八九七年對於在桃園臺地開大圳一事提出構想，公開進行討論後，一九〇一年開始進行測量與調查。經歷了長達六年的調查、測量與規劃，一九〇六年（明治三十二年）八月提出「桃園大埤圳計畫」，計畫內容提及，在石門建造引水工程，將大嵙崁溪水引到桃園臺地上，灌溉桃園、中壢、楊梅壢一帶的平野，其實在一九〇六年時桃園大圳的計畫就已經進入了規劃階段；一九〇七年（明治三十三年）併入「台灣水利事業計畫」送進帝國議會審議，一九〇八年（明治三十四年）完成立法程序，施行時間定在一九一六年（大正五年）。

「桃園大埤圳計畫」的工程經費計有一百萬圓和兩百萬圓的兩種工程樣式，一旦完工通水可以灌溉臺地上兩萬甲農田，同時可以將約一萬甲蕃薯田改造成水田。當時的構想相當美好，認為一旦完成建造桃園大圳事業，臺地上原有八千多口約七千兩百甲的埤塘，就會變成無用之物，同時可以改造成水田，增加米糧產量。大埤圳計畫應為已知史料之中，計畫內容翔實而明確者，對於埤塘存廢也提出構想。

在工程設計構想中，提起桃園臺地上由拓墾先民所挖掘八千口埤塘，將盡數廢埤，並改造成水田，從而可以增加七千兩百甲水稻田。因此就可以得知，大埤圳計畫構想內容似乎過於樂觀，非但在經費預算的計算上差距過大，更顯然由於十九世紀末至二十世紀初期台北區域連年遭逢風災水患，主事者對大嵙崁溪水量產生嚴重誤判。

為何台灣總督府提出的「桃園大埤圳計畫」會認為，臺地上八千口埤塘為無用之物，可以填掉作為水田使用？此處所涉及的是較為深層的，日本式的水利流派思想，在工程施作理念上的不同，所造成的影響。筆者在撰述過程裡，一再地強調日本的「水利」分成「治水」、「利水」兩個不同的概念，也持續加深「治水工事」即「高水工事」，「利水工事」即「低水工事」的基礎概念，不了解此兩者，對於日治時期的水利學理，將頗難以深入理解。

「利水」在日本統治範圍內，在日本、朝鮮與關東，都是常用辭彙。其所涉及者為「水的利用」問題，與治水在根本的定義上，是截然不同的觀念。

因此可以得知，在〈官營埤圳工事〉一文之中提出的：「從來該廳管內。因灌溉不便。旱魃之歲頻逢。故其收穫額大為減少。其結果處處多設小池塘。現其數八千箇所。總坪數七千二百甲。亦云多矣。」

此篇寫於一九〇七年四月計畫籌建大圳，自大嵙崁溪引水上桃園臺地，灌溉看天田的構想，其規劃構想提出的時間點，剛好是「台灣水利事業計畫」正在撰稿準備送日本內閣政府與帝國議會審查前夕。因而此時所提出的規劃構想，是比較接近送到日本進入審議階段的版本。

「桃園大埤圳計畫」的提出，也有著為了解決桃園農民的失業與貧窮問題的計畫構想。由於桃園臺地範圍內，多為開闊廣袤的臺地、丘陵地，河川短促缺乏穩定水源，年內多數時候溪流呈乾枯狀態，雖然拓墾先民挖掘了數千口埤塘，貯蓄雨水，幫助灌溉；但由於缺少穩定水源緣故，水稻田數量稀少，多為旱園。旱園大部分栽種茶樹，茶葉成為桃園臺地重要物產。在二十世紀初，茶葉市場蕭條，導致製茶業者相當窮困，對於年輕人口而言，與其接受無以為繼的製茶業，不如出外謀生，因而人口流失嚴重。

大量製茶業人口，往往遠到宜蘭平原開墾，或者到金瓜石與煤炭產區等，成為礦工苦力。到了一九〇三年（明治三十六年）左右又因旱災肆虐，茶樹發芽量稀少，在一九〇二年（明治三十五年）產量六百七十餘萬生茶，一九〇三年僅剩不足五百九十萬斤，而茶葉價格更呈現低迷，桃園臺地的經濟，大受影響，尤其僅以製茶維生者，受到打擊最大。

一九〇六年桃園茶產業陷入困境，年初由於降雨過多，茶葉含水分過多，品質變為劣等，因而價格低落。再加上入夏之後，隨著暑氣蒸騰，乾旱接踵繼至，茶樹因而萎靡，能夠發芽的數量，大幅地減少，市場價格甚至不到往年的一半。再加上產茶業者將優良的春茶，混入劣質的夏茶出售，形成品質更差，價格也變得更低落。

烏龍茶最重要的市場是美國，因積貨過多，價格滑落極大，大稻埕洋商決定先不進價買入，乘著茶商窮困之際，以廉價採購，再製茶館受此難以忍耐的痛苦，政府也必須介入開始考慮量如何解決茶農貧苦的問題。

為了解決桃園臺地經濟與產業發展的困境，產業轉型是務必進行規劃了！同時也為了確認桃園大圳工程計畫的可行性，在一九〇六年時曾經派遣十川嘉太郎技師帶領一支團隊，進入石門，溯大嵙崁溪流水到達長灘區域，進行水源調查與測量工作。此時桃園臺地上都是低淺的，蓄水無多的埤塘，在一般雨水較豐沛的年分，多少還能有著貯蓄水資源的功能，以利用在農作物灌溉上。

一旦旱魃相繼而來，則貯蓄如此少量的水資源，用處其實不大，因此可以改造成為良田。「間有小陂而瀦水甚少，半為旱田。」就是相當傳神的用語，由於埤塘水源的不穩定，在半數以上是旱田的狀況之下，因而桃園主要的物產是茶，原因就在於水利設施缺乏，難以種稻。「故有計設大小埤圳之舉。」這種想方設法建造能夠穩定水源的水利工程的構想，自從漢人在桃園臺地拓墾之後，一直都存在。但是在構想和現實上，能不能實現，則是另外一回事。

保留埤塘的「灌排分離」構想

桃園臺地是一個自東南山區向西北傾斜的緩斜丘陵高地，與林口臺地的形狀，很不一樣。因而桃園大圳幹線的開鑿，按照此種緩斜狀地形而言，在臺地上的難度似乎不會太大。

自從清代出現開鑿大圳引水上臺地的構想之後，工程難度最高的就是從大嵙崁溪，鑿山開導坑隧道的導水路工程了。在討論開鑿大圳的過程裡提出：「天下大利必歸農。台灣殖產。以農為最。即水利之中。亦以農為重。」「今據當局者之計畫其方法欲從大嵙崁溪上流石門。引水灌溉諸桃園、中壢、楊梅壢一帶之原野。目下屬在計畫中。」在《台灣日日新報》上曾有〈桃園農民之窮困〉一文中所提及的計畫，相關經費預算的估算一開始時，過於樂觀，認為大概在百萬圓至兩百萬圓之間，大圳一旦完成後，可以灌溉兩萬多甲地。

《台灣日日新報》裡一篇〈桃園的水利〉則提及，一旦大圳完成，桃園臺地上「如前記之小池塘八千箇所七千二百甲之地。遂為無用之長物」，也就說在桃園大圳的規劃時期就已經認定，桃園臺地上的埤塘其實是無用之物，如果全部填平可以獲得七千兩百甲的農地；另外還提出「若盡改為水田。又甚易易。其他荒地之上田者。現今為蕃薯園之水田。計有一萬甲云」。原來只有種植蕃薯田的旱園，改造成水田，可以再多得到一萬甲水田；對於當時的規劃者而言，可以增加到四萬甲水田，是相當大的工程誘因。

桃園大圳在通水之後，尤其是石門水庫完工後，最多曾經灌溉到三萬六千甲農地，當然這是扣除埤塘的結果。

按照這裡所提及的改造桃園臺地上「荒蕪之地變美田」的版本的內涵，與之後實際執行的版本，存在著最大的差異就是：不保留埤塘，而且計畫填掉臺地上的埤塘，將其改造成七千兩百甲良田，再加上引水灌溉原為種植甘藷的上萬甲旱園，就可以得到四萬甲水田。

這個數據與一九六五年石門水庫通水後，桃園大圳、石門大圳、光復圳等埤圳灌溉區合計的水田數據相去無幾。這種不保留埤塘，以灌溉用水路為主的概念，因此可以得知，提出此一規劃構想者，是想按照「紀州流」的概念，施行桃園大圳工程。但是，和桃園臺地所面臨的現實、嚴酷的地理環境，卻又大不相同。

這個以紀州流概念引導構想的版本，所評估的工程計畫與內容，對於大嵙崁溪的水資源與桃園臺地的自然環境的估計，態度上實為過度樂觀，與其後桃園大圳建造的真實過程相較之下，在各方面的評估與現實執行面上，差距相當大。

最終「紀州流」的規劃構想，被「關東流」取代，我們今天才能看到桃園臺地上一口比一口更大的埤塘。

光復圳渡槽。圖片提供：林煒舒。

後記

在博士論文寫作過程裡，疑惑最多的就是桃園大圳開圳過程裡，兩位「女坑工」溫細妹和范氏美妹在導坑裡死亡的紀錄，當時實在是難以理解，礦坑和隧道的挖掘，不都是男性苦力？直到二〇二四年總統大選，媒體報導了眾多礦工的故事，以及在《國家文化記憶庫》找到女礦工的照片，我才恍然大悟，女性曾經是那個徒手挖礦，徒手挖隧道時代的重要人力。後來，又在日本的礦工博物館，看到山本作兵衛所畫的眾多日本女礦工的圖像，我又瞭解得更深入了。* 為了深入探討「女礦工」這個議題，也把二〇二四年三月出版，輔仁大學社會學系戴伯芬教授的《末代女礦工》讀了好幾遍。

* 山本作兵衛繪製的明治時期日本礦工的形象，是日本第一個通過聯合國教科文組織世界記憶遺產（UNESCO Memory of the World）的項目。日本人稱男礦工為「坑夫」，女礦工為「女坑夫」。福岡縣田川市石炭・歷史博物館在原為伊田礦坑的圓形沉澱池中心，豎立起兩座名為「炭坑夫之像」的巨大銅像，一男一女的礦工銅像並列，日本對於留存女礦工的歷史記憶，令人動容。

或許，沒有二〇二四大選引發對「礦工」議題的探討，恐怕深埋在陰暗角落的「女礦工」，或者是我個人在解讀桃園大圳的文獻過程裡，發現的挖掘隧道的「女坑工」故事，將難以被世人知道。

山本作兵衛的繪圖，實在是太精彩了，數百幅明治時期礦工的生活實況，被完整記錄下來，當然，連犧牲在坑道內的礦工大體如何搬運，都鉅細靡遺，令人讚歎。這些畫作對應到桃園大圳挖掘過程，對我們瞭解明治、大正時期，桃園大圳的挖掘工法，以及溫細妹、范氏美妹在往生後，如何被搬出坑道，助益甚大。不過，山本作兵衛也曾經寫道：最恐怖的是瓦斯爆炸，連閻羅王都會感到很害怕。由此我聯想到被坑道內瓦斯爆炸籠罩時的溫細妹，不由得心中更加的悽苦。

如果問我下一個課題要寫的是什麼？我會回應，「女坑工」的故事，才是我最想深究的課題。我們現在已經知道日本的礦工博物館為什麼要將男女礦工的銅像並列的原由了，一九二六年日本政府曾經做過大規模的調查，從而確認了日本本土有多達四萬七千名女礦工，這是個令人驚詫不已的數據啊！如果同時期台灣的女礦工，就算只有日本的十分之一，甚或百分之一，也就是在大正時期台灣的礦坑與隧道挖掘的勞動人口，可能存在著四千七百名或四百七十名的女礦工，也是個值得探究的，且不曾被記載的、長期被拋棄在陰暗角落裡的台灣史。桃園大圳隧道挖掘的女坑工，就是啟開這段闇黑歷史的鑰匙啊！

再下一個課題，又想寫什麼?·毫無疑問的一定是，八田與一留下的台灣全面現代化的計畫，這就是戰後迄今台灣的國土計畫，在一九三〇年代至四〇年早期的源流。當然，台灣的國土計畫最早的版本是堀見末子所完成的，但是並未實施。八田與一所完成的國土計畫版本，確實在一九四五年之前被實施過。

曾經有人跟我講過，之所以我會認定八田與一完成了台灣全面現代化的計畫，是因為對於八田技師產生了英雄崇拜！嗯！問題有那麼簡單就好了。我是將八田與一親手寫過的數萬字文章，一個假名一個假名的解讀，再一字一句的解譯；由於日治時期的日文和現代日文不同，譯讀的過程極度漫長。而且我仔細地把「臨時台灣總督府工事部」技師堀見末子的回憶錄讀過一遍又一遍。堀見明確地寫下，明石元二郎總督要求他完成台灣的全島國土計畫。堀見所規劃的台灣國土計畫，看起來並不曾被實施，但是極有可能被明石總督交付給「臨時台灣總督府工事部」高橋辰次郎部長進行研究。然後，再深入解讀就可以知道，「台灣全島國土計畫」最終可能是從高橋部長的手上，交給了八田技師。八田技師也完成了在一九四〇年代初期被實施的版本。若不是八田技師曾經寫下了一篇約兩萬餘字的文章，我們今天也不可能知道這些歷史。

你知道的，位在東亞輻輳之地的台灣島，自一六二四年至二〇二四年的整整四百年間，累積了豐富而複雜的歷史經驗，當然還有眾多的歷史謎團在等待我們去破解。我們不必一直耗損有限的資源，試圖窮究海峽西岸數千里之地的歷史；我們自己的歷史，等待發掘的謎題，就已經車載斗量，難以究盡了！更何況，我們對於東台灣海那片遠比中土遼闊的海洋，更複雜的南島民族，以及近在咫尺的南海國家，這兩個深刻影響台灣歷史與文化的區域，所知極少。今日，民主、自由、法治已經深入民眾生活肌理的時代裡，能夠擁有著自由自在探索的時候，我們其實不太需要耗費極其有限的資源，只為了窮究海峽西岸的歷史，畢竟現在來自於南方海域國家的新移民之子，也逐漸成長茁壯為支撐台灣社會的力量啊！

我曾經把一整套號稱「中國史是台灣史重要的組成部分」的中國史書籍讀完之後，不禁掩卷感歎，「世界史」、「亞洲史」、「東亞史」對台灣的影響，其實才更深遠而巨大啊！若以百餘年來水利的現代化歷程而論，台灣只是籠罩在僅僅百餘年「美國水利事業」擴散到全世界的一環而已。總之，索求文獻史料的解讀，書寫我們台灣人自己的歷史，是終身不渝的追求，以及個人夢想實現的起始點。

附錄

曹謹擬開水圳說的問題

陳培桂編撰《淡水廳志》時，提出〈附中壢擬開水圳說〉一文，認為曹謹曾經到「大姑嵌」（大嵙崁）探查水源，並提出開鑿大圳，引大嵙崁溪水灌溉中壢臺地的倡議。此段記錄文字，自日治時期以來就被一再引用，而在學術研究上，也都認定是歷史事實。雖然，開鑿大圳引水上桃園臺地源起於曹謹的說法，已成為學術界的定論，但是，從《淡水廳志》所揭載的內文之中，逐一考察，即可確認其間問題重重。為了確定開鑿大圳灌溉桃園臺地構想的源起，本文擬對陳培桂的說法，詳加察考與檢證。

曹謹計畫開大圳？

一般在論及桃園大圳工程的起源時，大都先從《淡水廳志》〈附中壢擬開水圳說〉[1]所提及，曾任淡水同知[2]曹謹計畫開鑿大圳引水灌溉中壢一事談起。[3]本文自然也難以免俗，必須從曹謹研擬在大嵙崁溪開鑿大圳開始討論。[4]按照《淡水廳志》記載，清治道光年間淡水同知曹謹曾經探得，適合開鑿大圳的水源地，地理位置在大嵙崁後山的湳仔莊，據稱當時曾經計畫建造蜿蜒約三十餘里（十七公里）圳路，引流上臺地到中壢，並且認為此一圳路可灌溉數千甲水田。[5]但是，因為在水源區「生番」出沒而中止開發計畫。按照此一講法，曹謹在清治時期已經提出必須從大嵙崁溪上游，引水開圳到桃園臺地的構想，但是受限於「生番出沒」，計畫遂不得不停止；在一八七〇年間《淡水廳志》撰寫時，陳培桂又提出無法開圳的原由是「欲引漳人之水以溉粵人之田，非民所能自辦也」。[6]因為「族群衝突」因素而難以達成。因而，「所以弭釁端、拓盛土為百世無窮之利，應俟後之君子！」[7]沒想到日治時期引進新工程技術與行政效能較高的政府，才能完成實現引水灌溉桃園臺地的構想。

但是，《淡水廳志》所記載曹謹計畫開鑿大圳的內容，其實問題重重，不能遽爾相信，必須剖析討論。本文提出的第一個問題是：曹謹是否曾經來到桃園的山區，本身就是個謎團。《淡水廳志》出版於一八七一年（同治十年），按照〈附中壢擬開水圳說〉內文記載的「湳仔莊」一地，在淡水廳轄境之內所指稱地名，其實並不在今日的桃園市境內，也和大嵙崁區域，並無干涉。按《台灣地名辭書》桃園縣卷所記載，桃園境內並不存在湳仔莊地名，況且淡水廳轄境之內，也只有設置一個湳仔莊。[8]在一八七五年（光緒四年）淡水廳被拆解分成「新竹縣」、「淡水縣」之後，淡水縣設置一個湳仔莊，而原淡水廳的湳仔莊則劃歸新竹縣管轄。

問題之二，此地至今仍然無法獨自成為一個行政區。設若依照陳培桂所撰文：「前同知曹

1 〈附中壢擬開水圳說〉全文為：「中壢為塹北、淡南適中之區，地高亢而不曠，間有小陂而瀦水甚少，半為旱田。前同知曹謹探得水源在大姑嵌後山之湳仔莊，蜿蜒約三十餘里；引其流以達中壢，可灌溉數千甲。計議舉行，苦於發源處生番出沒，遂中止。比來開墾日廓，生番遠匿，絕無滋擾患矣。惟大姑嵌之居民屬漳者多，而中壢又多粵人；欲引漳人之水以溉粵人之田，非民所能自辦也。所以弭釁端、拓盛土為百世無窮之利，應俟後之君子！」陳培桂，《淡水廳志》，台灣歷史文獻叢刊（南投：台灣省文獻委員會編印，一九九三），頁八〇－八一。

2 「淡水同知」全稱為「台灣府淡水撫民同知」。〈台灣府鹿港理番同知淡水撫民同知為詳送拔補事〉（一八七六），《淡新檔案》，收錄於《台灣歷史數位圖書館》，檔名 Lab303_DanXin-17419_006.html。

3 如〈從陂塘到大圳〉引《淡水廳志》全段文字，論述「清道光年間的淡水廳同知曹謹曾提議在中壢附近開鑿水圳」。陳鴻圖，〈從陂塘到大圳——桃園臺地的水利變遷〉，《東華人文學報》五（二〇〇三：七），頁一八三－二〇八。

4 陳正祥在論及桃園大圳時，先提及：「同時殘留在沖積面上的各小溪，源低流短，無濟於事；大嵙崁溪乃成為惟一引水的目標。早在清代中葉，好縣官曹謹便已注意到了。」陳正祥，《台灣地誌》（台北：南天書局，一九九七年二版），頁一一一八。

5 曹謹於一八四一年（道光二十一）舊曆七月升任淡水同知，一八四六年（道光二十六）因病卸任離臺。《台灣通志．卷十．列傳宦績》（台北：國立台灣圖書館珍藏手稿本）。

6 陳培桂纂輯，詹雅能點校，《淡水廳志》（台北：行政院文化建設委員會／遠流出版，二〇〇六），頁一六一。

7 陳培桂纂輯，詹雅能點校，《淡水廳志》，頁一六一。

8 施添福總編纂，陳國川編纂，廖婉彤撰，《台灣地名辭書．卷十六．台北縣上冊》（南投：國史館台灣文獻館，二〇一三），頁五七〇。

謹探得水源在大姑嵌後山之湳仔莊」，[9]其指稱明確為大嵙崁後山區域，如此則必須再討論此一地域的開發時間問題。此地直到清治、日治時期結束，人口規模都無法獨立成為一個「莊」，甚至至今為止也沒辦法獨自形成一個「里」。《淡水廳志》指稱的「湳仔莊」，其實並不在大嵙崁地方，也不可能在大嵙崁溪上游。至今此地的灌溉圳溝名稱仍為湳仔溝（今大溪區復興里湳仔溝），因而「湳仔莊」恐為「湳仔溝」地名的誤植。[10]而此處所提及的湳仔溝區域的發展，又涉及到始墾時間的問題。大嵙崁湳仔溝的拓墾起始時間在一八七八年（光緒四年），[11]因而《淡水廳志》提及曹謹在道光年間曾經到過的「湳仔莊」，按照年代時序而言，道光、咸豐、同治之後才是光緒，自光緒年間才開始拓墾的大嵙崁湳仔溝，在道光年間此地為漢人無法進入的泰雅族傳統領域，因而此一地名在道光年間不太可能存在，從而可以得知，兩者在時序上，全然無從連結。

曹謹開大圳說的問題

問題之三，違反水往下流的物理法則。《淡水廳志》的內文其實矛盾重重，在第二卷〈建置志〉內文提及的湳仔莊是在距廳城竹塹三里處，[12]即今新竹市湳雅里，[13]此一地名即為淡水廳時代的湳仔莊，而其地名的由來亦因此地有一條湳仔溝。[14]因而淡水廳時期的湳仔莊，其真實的地理位置在頭前溪以南的淡水廳治所在的竹塹城之北。到了一八七四年（同治十三年）時，由於牡丹社事件的發生，清政府派遣福建船政大臣沈葆楨辦理台灣的防衛事務，同時為因應淡水開港事宜，於是奏准在北部設台北府，原淡水廳管轄地域劃分成淡水縣、新竹縣、宜蘭縣與基隆廳，大嵙崁地方畫歸淡水縣，縣屬湳仔莊其設置地點在擺接堡的浮洲湳仔溝區域，並不在大嵙崁。再者，從大嵙崁溪下游的浮洲區域，逆流引水上中壢臺地，以當今水利工程技術如此發達的時代，都無法做到，在水利技術落伍的清治時期更加不可能。按照《淡水廳志》的講法，從湳仔莊開鑿水源引水到中壢臺地，只需十七公里左右（「蜿蜒約三十餘里」），因而此一距離，以及水往下流的物理特性，浮洲區域海拔高度在兩公尺上下，中壢臺地約一百五十公尺左

9　陳培桂輯，詹雅能點校，《淡水廳志》，頁一六一。
10　施添福總纂，陳國川編纂，唐菁萍撰，《台灣地名辭書．卷十五．桃園縣（上）》（南投：國史館台灣文獻館，二〇〇九），頁三四二。
11　施添福總纂，陳國川編纂，唐菁萍撰，《台灣地名辭書．卷十五．桃園縣（上）》，頁三六五。
12　陳培桂，《淡水廳志》，頁五八。
13　施添福總纂，王世慶編纂，陳國川撰，《台灣地名辭書．卷十八．新竹市》（南投：國史館台灣文獻館，二〇〇一），頁一五六。
14　施添福總纂，王世慶編纂，陳國川撰，《台灣地名辭書．卷十八．新竹市》，頁一五七。

右，根本不可能從板橋浮洲區域引水到四、五十公里之外地勢高亢的中壢臺地。[15]

況且，再加上《淡水廳志》提及：「比來開墾日廓，生番遠匿，絕無滋擾患矣。」[16]則此處的講法意思相當明確，亦即在曹謹的時代，此一水源地受到「生番出沒」滋擾，因此更不可能在浮洲湳仔溝（新北市板橋區浮洲）或竹塹湳仔庄（新竹市北區湳雅里），兩地俱為漢墾區域，距離「番界」相當遙遠。如此則只有一個可能性存在，由於《淡水廳志》纂修出版的年代，大嵙崁的拓墾腳步尚未到達湳仔溝，因而陳培桂筆下「大姑嵌後山之湳仔莊」，[17]是將浮洲的湳仔莊，誤植到大嵙崁。[18]然而在此處又有一個難以理解的謎題，若《淡水廳志》確實是在一八七一年出版刊印，而一八七五年（光緒元年）淡水廳才被拆分成三縣一廳，則〈附中壢擬開水圳說〉一文可能是光緒年間被補注入《淡水廳志》，而且補注者是用光緒時期的地理知識寫曹謹擬開大圳一事，從其文中地理空間的錯雜混亂、毫無頭緒，即可得此判斷。

第四個問題是：不可能建造一座跨越大嵙崁溪的引水橋。按此《淡水廳志》所撰寫「湳仔莊」地名，並不在大嵙崁，補注者所撰寫此一取水地點的地理位置，比較可能是在湳仔溝（大溪區復興里）區域的指稱，此地已經在石門大壩上游五公里處。但是，這裡也可以提出第五個必須質疑的問題：圳道長度對不起來。湳仔溝區域拓墾始於一八七八年（光緒四年），[19]《淡水廳志》所提及的圳道位置，若自湳仔溝起算，應略同於今日的石門大圳，自其導水路從石門大壩起算，長度為二十七公里，若自湳仔溝引水則必須再上溯至少五、六公里，兩者數據差距兩倍多，對不起來；況且今日桃園大圳、石門大圳的進水口位置在大嵙崁溪左岸，而湳仔溝則位在大嵙崁溪右岸，自一九四一年（昭和十六年）開始動工，[20]直到戰後才完工的新福圳，其取水位置即在此地，然而其水量僅夠草嶺溪周邊農田灌溉。況且，如果從湳仔溝開大圳，從地勢而言，是不可能的，因為還必須架一條長二至三公里的水橋，橫跨在大嵙崁溪的河面上，才

15 《台灣百年歷史地圖》網址：http://gissrv4.sinica.edu.tw/gis/twhgis/。查詢日期：二〇二二年五月八日。

16 陳培桂纂輯，詹雅能點校，《淡水廳志》，頁一六一。

17 陳培桂，《淡水廳志》，頁八十。

18 判斷《淡水廳志》誤植原由在於執筆者將今板橋區浮洲區域的「湳仔庄」，誤以為在大嵙崁。「湳仔」、「湳仔溝」是普遍使用於台灣的地名上，但是，作為行政區域的「湳仔庄」，在淡水廳時期只有一個。按《淡新檔案》記載「湳仔庄」之名稱計有十七件，其中詳實明確者指稱「新竹縣芝葩里湳仔庄」由於古芝葩里的範圍相當遼闊，此處指稱地名在新竹市北區。〈三三一二八案〉（一八八七年），《淡新檔案》，收錄於《台灣歷史數位圖書館》，檔名:Lab303_DanXin-33128_013.html。另據〈〔清冊〕淡屬各庄人丁戶口清冊〉稱「竹塹城外……北廂一十七庄」十七庄之中湳仔庄與「水田庄、金門厝庄、舊社庄」等並列，而「大姑崁庄」則列在「海山保九庄」之列，因此湳仔庄是在古新竹縣境內，不在大嵙崁。〈〔清冊〕淡屬各庄人丁戶口清冊〉（一八七五年），《淡新檔案》，收錄於《台灣歷史數位圖書館》，檔名：Lab303_DanXin-12403_063.html。《台灣地名辭書》提及「明治三十四年（一九〇一），新竹設廳時，將清代發展出來的八卦厝、上下後湖、湳雅、金門厝、魚種寮和舊社等聚落合併設立湳雅庄」。施添福總纂，王世慶編纂，陳國川撰，《台灣地名辭書・卷十八・新竹市》，頁一五六。按此則可確認一八七五年之前，淡水廳湳仔庄在今新竹市北區境內。

19 施添福總纂，陳國川編纂，唐菁萍撰，《台灣地名辭書・卷十五・桃園縣（上）》，頁三六五。

20 〈愈よ頭寮埤圳建設〉《台灣日日新報》，一九四一年八月三十日，版三。

能輸送水源到桃園臺地。

另外，還必須注意到的第六個問題是：水源不足是個大問題。如果要從湳仔溝區域引水，除了地勢之外，水源不足也是個必須面對的大問題。簡單的講，開大圳引水上桃園臺地，只能從左岸尋找適合的地點；湳仔溝的地勢在二層坪可以挖掘隧道串聯頭寮的海拔是三百七十公尺，而湳仔溝和大嵙崁溪匯流的新柑坪約兩百公尺，高差達到一百七十公尺，不可能從此地取水。更何況《淡水廳志》成書於同治年間，而大嵙崁湳仔溝地名在光緒年間才出現。另則，「惟大姑嵌之居民屬漳者多，而中壢又多粵人；欲引漳人之水以溉粵人之田，非民所能自辦也。」「所以弭釁端、拓盛土為百世無窮之利，應俟後之君子！」[21]此處所提及者是政府組織效能與族群問題，設想如果無法從大嵙崁開圳到中壢區域，那麼為何無法開圳到同為漳州人，同樣「三年二大旱」缺水嚴重的北桃園區域？桃園大圳的出水口就是設在八塊庄，從桃園郡貫串到中壢郡的一百一十公尺等高線。由此可見，真實情況是在人才、技術、資本俱無狀況下，根本無法做到。[22]

21 陳培桂纂輯，詹雅能點校，《淡水廳志》，頁一六一。

22 《淡水廳志》眾多內容的可性度，問題不少，建議在引用之時，應再運用相關研究，再加以翔實查證。

參考書目

一、檔案與史料

日本国立公文書館，《公文類聚》。
日本国立公文書館，《公文雜纂》。
日本国立公文書館，《行政文書》。
日本国立公文書館，《昭和財政史資料》。
日本国立公文書館，《財政史資料》。
日本国立国会図書館，《帝國議會眾議院議事錄》。
日本国立国会図書館，《眾議院議事速記記錄》。
日本国立国会図書館，《官報》。
日本国立国会図書館《国会会議録》。
台灣歷史數位圖書館，《台灣中部平埔族古文書數位典藏》。
台灣歷史數位圖書館，《台灣總督府檔案抄錄契約文書．土地調查公文類纂》。
台灣歷史數位圖書館，《台灣平埔族文獻資料選集：竹塹社（上）》。
台灣歷史數位圖書館，《台灣總督府檔案抄錄契約文書．十五年保存公文類纂》。

台灣歷史數位圖書館，《台灣總督府檔案抄錄契約文書．永久保存公文類纂》。
台灣歷史數位圖書館，《台灣總督府檔案抄錄契約文書》。
行政院農業委員會農田水利署桃園管理處，《桃園大圳灌溉區域圖（四萬分之一）》。
行政院農業委員會農田水利署桃園管理處，《昭和七年中最高水位ニ對スル灌溉日數表》。
國史館台灣文獻館，《台灣總督府公文類纂》。

二、專書

久保敏行，《台灣に於ける食糧管理と食糧營團》，台北：台灣經濟出版社，一九四四。
土木學會編，《明治以前日本土木史》，東京：社團法人土木學會，一九三六。
土木學會編，《昭和財政史·第十五卷·旧外地財政（上）》，東京：東洋經濟新報社，一九六〇。
土木學會編，《昭和財政史·第三卷·歲計》，東京：東洋經濟新報社，一九五五。
大久保源吾，《第九回（於台中市）全島水利事務協議會記念——台中州の水利事業と中心人物（附烏溪治水工事の竣功）》，台北：台灣河川水利問題研究會，一九三九。
大藏省編纂，《明治大正財政史·第一卷·總說》，東京：財政經濟學會，一九四〇。
大藏省編纂，《明治大正財政史·第十九卷·第十三編·外地財政（下）》，東京：財政經濟學會，一九四〇。
小倉慈司，《事典·日本の年号》，東京：吉川弘文館，二〇一九。
山口県立山口図皆館一百周年記念誌編集委員会，《山口県立山口図書館一百年のあゆみ》，山口：山口県立山口図書館，二〇〇四。
山田伸吾，《台北縣下農家經濟調查書》，台北：台灣總督府民政課殖產科，一八九九。

不著撰人，《大正九年六月台灣治水計畫說明書》，不詳：手稿本，一九二〇。
不著撰人，《台灣治水計畫說明書》，不詳：手稿本，一九一七。
不著撰人，《新竹州物產案內》，新竹：新竹州商工獎勵館，一九三九。
井上清、渡部澈編，《米騷動の研究・第一卷》，東京：有斐閣，一九七〇。
井手英策，《高橋財政の研究——昭和恐慌からの脱出と財政再建への苦闘》，東京：有斐閣，二〇〇六。
井出季和太，《台灣治績志》，台北：台灣日日新報社，一九三七。
今澤正秋，《鶯歌鄉土誌》，台北：台北州海山郡鶯歌庄役場，一九三四。
內務局土木課，《昭和四年二月一日 台灣河川法》，台北：內務局土木課，一九二九。
內務局土木課桃園埤圳補修工事係編，《桃園埤圳補修工事施工ニ就テ》，台北：內務局土木課桃園埤圳補修工事係，一九三三。
內務省河川課編纂，《水ニ關スル法令並例規》，東京：良書普及會，一九二八。
內閣印刷局，《明治三十三年職員錄（甲）》，東京：內閣印刷局，一九〇〇。
內閣印刷局，《明治三十四年職員錄（甲）》，東京：內閣印刷局，一九〇一。
內閣統計局編纂，《第四十五回日本帝國統計年鑑》，東京：內閣統計局，一九二六。
內閣統計局編纂，《第四十四回日本帝國統計年鑑》，東京：內閣統計局，一九二五。
內閣記録局編，《明治職官沿革表・巻三》，東京：国立国会図書館，二〇一〇。
友成徳次郎，《神戸市水道弁惑論》，神戸：友成徳次郎，一八九三。
水利科学研究所編，《水利学大系・第一巻・水資源総論》，東京：地人書館，一九六二。
水利科学研究所編，《水利學大系・第四巻・農業用水資源》，東京：地人書館，一九六二。

王世慶，《清代台灣經濟社會》，台北：聯經出版，一九九四。
王泰升，《台灣日治時期的法律改革》，台北：聯經出版，一九九九。
王瑛曾，《重修鳳山縣志》，台北：台灣銀行經濟研究室，一九六二。
世界動力會議大堰堤國際委員會日本國內委員會編輯，《日本大堰堤台帳》，東京：世界動力會議大堰堤國際委員會日本國內委員會／社團法人日本動力協會，一九三六。
加村俊夫，《台灣會計法規》，台北：台灣會計法規刊行會，一九四二。
古川勝三，《台湾を愛した日本人（改訂版）－土木技師八田與一の生涯－》，松山：青葉図書，一九八八。
台北廳總務課，《台北廳志》，台北：台北廳總務課，一九〇三。
台灣水道研究會，《台灣水道誌》，台北：台灣水道研究會，一九四一。
台灣省文獻委員會，《北部地區古文書專輯（一）》，南投：台灣省文獻委員會，一九六七。
台灣省文獻委員會，《台灣地區水資源史．第四篇》，南投：台灣省文獻委員會，二〇〇〇。
台灣省行政長官公署民政處地政局、祕書處編輯室，《地政法令輯要．第二輯》，台北：台灣省政府民政廳地政局，一九四六。
台灣省林務局，《台灣省林業統計》，台北：台灣省林務局，一九六一。
台灣省林務局，《台灣省林業統計》，台北：台灣省林務局，一九六五。
台灣省林務局，《台灣省林業統計》，台北：台灣省林務局，一九六八。
台灣省林務局，《台灣省林業統計》，台北：台灣省林務局，一九七〇。
台灣省林務局，《台灣省林業統計》，台北：台灣省林務局，一九七三。

台灣省林務局，《台灣省林業統計》，台北：台灣省林務局，一九七六。
台灣省林務局，《台灣省林業統計》，台北：台灣省林務局，一九八〇。
台灣省林務局，《台灣省林業統計》，台北：台灣省林務局，一九八一。
台灣省林務局，《台灣省林業統計》，台北：台灣省林務局，一九八六。
台灣省林務局，《台灣省林業統計》，台北：台灣省林務局，一九八九。
台灣省林務局，《台灣省林業統計》，台北：台灣省林務局，一九九一。
台灣省林務局，《台灣省林業統計》，台北：台灣省林務局，一九九五。
台灣省林務局，《台灣省林業統計》，台北：台灣省林務局，一九九六。
台灣省林產管理局，《台灣林業統計年報》，台北：林產管理局主計室，一九五〇。
台灣省林產管理局，《台灣省五十年來林業統計提要（民國前六年至民國四十四年）》，台北：台灣省林產管理局，一九五六。
台灣省建設廳水利局，《台灣省水文資料》，台北：台灣省建設廳水利局，一九四九。
台灣省建設廳水利局，《台灣省建設廳水利局三十七年度年報》，台北：台灣省建設廳水利局，一九四九。
台灣省建設廳水利局，《台灣省建設廳水利局四十一年度年報》，台北：台灣省建設廳水利局，一九五三。
台灣省建設廳水利局，《台灣省建設廳水利局四十二年度年報》，台北：台灣省建設廳水利局，一九五四。
台灣省建設廳水利局，《石門水庫初步計畫》，台北：台灣省政府建設廳水利局，一九四八。
台灣省政府建設廳，《台灣建設概況》，台北：台灣省政府建設廳，一九五四。
台灣省政府農林處，《台灣農林法規輯要》，台北：台灣省政府農林處，一九四八。
台灣省桃園大圳水利委員會，《桃園大圳卅五年來紀念手冊》，桃園：台灣省桃園大圳水利委員會編印，一九五一。
台灣省桃園水利會會誌重修編輯委員會，《台灣省桃園農田水利會會誌》，桃園：台灣省桃園農田水利會，一九九五。
台灣省農田水利會聯合會，《農田水利會圳路史》，台北：台灣省農田水利會聯合會，一九九七。
台灣電力公司土木處，《台灣大甲溪水力發電計畫》，台北：台灣電力公司土木處，一九四七。
台灣電力公司經濟部水資局台灣地區水力普查工作小組，《台灣地區水力普查工作計畫：淡水河水力普查報告》，台北：台灣電力公司經濟部水資局台灣地區水力普查工作小組，一九八六。
台灣銀行經濟研究室，《台灣之樟腦》，台北：台灣銀行經濟研究室，一九五二。
台灣總督府，《台灣總督府民政事務成蹟提要・第五編》，台北：台灣總督府，一九〇二。
台灣總督府，《台灣總督府民政事務成績提要・第六編》，台北：台灣總督府，出版年不詳。
台灣總督府，《台灣總督府民政事務成績提要・第八編》，台北：台灣總督府，出版年不詳。
台灣總督府，《台灣總督府民政事務成績提要・第九編》，台北：台灣總督府，出版年不詳。
台灣總督府，《台灣總督府民政事務成績提要・第十編》，台北：台灣總督府，出版年不詳。
台灣總督府，《台灣總督府民政事務成績提要・第十一編》，台北：台灣總督府，出版年不詳。
台灣總督府，《台灣總督府民政事務成績提要・第十四編》，台北：台灣總督府，出版年不詳。
台灣總督府，《台灣總督府民政事務成績提要・第十七編》，台北：台灣總督府，出版年不詳。
台灣總督府，《台灣總督府民政事務成績提要・第二十編》，台北：台灣總督府，出版年不詳。
台灣總督府，《台灣總督府民政事務成績提要・第三十二編》，台北：台灣總督府，一九三〇。
台灣總督府，《台灣總督府事務成績提要・第二十五編》，台北：台灣總督府，一九二一。

台灣總督府，《台灣總督府事務成績提要．第三十編》，台北：台灣總督府，一九二七。
台灣總督府，《台灣總督府事務成績提要．第三十一編》，台北：台灣總督府，一九二八。
台灣總督府，《台灣總督府事務成績提要．第三十三編》，台北：台灣總督府，一九三一。
台灣總督府，《台灣總督府事務成績提要．第三十四編》，台北：台灣總督府，一九三八。
台灣總督府，《台灣總督府事務成績提要．第三十五編》，台北：台灣總督府，一九三八。
台灣總督府，《台灣總督府事務成績提要．第三十六編》，台北：台灣總督府，一九三九。
台灣總督府，《台灣總督府事務成績提要．第三十七編》，台北：台灣總督府，一九三九。
台灣總督府，《台灣總督府事務成績提要．第三十八編》，台北：台灣總督府，一九三九。
台灣總督府，《台灣總督府事務成績提要．第三十九編》，台北：台灣總督府，一九四〇。
台灣總督府，《台灣總督府事務成績提要．第四十編》，台北：台灣總督府，一九四〇。
台灣總督府，《台灣總督府事務成績提要．第四十一編》，台北：台灣總督府，一九四一。
台灣總督府，《台灣總督府事務成績提要．第四十二編》，台北：台灣總督府，一九四一。
台灣總督府，《台灣總督府事務成績提要．第四十三編》，台北：台灣總督府，一九四二。
台灣總督府，《台灣總督府事務成績提要．第四十四編》，台北：台灣總督府，一九四二。
台灣總督府，《台灣總督府事務成績提要．第四十五編》，台北：台灣總督府，一九四二。
台灣總督府，《台灣總督府事務成績提要．第四十六編》，台北：台灣總督府，一九四三。
台灣總督府，《台北縣下農家經濟調查書》，台北：台灣總督府民政部殖產課，一八九九。
台灣總督府，《台灣事情：昭和三年版》，台北：台灣總督府，一九二八。
台灣總督府，《台灣統治概要》，台北：台灣總督府，一九四五。

台灣總督府，《台灣總督府法規提要》，台北：台灣總督府，一九一二。
台灣總督府，《台灣總督府職員錄》，台北：台灣日日新報社，一九〇一。
台灣總督府，《明治三十四年職員錄（甲）》，東京：內閣印刷局，一九〇一。
台灣總督府內務局，《台灣總督府內務局主管土木事業．昭和五年八月》，台北：台灣總督府內務局，一九三〇。
台灣總督府內務局土木課，《台灣水利關係法令類纂》，台北：台灣水利協會，一九四二。
台灣總督府內務局土木課，《台灣總督府內務局主管土木事業概要．昭和二年一月》，台北：台灣總督府內務局土木課，一九二七。
台灣總督府內務局土木課，《台灣總督府內務局主管土木事業概要．昭和四年八月》，台北：台灣總督府內務局土木課，一九二九。
台灣總督府史料編纂委員會，《台灣樟腦專賣志》，台北：台灣總督府史料編纂委員會，一九二四。
台灣總督府史料編纂會，《台灣史料稿本．大正二年》，新北：國立台灣圖書館藏，一九一三。
台灣總督府史料編纂會，《台灣史料稿本．明治三十七年》，台北：國立台灣圖書館藏，一九〇四。
台灣總督府史料編纂會，《台灣史料稿本．明治三十八年》，台北：國立台灣圖書館藏，一九〇五。
台灣總督府民政局殖產課，《台灣總督府民政局殖產部報文》第二卷第二冊，台北：台灣總督府民政局殖產課，一八九九。
台灣總督府國土局土木課編，《台灣總督府內務局主管土木事業統計年報．昭和十六年度》，台北：台灣總督府國土局土木課，一九四三。
台灣總督府專賣局，《元台灣樟腦局事業第二年報》，台北：台灣總督府專賣局，一九〇六。

台灣總督府殖產局，《主要農作物經濟調查其ノ一．水稻》，台北：台灣總督府殖產局，一九二七。
台灣總督府殖產局，《主要農作物經濟調查其ノ三．水稻》，台北：台灣總督府殖產局，一九二七。
台灣總督府殖產局，《主要農作物經濟調查其ノ六．水稻》，台北：台灣總督府殖產局，一九二八。
台灣總督府殖產局，《主要農作物經濟調查其ノ九．水稻》，台北：台灣總督府殖產局，一九二八。
台灣總督府警務局，《台灣總督府警察沿革誌（三）》，台北：台灣總督府警務局，一九三九。
司馬遷撰，裴駰集解，司馬貞索隱，張守節正義，《史記．四》，上海：商務印書館，一九三六。
市原千尋，《日本全國池之散步圖鑒（日本全国池さんぽ）》，新北：鯨嶼文化，二〇二一。
瓦歷斯．諾幹、余光弘，《台灣原住民史．泰雅族史篇》，南投：國史館台灣文獻館，二〇〇二。
田中一二，《大正十三年度版台灣年鑑》，台北：台灣通信社出版部，一九二四。
甲田鑑三編，《小農政要録．初編巻上》，東京：尚古軒藏版手稿本，一八八〇。
皮國立，《跟史家一起創作：近代史學的閱讀方法與寫作技藝》，台北：遠足文化，二〇二〇。
矢內原忠雄，《帝國主義下の台灣》，東京：岩波書店，一九二九。
矢內原忠雄，《帝國主義下の台灣》，東京：岩波書店，一九三四。
矢內原忠雄著，黃紹恆譯，《帝國主義下的台灣》，台北：大家出版，二〇二二。
石再添、張瑞津、鄧國雄、黃朝恩，《台灣省通志稿．卷一：土地志．地理篇》第一冊（地形），台北：台灣省文獻委員會，一九九六。
石坂莊作，《おらが基隆港》，台北：株式會社台灣日日新報社，一九三二。
石門農田水利會會誌編審委員會，《石門農田水利會創立廿五週年紀念會誌》，桃園：石門農田水利會，一九八八。

交通局遞信部電氣課編，《台灣電氣法令》，台北：台灣總督府交通局遞信部電氣課，一九二九。

交通部中央氣象局，《台灣八十年來之颱風一八九七－一九七六》，台北：交通部中央氣象局，一九七八。

安田正鷹，《水利權》，東京：松山房，一九三三。

成田武司，《辛亥文月台都風水害寫真》，台北：成田寫真製作所，一九一一。

朱壽朋，《光緒朝東華續錄選輯（第二冊）》，台北：台灣銀行經濟研究室，一九六九。

行政院農業委員會林務局，《台灣地區林業統計》，台北：行政院農業委員會林務局，二〇〇〇。

兵庫県淡路県民局洲本土地改良事務所編，《淡路ため池ものがたり》，神戸：兵庫県淡路県民局洲本土地改良事務所，二〇一九。

吳子光，《台灣紀事》，台北：台灣銀行經濟研究室，一九五九。

吳聰敏，《台灣經濟四百年》，台北：春山出版，二〇二三。

吳聰敏，《經濟學原理》，台北：吳聰敏出版，二〇一八。

吳聰敏主編，吳聰敏、古慧雯、韓家寶（Pol Heyns）、林文凱、盧佳慧、魏凱立（Kelli B. Olds）著，《台灣史論叢．經濟篇：制度與經濟成長》，台北：國立台灣大學出版中心，二〇二〇。

宋義隆總編輯，《台灣省石門農田水利會成立四十週年紀念會誌》，桃園：台灣省石門農田水利會，二〇〇四。

杉山靖憲，《台灣歷代總督之治績》，東京／京城：帝國地方行政學會／朝鮮本部，一九二二。

李力庸，《米穀流通與台灣社會（一八九五－一九四五）》，台北：稻鄉，二〇〇九。

李文良，《中心與周緣：台北盆地東南緣淺山地區的社會與經濟變遷》，板橋：台北縣立文化中心，一九九九。

李佩蓁，《地方的視角：清末條約體制下台灣商人的對策》，台北：南天書局，二〇二〇。
李登輝著，張溫波譯，《台灣農工部門間之資本流通》，台北：台灣銀行經濟研究室，一九七二。
李進億，《水利秩序之形成與挑戰——以後村圳灌溉區為中心之考察（一七六三－一九四五）》，台北：國史館，二〇一五。
周鍾瑄，《諸羅縣志》，台北：台灣銀行經濟研究室，一九六二。
周璽，《彰化縣志》，台北：台灣銀行經濟研究室，一九六二。
国土交通省荒川下流工事事務所，《荒川七五年史》，東京：国土交通省，一九九〇。
国土交通省関東地方整備局利根川ダム統合管理事務所八ッ場ダム管理支所，《八ッ場ダム》，群馬：国土交通省関東地方整備局利根川ダム統合管理事務所，二〇二〇。
松浦茂樹，《水と闘う地域と人々——利根川・中条堤と明治四十三年大水害》，東京：さきたま出版会，二〇一四。
松浦茂樹，《利根川近現代史：附戦国末期から近世初期にかけての利根川東遷》，東京：古今書院，二〇一六。
松浦茂樹，《国土づくりの礎：川が語る日本の歴史》，東京：鹿島出版会，一九九七。
松浦茂樹，《明治の国土開発史：近代土木技術の礎》，東京：鹿島出版会，一九九二。
松浦茂樹，《近代治水計画思想の変遷についての覚え書：計画対象流量を中心として》，東京：松浦茂樹，一九八三。
松浦茂樹，《戦前の国土整備政策》，東京：日本経済評論社，二〇〇〇。
林正慧、曾品滄主編，《李景暘藏台灣古文書》，新店：國史館，二〇〇八。

林朝棨，《台灣地形》，南投：台灣省文獻委員會，一九五七。

林朝棨著，台灣銀行經濟研究室編輯，《台灣之河谷地形》，台灣研究叢刊第八十五種，台北：台灣銀行，一九六六。

林朝棨纂修，《台灣省通志稿．卷一：土地志．地理篇》第一冊（地形），台北：台灣省文獻委員會，一九五七。

林滿紅，《茶、糖、樟腦業與台灣之社會經濟變遷（一八六〇－一八九五）》，台北：聯經出版，二〇〇四。

武內貞義，《台湾（改訂版）》，台北：南天書局，一九二八／一九九六。

武藤亥三郎，《農業教科書》，東京：共益商社，一八九三。

涂照彥著，李明峻漢譯，于閨閑校訂，《日本帝國主義下的台灣》，台北：人間出版社，二〇〇三。

涂照彥，《日本帝国主義下の台湾》，東京：財團法人東京大學出版會，一九九一。

涂照彥，《涂照彦論稿集第二卷：台湾の経済》，東京：福村出版，二〇一〇。

姚瑩，《東槎紀略》，台北：台灣銀行經濟研究室，一九五七。

持地六三郎，《台灣殖民政策（全）》，東京：合資會社冨山房，一九一二。

施添福，《清代台灣的地域社會——竹塹地區的歷史地理研究》，新竹：新竹縣文化局，二〇〇一。

施添福總編纂，翁佳音編纂，黃雯娟撰述，《台灣地名辭書．卷一．宜蘭縣》，南投：台灣省文獻委員會，二〇〇〇。

施添福總編纂，陳國川編纂，林聖欽、王怡茹、程惠筠、洪偉豪、白偉權、王慈妤、陳碧雯、殷豪飛、林其民、廖婉彤、林雅雯、王又幼、李其鴻、莊惠如、張伯鋒、孫細、歐又華、李敏慧撰述，《台灣地名辭書．卷十六．台北縣．上冊》，南投：國史館台灣文獻館，二〇一三。

施添福總纂，王世慶編纂，陳國川撰，《台灣地名辭書．卷十八．新竹市》，南投：國史館台灣文獻館，二〇〇一。

施添福總纂，林聖欽、陳國川編纂，林聖欽、林芬郁、孫細、王又幼、許馨文、程惠筠、李其鴻、陳豫、洪偉豪、許心寶、劉于銓、莊惠如撰述，《台灣地名辭書．卷二一．台北市．上》，南投：國史館台灣文獻館，二〇一八。

施添福總纂，林聖欽、陳國川編纂，林聖欽、林芬郁、孫細、王又幼、許馨文、程惠筠、李其鴻、陳豫、洪偉豪、許心寶、劉于銓、莊惠如撰述，《台灣地名辭書．卷二一．台北市．下》，南投：國史館台灣文獻館，二〇一八。

施添福總纂，陳國川、翁國盈編纂，劉明怡、郭楚淋、李孟茵、王又幼、洪偉豪、白偉權撰述，《台灣地名辭書．卷十四．新竹縣》，南投：國史館台灣文獻館，二〇一〇。

施添福總纂，陳國川編纂，林聖欽、王怡茹、程惠筠、洪偉豪、白偉權、王慈妤、陳碧雯、殷豪飛、林其民、廖婉彤、林雅雯、王又幼、李其鴻、莊惠如、張伯鋒、孫細、歐又華、李敏慧撰述，《台灣地名辭書．卷十六．台北縣．下冊》，新北：國史館台灣文獻館編印，二〇一三。

施添福總纂，陳國川編纂，施崇武、劉湘櫻、唐菁萍、郭楚淋、劉女豪撰述，《台灣地名辭書．卷十五．桃園縣．下》，南投：國史館台灣文獻館，二〇〇九。

施添福總纂，陳國川編纂，施崇武、劉湘櫻、唐菁萍撰述，《台灣地名辭書．卷十五．桃園縣．上》，南投：國史館台灣文獻館，二〇〇九。

施雅軒，《區域、空間、社會脈絡——一個台灣歷史地理學的展演》，高雄：麗文文化，二〇一〇。

柯志明，《米糖相剋：日本殖民主義下台灣的發展與從屬》，台北：群學出版，二〇〇三。

泉風浪，《新聞人生活式十有五年》，台北：南瀛新報社，一九三六。
洪紹洋，《企業、產業與戰爭動員：現代台灣經濟體系的建立（一九一〇－一九五〇）》，新北：左岸文化第二編輯部，二〇二二。
郁永河，《裨海紀遊》，南投：台灣省文獻委員會，一九五〇。
郁永河，《裨海紀遊》，台北：台灣銀行經濟研究室，一九五九。
韋煙灶，《鄉土教學及教學資源調查》，台北：國立台灣師範大學地理學系，二〇二〇。
栗原東洋，《治山治水行政史研究の一試論》，東京：総理府資源調査会地域計画部会，一九五五。
桃園大園鄉鄉誌編纂委員會，《大園鄉志續篇》，桃園：桃園縣大園鄉公所，一九九三。
桃園文獻委員會編，《桃園縣志．卷首》，桃園：桃園文獻委員會，一九六二。
桃園文獻委員會編，《桃園縣志．卷四．經濟志水利篇》，桃園：桃園縣文獻委員會，一九六二。
桃園水利組合，《桃園水利組合事業概要》，桃園：桃園水利組合，一九三七。
桃園縣文獻委員會，《中華民國四十二年五月為政二年》，桃園：桃園縣政府，一九五三。
桃園廳，《桃園廳志》，桃園：桃園廳，一九〇六。
高崎哲郎，《水の匠．水の司—「紀州流」治水．利水の祖——井澤弥惣兵衛》，東京：鹿島出版会，二〇〇九。
高賢治，《大台北古契字三集》，台北：台北市文獻會，二〇〇五。
高賢治編著，《大台北古契字集》，台北：台北市文獻委員會，二〇〇二。
高橋裕，《現代日本土木史第二版》，東京：彰国社，二〇一九。
國立中央大學規劃，《桃園縣綜合發展計畫．一總體發展計畫》，桃園：桃園縣政府，一九九七。

堀見末子著，向山寛夫編，《堀見末子土木技師—台灣土木の功勞者—》，東京：堀見愛子，一九九〇。
張九英編，張福祿藏，《永泰淡水租業契總》，收入王世慶編，《台灣公私藏古文書影本》，第十輯第十二冊。台北：國立中央圖書館台灣分館裝訂，一九九二。
張本政主編，《《清實錄》台灣史資料專輯》，福州：福建人民出版社，一九九三。
張炎憲編，《台灣古文書集》，台北：南天書局，一九八八。
張素玢，《濁水溪三百年：歷史．社會．環境》，台北：遠足文化，二〇一四。
張清溪、許嘉棟、劉鶯釧、吳聰敏合著，《經濟學——理論與實際（三版下冊）》，台北：翰蘆圖書出版，一九九五。
張勤編纂，《重修台灣省通志．卷四經濟志水利篇》，南投：台灣省文獻委員會，一九九二。
梶原健嗣，《近現代日本の河川行政——政策．法令の展開：一八六八－二〇一九》，京都：法律文化社，二〇二一。
連鋒宗主編，《台灣百岳全集：玉山山塊．雪山山脈》，台北：上河文化，二〇〇七。
野呂智之、吉村明、宮下優、村中俊久、渡邊尚、村上治，《重要文化財砂防施設の保存活用（維持管理と利活用）に向けた取り組み》，東京：国土交通省／一般財団法人砂防フロンティア整備推進機構，二〇二〇。
陳川成執行編輯，《石門水庫營運四十年特刊》，桃園：經濟部水利署北區水資源局，二〇〇三。
陳文添，《八田與一傳》，南投：台灣省文獻委員會，一九九八。
陳正祥，《台灣地誌．下冊》，台北：南天書局，一九九七。
陳正祥，《台灣地誌．下冊》，台北：敷明產業地理研究所報告第九十四號，一九六一。

陳志豪，《清代北台灣的移墾與「邊區」社會（一七九〇－一八九五）》，台北：南天，二〇一九。
陳志豪，《機會之庄：十九、二十世紀之際新竹關西地區之歷史變遷》，竹北：新竹縣文化局，二〇一〇。
陳其澎主持，《桃園大圳及光復圳系統埤塘調查研究．上冊》，台北：行政院客家委員會，二〇〇三。
陳其澎主持，《桃園縣石門大圳系統（楊梅、富岡、湖口站灌區）埤塘調查計畫》，桃園：桃園縣政府文化局，二〇〇五。
陳秋坤，《台灣古契書（一七一七－一九〇六）》，台北：立虹出版社，一九九六。
陳培桂，《淡水廳志》，台中：台灣省文獻委員會，一九七七。
陳培桂纂輯，詹雅能點校，《淡水廳志》，台北：行政院文化建設委員會／遠流出版，二〇〇六。
陳培源編著，《台灣地質》，台北：台灣省應用地質技師公會，二〇〇六。
陳清貴，《桃園縣山坡地土壤調查報告》，南投：台灣省政府農林廳山地農牧局，一九八六。
陳朝龍，《新竹縣采訪冊》，台灣文獻叢刊第一四五種，台北：台灣銀行經濟研究室，一九六二。
陳朝龍、鄭鵬雲纂輯，《新竹縣采訪冊》，台灣史料集成清代台灣方志彙刊冊三十五，台北：國立台灣歷史博物館，二〇一一。
陳鴻圖，《人物、人群與近代台灣水利》，台北：稻鄉出版社，二〇一九。
陳鴻圖，《水利開發與清代嘉南平原的發展》，台北：南天書局，二〇一八。
陳鴻圖，《台灣水利史》，台北：五南圖書，二〇〇九。
富永正義，《河川》，東京：岩波書店，一九四二。
森恒次郎，《台灣水利法規集》，台北：台灣水利協會，一九三一。
森恒次郎編，《第九回全島水利事務協議會要錄》，台北：台灣總督府內務局內台灣水利協會，一九四一。

黃金春主修，林煒舒、陳錦昌、李曉菁撰稿，《台灣桃園農田水利會百年誌》，桃園：台灣桃園農田水利會，二〇一九。

黃厚源，《我家鄉桃園縣》，桃園：桃園縣楊梅鎮青年志工服務協會，二〇〇〇。

黃建維錡、黃湘耀，《桃園縣楊梅鎮平黃氏：其輝公派下族譜》，桃園：編者，一九八〇。

黃紹恆，《台灣經濟史中的台灣總督府：施政權限、經濟學與史料》，台北：遠流出版，二〇一〇。

黃紹恆，《砂糖之島：日治初期的台灣糖業史一八九五－一九一一》，新竹：國立交通大學出版社，二〇一九。

黃富三、林滿紅、翁佳音主編，《清末台灣海關歷年資料》，台北：中央研究院台灣史研究所籌備處，一九九七。

黃智偉，《辛亥台灣一九一一》，台北：漢珍數位，二〇一一。

黃奮飛編，《黃氏根源》，桃園：大新印刷，一九八二。

新田定雄，《台灣水利法令の研究》，台北：台灣水利法令研究會，一九三七。

新竹州，《桃園大圳》，新竹：新竹州，一九二四。

新竹州，《新竹州水利概況》，新竹：新竹州，一九二四。

新竹州，《新竹州第一統計書．大正十年》，新竹：新竹州，一九二三。

新竹州，《新竹州第二統計書．大正十一年》，新竹：新竹州，一九二四。

新竹州，《新竹州第三統計書．大正十二年》，新竹：新竹州，一九二五。

新竹州，《新竹州第四統計書．大正十三年》，新竹：新竹州，一九二六。

新竹州，《新竹州第五統計書．大正十四年》，新竹：新竹州，一九二七。

新竹州，《新竹州第六統計書．昭和一年》，新竹：新竹州，一九二八。
新竹州，《新竹州第七統計書．昭和二年》，新竹：新竹州，一九二九。
新竹州，《新竹州第八統計書．昭和三年》，新竹：新竹州，一九三〇。
新竹州，《新竹州第九統計書．昭和四年》，新竹：新竹州，一九三一。
新竹州，《新竹州第十統計書．昭和五年》，新竹：新竹州，一九三二。
新竹州，《新竹州第十一統計書．昭和六年》，新竹：新竹州，一九三三。
新竹州，《新竹州第十二統計書．昭和七年》，新竹：新竹州，一九三四。
新竹州，《新竹州第十三統計書．昭和八年》，新竹：新竹州，一九三五。
新竹州，《新竹州第十四統計書．昭和九年》，新竹：新竹州，一九三六。
新竹州，《新竹州第十五統計書．昭和十年》，新竹：新竹州，一九三七。
新竹州，《新竹州第十六統計書．昭和十一年》，新竹：新竹州，一九三八。
新竹州，《新竹州第十七統計書．昭和十二年》，新竹：新竹州，一九三九。
新竹州，《新竹州第十八統計書．昭和十三年》，新竹：新竹州，一九四一。
新竹州，《新竹州第二十統計書．昭和十五年》，新竹：新竹州，一九四二。
經濟部水利署水利規劃試驗所，《高台水庫可行性規劃（二）—替代石門水庫供水水源工程規劃專題報告》，台北：經濟部水利署水利規劃試驗所，二〇〇七。
經濟部水利署北區水資源局，《石門水庫供水區水資源活化計畫》，桃園：經濟部水利署北區水資源局，二〇一四。
經濟部水利署北區水資源局，《石門水庫阿姆坪防洪防淤工程可行性規劃：地質調查專題成果報告》，桃園：

經濟部水利署北區水資源局，二〇一一。
經濟部石門水庫設計委員會編，《石門水庫工程定案計畫報告》，桃園：編者自印，一九九五。
萩原乙彥，《書翰大全：漢語註解．下卷》，大坂：岡島真七，一八七四。
葉淑貞，《台灣日治時代的租佃制度》，台北：財團法人曹永和文教基金會／遠流出版，二〇一三。
葉淑貞，《台灣農家經濟史之重新詮釋（增訂版）》，台北：國立台灣大學出版中心，二〇二一。
詹素娟主編，《族群、歷史與地域社會：施添福教授榮退論文集》，台北：中央研究院台灣史研究所，二〇一一。
達飛聲著、蔡啟恆譯，《臺灣之過去與現在》，臺灣研究叢刊第一〇七種，台北：臺灣銀行經濟研究室，一九七二。
達飛聲原著，陳政三譯註，《福爾摩沙島的過去與現在（下冊）》，台南：國立台灣史博物館／台北：南天書局，二〇一四。
福井県私立教育会丹生郡支会編，《農業書》，福井県：福井県私立教育会丹生郡支会，一八九六。
福岡県ため池管理保全支援センター，《ため池の基礎知識》，福岡：福岡県ため池管理保全支援センター，二〇二一。
劉澤民，《台灣總督府檔案平埔族關係文獻選輯續編（下冊）》，南投：國史館台灣文獻館，二〇〇六。
劉澤民主編，《契文解字：解碼台灣古文書》，台北：玉山社，二〇二〇。
蔡石山編著，《滄桑十年：簡吉與台灣農民運動一九二四－一九三四》，台北：遠流出版，二〇一二。
蔣毓英，《台灣府志》，台灣歷史文獻叢刊，台北：台灣省文獻委員會，一九九三。
鄭用錫著，林文龍點校，《台灣歷史文獻叢刊．淡水廳志稿》，南投：台灣省文獻委員會，一九九八。

橫田英夫，《現下農民運動》，東京：同人社書店，一九二一。

謝信良、王時鼎、鄭明典、葉天降，《台灣地區颱風預報輔助系統建立之研究：侵台颱風路徑強度風力預報之研究》，台北：中央氣象局氣象科技研究中心，一九九六。

謝信良主持，《百年侵台颱風路徑圖集及其應用：台灣地區颱風預報輔助系統建立之研究（第二階段之三）》，台北：中央氣象局氣象科技研究中心，一九九八。

顧雅文，《尋溯：與曾文溪的百年對話》，台北：經濟部水利署水利規劃試驗所、文化部國立台灣歷史博物館，二〇二二。

顧雅文，《測繪河流：近代化下台灣河川調查與治理圖籍》，台中：經濟部水利署水利規劃試驗所，二〇一七。

顧雅文主編，《石門水庫歷史檔案中的人與事》，桃園：經濟部水利署北區水資源局，二〇二三。

Chandler Jr., Alfred D., *The Visible Hand: The Managerial Revolution in American Business*, Cambridge: Harvard University Press, 1997.

Clark, David, and Wm. Joe Simonds, ed., *Uncompahgre Project*, Colorado: Bureau of Reclamation, 1994.

Collins, Susan M., Maurice L. Albertson, R. Thomas Euler, Lewis K. Hyer, and John Earl Ingmanson, *Survey of Cultural Resources in the Lower Gunnison Basin Unit, Colorado River Water Quality Improvement Program*, Salt Lake City: Water and Power Resources Service, 1981.

David P. Billington, Donald C. Jackson and Martin V. Melosi, *The History of Large Federal Dams: Planning, Design, and Construction in the Era of Big Dams*, Denver: U.S. Department of the Interior Bureau of Reclamation, 2005.

Davidson, James W., *The island of Formosa, past and present. History, people, resources, and commercial prospects.*

Tea, camphor, sugar, gold, coal, sulphur, economical plants, and other productions, London and New York : Macmillan, 1903.

Dudley, Shelly C., and While Frederick Jackson, *The First Five: A Brief Overview of the First Reclamation Projects Authorized by the Secretary of the Interior on March 14, 1903, The Bureau of Reclamation: History Essays from the Centennial Symposium Volumes I and II*, Denver: Bureau of Reclamation U.S. Department of the Interior, 2008.

Keynes, John M.,(1936). The General Theory of Employment, Interest and Money.

Nagao, H.,(1909). Irrigation Works and Harbour Improvements of Takao in Formosa. Taihoku: Formosa Govern. Public Works Dep't.

Payan, Hitay（黑帶・巴彥），《泰雅文化新編》，竹北：新竹縣政府文化局，二〇〇三。

Pedro, José O., *Arch Dams: Designing And Monitoring For Safety*, New York: Springer-Verlag Wien GmbH, 1999.

Redmond, Zachary, *Wayne Aspinall Unit: Colorado River Storage Project*, Colorado: Bureau of Reclamation, 2000.

Schnitter, Nicholas J., *A History of Dams: The Useful Pyramids*, Rotterdam: A. A. Balkema, 1994.

Schodek, Daniel L., *Landmarks in American Civil Engineering*, Cambridge: MIT press, 1987.

Scott, Gregg A., Larry K. Nuss, and John LaBoon, *Concrete Dam Evolution: The Bureau of Reclamation's Contributions to 2002, The Bureau of Reclamation: History Essays from the Centennial Symposium Volumes I and II*. Denver: Bureau of Reclamation U.S. Department of the Interior,2008.

Smith, Adam, *The Wealth of Nations*, Blacksburg: Wilder Publications, 2008.

U. S. Reclamation Service, "Project History: Uncompahgre Valley Project 1901-1912". Washington D.C.: U. S.

Reclamation Service, 1994.

三、期刊與論文

（一）期刊、研討會論文

八田與一，〈二期作田を目的とせる新竹州下の大水利事業〉，《專賣通信》，一七四（一九二九），頁三八—三九。

八田與一，〈台灣土木事業の今昔〉，《台灣の水利》，一〇：五（一九四〇），頁五七六—五八二。

八田與一，〈貯水池と發電及び河川流量〉，《台北ロータリー月報》，六一（一九三七），頁四—五。

八田與一，〈講演土木の常識〉，《台灣技術協會誌》，二：三（一九三八），頁一七〇—二一〇。

八田與一，〈覺哲悟：嘉南大圳竣功之言〉，《台灣技術協會誌》，三：五（一九四〇），頁四六五—四六九。

十川嘉太郎，〈台北の洪水問題〉，《台灣の水利》，六：六（一九三六），頁五〇—六二。

十川嘉太郎，〈顧台（二）〉，《台灣の水利》，五：五（一九三五），頁六八—六九。

久保田豐，〈朝鮮水電の赴戦江水力発電工事に就て〉，《工事畫報》，三：六（東京，一九二七），頁四—九。

土田茂，〈佐久間ダム〉，《コンクリート工学》，四十：一（二〇〇二），頁一五一—一五四。

土屋信行，〈東京東部低地（ゼロメートル地帯）における水災害の歴史とその特性に関する研究（I）〉，《水利科学》，五十五：六（二〇一二），頁六三—七七。

大村卓一，〈小樽埋立水射式土工に就て〉《土木學會誌》，二：六（東京，一九一六），頁一七三三—一七三九。

大谷真樹，〈日本統治期の朝鮮におけるダム事業の展開〉，《人文地理学会大会　研究発表要旨》，（東京，二〇一九），頁一二八—一二九。
大塩武，〈赴戦江の開発計画をめぐる森田一雄と日本窒素肥料の野口遵〉，《経済研究》，一六二（東京，二〇二一），頁七一—九三。
大橋準一郎，〈台北州下の治山治水竝砂防施設〉，《台灣の山林》，一〇五（一九三五），頁九二—一〇一。
山内喜之助，〈治水工事に就て（三）〉，《台灣の水利》二：四（一九三二），頁一—十三。
山本三郎、松浦茂樹，〈旧河川法の成立と河川行政（二）〉，《水利科学》，二三二（一九九六），頁五一—七八。
山本勇造，〈日本の植民地投資：朝鮮・台湾に関する統計的観察（資本輸出の諸問題）〉，《社会経済史学》，三十八：五（一九七三），頁五六〇—五七七。
山田拍採，〈台湾の農業〉《地学雑誌》，四十二：九（東京，一九三〇），頁五二六—五三一。
不著撰人，〈土木学会略史〉，《土木學會誌》，二十五：十二（一九三九），頁十一—十二。
不著撰人，〈水利事業の進程〉，《台灣時報》，一〇（一九一〇），頁七七—七八。
不著撰人，〈台灣の大灌漑工事〉，《地学雑誌》，二十八：十二（一九一六），頁八六六。
不著撰人，〈台灣暴風雨觀測〉，《台灣時報》，二十六（一九一一），頁二九—三六。
不著撰人，〈台灣樟腦事業の過去及將來（上）〉，《新台灣》，（一九一八），頁五—九。
不著撰人，〈放棄樟木の利用〉，《實業之台灣》，七十五（一九一七），頁十一—十二。
不著撰人，〈森林制度確立の必要〉，《新台灣》，大正六年十月號（一九一七），頁七—一〇。
不著撰人，〈新渡戸稲造氏の糖業改良意見書（一）〉，《糖業》，二十五：四（一九三七），頁十—

十五。

不著撰人，〈暴殄さる、台灣の樟樹〉，《新台灣》，八十九（一九一五），頁十一—十四。

不著撰人，〈暴風雨被害〉，《台灣時報》，二十六（一九一一），頁二九—三六。

中川貫三，〈表彰と慰靈祭：桃園水利組合の新らしい推〉，《新竹州時報》，七（一九三七），頁一〇八—一〇九。

井上禧之助，〈世界各國地質調查事業（承前）〉，《地質学雜誌》，十五：一七三（一九〇八），頁六一—七六。

井奈良彥，〈井沢弥惣兵衛為永の業績〉，《農業土木学会誌》，四十七：四（一九七九），頁二八三—二八六。

今村清光，〈和田一範著『信玄堤』〉，《水利科学》，四十七：三（二〇〇三），頁一〇五—一〇六。

太田猛彥，〈「治山事業百年」記念特集を掲載するにあたって〉，《水利科學》，五十五：五（二〇一一），頁一—二。

手島渚，〈アースダムの設計の進歩〉，《応用地質》，一：二（東京，一九六〇），頁二十三—二十四。

王學新，〈日治前期桃園地區之製腦業與蕃地拓殖（一八九五-一九二〇）〉，《台灣文獻》，六十三：一（南投，二〇一二），頁五七—一〇〇。

出村嘉史，〈木曽川上流支派川改修と土地改良—近代水系基盤形成のための連携構築プロセス—〉，《土木学会論文集D二（土木史）》，七十三：一（二〇一七），頁五四—六二。

市川雄一，〈台湾桃園臺地の礫層に就て〉，《地学雜誌》，四十一：七（東京，一九二九），頁三九六—四〇三。

平井廣一，〈日本植民地財政の展開と構造：一つの概観〉，《社会経済史学》，四十七：六（東京，一九八二），頁七五五—七五六。
石黑英彥，〈發刊の辭〉，《台灣の水利》，一：一（一九三一），頁一—五。
安田武臣，〈わが国の水防制度のしくみと現況〉，《水利科学》，十二：五（一九六八），頁六七—七八。
竹林征三、望月正，〈河川における土木遺産の評価と伝承法に関する研究—富士川二十二選の選定について—〉，《土木史研究》，十五（一九九五），頁二三九—二四六。
西山孝樹、知野泰明，〈紀の川上・中流域における近世中期以前の灌漑水利の変遷に関する研究〉，《土木学会論文集D二（土木史）》，六十八：一（東京，二〇一二），頁十一—二一。
伊凡諾幹，〈樟腦戰爭與'tayal（msbtunux）/（bng'ciq）初探—殖民主義、近代化與民族的動態—〉《台灣開發史論文集》，台北：國史館，一九九七，頁五—五五。
佐藤俊朗，〈利根川の治水史について（II）—営農および耕地形態の変化・相違と農業水利の研究—〉，《水利科学》，五：五（一九六一），頁一一四—一三三。
佐藤洋平、広田純一，〈わが国耕地整理法の成立とドイツ耕地整理法制の影響〉，《農業土木学会誌》，六十七：八（一九九九），頁八一七—八二〇。
佐藤時彥，〈鴨緑江水豊堰堤工事概要〉，《土木学会誌》，三十：一（一九四四），頁十二—五十一。
佐藤道生，〈佐久間ダム〉，《コンクリート工学》，四十六：九（二〇〇八），頁八八—九〇。
児島正展、谷内功、勝俣孝、石井智子，〈見沼代用水の開発と展開による地域的意義と現代的評価〉，《農業土木学会誌》，六十五：十二（一九九七），頁一一六五—一一七〇。

李英正，〈桃園大圳四—二〉，《農田水利》，三十三：八（一九九六），頁四十二。

周明德，〈論台北盆地之大水災〉，《氣象學報》，一〇：四（一九六四），頁八—一八。

松本徳久，〈我が国フィルダムの設計・施工の変遷〉，《土木学会論文集F》，六十五：四（東京，二〇〇九），頁三九四—四一三。

松浦茂樹，〈コンクリートダムにみる戦前のダム施工技術〉，《土木史研究》，十八（東京，一九九八），頁五六九—五七八。

松浦茂樹，〈明治前期の常願寺川改修とデ・レーケ〉，《水利科学》，四十二：二（東京，一九九田），頁四二—七四。

松浦茂樹，〈河川工法「関東流」「紀州流」の成立とその評価〉，《水利科学》，六十三：二（東京，二〇一九），頁一—二四。

松浦茂樹，〈近世中期のいわゆる「紀州流」河川工法と利根川「宝暦治水調査」についての考察〉，《水利科学》，二十九：四（東京，一九八五），頁八三—一〇七。

林煒舒，〈桃園臺地上的溪河小知識：桃園河川地圖〉，《文化桃園季刊》，二〇（二〇二〇），頁一二—一三。

物部長穂，〈貯水用重力堰堤の特性並びに其の合理的設計方法〉，《土木學會誌》，十一：五（一九二五），頁九九五—一一五七。

知野泰明、大熊孝、石崎正和，〈近世文書に見る河川堤防の変遷に関する研究〉，《日本土木史研究発表会論文集》，九（一九八九），頁一二三—一三〇。

芝田，〈隧道補修工事の話—桃園埤圳隧道補修—〉，《台灣の水利》，五：四（一九三五），頁三八—

四六。
花井重次，〈台灣桃園臺地の活斷層〉，《地理学評論》，六：七（一九三〇），頁七七八—七八九。
近藤二郎，〈日本農民組合の成立と枚方の小作争議〉，《農林業問題研究》，三：二（一九六七），頁九〇—九三。
洪銘聰，〈日本時期最大災害：論一九一一年九月台北風災與救濟〉，《台北文獻》，一九八（二〇一六），頁一一一—一六四。
洪麗完，〈從清代「社」之多重性質看平埔社群關係發展：以台灣中部為例〉，《台灣史研究》，十二：一（二〇〇五），頁一—四一。
浅田増美、一ノ瀬友博，〈兵庫県淡路島のため池の分布特性とその管理に関する研究〉，《農村計画学会誌》，二〇：二〇（二〇〇一），頁七九—八四。
韋煙灶，〈桃園客、閩族群分布之區域結構〉，收錄於《天光雲影：桃園地方社會學術研討會》，中壢：國立中央大學，二〇一六，頁一—二七。
張令紀，〈合衆国ニ於ケル灌漑事業〉，《土木學會誌》，九：三（一九二三），頁四八一—五七四。
張振宙，〈葉量與林木生長之關係初步報告〉，《台灣省林業試驗所報告》，二十三（一九五〇），頁一—十七。
張素玢，〈日治時代的農民運動〉，《台灣學通訊》，六十二（二〇一二），頁八—九。
張漢裕，〈日據時代台灣米穀農業的技術開發〉，《台灣銀行季刊》，九二（一九五七），頁三九—八四。
野本京子，〈一九二〇—三〇年代の「農村問題」をめぐる動向の一考察：古瀬伝蔵の行動の軌跡〉，《史学雑誌》，九十四：六（一九八五），頁一〇五三—一〇七六。

陳國棟，〈「軍工匠首」與清領時期台灣的伐木問題一六八三—一八七五〉，《人文及社會學集刊》，七：一（一九九五），頁一二三—一五八。
陳國棟，〈台灣的非拓墾性伐林（約一六〇〇-一九七六）〉，收錄於劉翠溶、伊懋可主編，《積漸所致：中國環境史論文集》，台北：中央研究院經濟研究所，一九九五，頁一〇一七—一〇六一。
陳鴻圖，〈從陂塘到大圳——桃園臺地的水利變遷〉，《東華人文學報》，五（二〇〇三），頁一八三—二〇八。
黃俊銘、簡佑丞，〈日領初期の台湾河川治水事業と土木技師十川嘉太郎の貢献について〉，《土木史研究講演集》，二十八（二〇〇八），頁一二九—一三六。
傅寶玉，〈水利空間與地域建構：社子溪流域的水圳、祭典與儀式社群〉，《民俗曲藝》，一七四（二〇一一），頁三五九—四一六。
奥谷浩一，〈環境倫理学から見た熊沢蕃山の思想〉，《札幌学院大学人文学会紀要》，九十七（二〇一五），頁一〇五—一四三。
湯川清光，〈世界最古のダム「カファラ」〉，《農業土木学会誌》，五十八：十一（一九九〇），頁一一四六—一一五〇。
程俊源、韋煙灶，〈水—分殊、界分江河：漢語東南方言水系通名使用之歷史層次與空間意涵〉，《全球客家研究》，十四（二〇二〇），頁一—三六。
越沢明，〈台北の都市計画、一八九五-一九四五年——日本統治期台湾の都市計画〉，《日本土木史研究発表会論文集》，七（一九八七），頁一二一—一三二。
馮豐隆、李宣德，〈台灣之樟樹資源現狀與展望〉，《生物科學》，五十一：二（二〇〇九），頁三七—五一。

黃朝恩，〈台灣島諸流域營力特徵及其相關性的地形學研究〉，《私立中國文化大學地學研究所研究報告》，四（一九八四），頁七八—七九。
黃雯娟，〈【水資源史專題】清代台北盆地水利事業〉，《台灣文獻季刊》，四十九：三（一九九八），頁一四七—一七〇。
黃衡五，〈台灣軍工道廠與府廠（上）〉，《台南文化》，五：一（一九五六），頁十—十八。
黑谷了太郎，〈國土計畫概要（一）〉，《台灣地方行政》，九：一（一九四三），頁二四—六二。
楊貴三、葉志杰，〈古新店溪之舊河道新證—兼論台北盆地洪患現象之地形特性〉，《台北文獻》，二〇五（二〇一八），頁八五—一三八。
葉淑貞，〈日治時代台灣經濟的發展〉，《台灣銀行季刊》，六十三：二（二〇〇九），頁二二四—二七三。
廖學鎰，〈台灣之氣象災害〉，《氣象學報季刊》，六：一（一九六〇），頁一—二十九。
徳仁親王（令和天皇），〈江戸と水〉，《地学雑誌》，一二三：四（二〇一四），頁三八九—四〇〇。
榕城生，〈淡水河治水論（一）〉《台衛新報》，五十二（一九三三），頁六。
榕城生，〈淡水河治水論（二）〉，《台衛新報》，五十二（一九三三），頁四。
稲崎富士、太田陽子、丸山茂徳，〈四〇〇年を越えて続いた日本史上最大最長の土木事業—関東平野における河川改修事業を規制したテクトニックな制約—〉，《地学雑誌》，一二三：四（二〇一四），頁四〇一—四三三。
徳光宣之〈朝鮮に於ける河岸林の治水及利水事例〉，《日本林學會誌》，十九：十二（一九三七），頁七二〇—七四三。

蔡蕙頻，〈泉風浪與一九二〇年代台灣農民運動：以泉風浪著作為中心〉，《台灣文獻》，六十一：三（二〇一〇），頁四九三－五二〇。

蔡龍保，〈日治時期台灣總督府之技術官僚——以土木技師為例〉，《興大歷史學報》，十九（二〇〇七），頁三〇九－三九〇。

鄧屬予、劉聰桂、陳于高、劉平妹、李錫堤、劉桓吉、彭志雄，〈大漢溪襲奪對台北盆地的影響〉，《師大地理研究報告》，四十一（二〇〇四），頁六一－七八。

鄭子政，〈台北盆地的氣候〉，《氣象學報》，十四：三（一九六八），頁一－十三。

澤田善次郎，〈生産管理の歴史的考察〉，《生産管理》，三：一（一九九六），頁五九－六五。

濱田隼雄，〈技師八田氏についての覺書〉，《文藝台灣》，四：六（一九四二），頁七－二九。

謝由農，〈台灣龍神水庫簡介〉，《台灣水利》，二（一九五三），頁五七－六〇。

瀨戶角馬，〈世界記錄：東洋第一赴戰江大堰堤工事概要〉，《工事畫報》，七：二（東京，一九三一），頁三二－四一。

黥面仙，〈治水の根本問題は蕃人にあり〉，《新台灣》，大正六年新年號（一九一七），頁九－十。

顧雅文、簡佑丞，〈大壩烏托邦：日治時期「石門水庫」的規劃與設計〉，《台灣史研究》，二十八：一（二〇二一），頁八七－一二八。

Kirjassoff, Alice Ballantine, "Formosa the Beautiful", *The National Geographic Magazine*, vol. XXXVII(1920).

Ku, Ya-wen, "Taming the Blind Snake: Flooding Disasters and River Regulation of the Zengwen River in Colonial Taiwan". In Andrea Janku, David Pietz and Ts'ui-jung Liu ed., *Landscape Changes and Resources Utilization in East Asia*. London: Routledge, 2018.

Toshiyuki, Mizoguchi., and Yamamoto Yūzō, "Capital Formation in Taiwan and Korea", in Ramon H. Myers & Mark R. Peattie, eds., *The Japanese Colonial Empire, 1895–1945*. NJ: Princeton University Press,1984, pp.399-419.

Weaver, Patrick, and Henry L Gantt, "1861 – 1919: Debunking the myths, a retrospective view of his work", *PM World Journal*, Vol. I, Issue V(2012:12), pp 1-19.

（二）學位論文

田金昌，〈台灣三官大帝信仰——以桃園地區為中心（一六八三－一九四五）〉，中壢：國立中央大學歷史研究所碩士論文，二〇〇五。

李彥霖，〈陂塘到大圳——桃園臺地水利變遷（一六八三－一九四五）〉，台北：東吳大學歷史學系碩士班碩士論文，二〇〇四。

李進億，〈水利秩序之形成與挑戰——以後村圳灌溉區為中心之考察（一七六三－一九四五）〉，台北：國立台灣師範大學歷史學系博士論文，二〇一三。

林柏璋，〈台灣水利法水權角色界定及其應用之研究〉，台北：國立台灣大學生物環境系統工程學研究所博士論文，二〇〇二。

林振暘，〈地理資訊系統在斷層帶土地利用分析之應用——以新店斷層帶為例〉，台北：國立政治大學地政研究所碩士論文，二〇〇三。

林麗櫻，〈桃園工業發展與桃園社會變遷：一九六六－一九九六〉，中壢：國立中央大學歷史研究所碩士論文，二〇〇七。

范德星，〈日治時期桃園大圳建設——以澤井組為中心〉，台北：淡江大學日本研究所碩士在職專班碩士論文，二〇〇七。
高敏雄，〈滄海桑田——石門水庫的興建與聚落變遷〉，彰化：國立彰化師範大學歷史學研究所碩士論文，二〇一〇。
陳鴻圖，〈嘉南大圳研究（一九〇一－一九九三）——水利、組織與環境的互動歷程〉，台北：國立政治大學歷史學系博士論文，二〇〇一。
程麗文，〈台灣戰後水利興建與工業——以石門水庫為例（一九四五－一九八〇）〉，中壢：國立中央大學歷史研究所碩士論文，二〇一七。
黃淑潔，〈戰後大園鄉土地利用的變遷〉，台北：國立台灣師範大學地理學系第五屆教學碩士論文，二〇〇七。

四、報紙新聞

《大阪朝日新聞》。
《中央日報》。
《府報》。
《京城日報》。
《東京朝日新聞》。
《高岡日報》。
《富山日報》。
《福岡日日新聞》。

《漢文台灣日日新報》。
《台南新報》。
《台灣日日新報》。
《台灣民報》。
《台灣新報》。
《台灣總督府報》。

五、網路資料庫與網頁資源

一般財団法人日本ダム協会，《ダム博物館》，網址：http://damnet.or.jp/。
中央研究院人社中心ＧＩＳ專題中心，《台灣百年歷史地圖》，網址 : http://gissrv4.sinica.edu.tw/gis/twhgis/。
中央研究院台灣史研究所，《台灣總督府職員錄系統》，網址：https://who.ith.sinica.edu.tw/。
中央氣象局，《中央氣象局》，網址：https://www.cwb.gov.tw/V8/C/。
中研院台史所檔案館數位典藏，《日治時期寫真帖》，網址：https://tais.ith.sinica.edu.tw/。
中國哲學書電子化計畫，《中國哲學書電子化計畫》，網址：https://ctext.org/zh。
公益社団法人日本河川協会，《調查研究》，網址：https://www.japanriver.or.jp/。
日本ダム協会，《ダム便覧》，網址：http://damnet.or.jp/。
日本国土地理院，《地理院地図 Vector》，網址：https://maps.gsi.go.jp/vector/。
日本国文部科學省「国立研究開発法人科学技術振興機構（ＪＳＴ）」，《J-STAGE》，網址：https://www.jstage.jst.go.jp。

日本国国土交通省，《日本の川》，網址：https://www.mlit.go.jp/river/。

日本国国土交通省関東地方整備局，《河川》，網址：https://www.ktr.mlit.go.jp/river/。

日本国財務省財務総合政策研究所，《財政史》，網址：https://www.mof.go.jp/pri/publication/policy_history/index.htm#03。

日本国総務省行政管理局，《e-Gov ポータル》，網址：https://elaws.e-gov.go.jp/。

国立国会図書館，《日本法令索引》，網址：https://hourei.ndl.go.jp/#/result

行政院主計總處統計專區，《中華民國台灣地區國民所得統計摘要》，網址：https://www.stat.gov.tw/。

神戸大学経済経営研究所，《新聞記事文庫》，網址：http://www.lib.kobe-u.ac.jp/sinbun/index.html。

財團法人原住民族語言研究發展基金會，《原住民族族語樂園》，網址：https://web.klokah.tw/multiSearch/。

國立台灣大學，《台灣歷史數位圖書館》，網址：http://thdl.ntu.edu.tw/index.html。

國立台灣圖書館，《寫真資料庫》，網址：http://stfj.ntl.edu.tw/。

國家圖書館，《國家圖書館台灣記憶系統》，網址：https://tm.ncl.edu.tw/。

台灣法實證研究資料庫建置計畫 TaDELS，《台灣日治時期統治資料庫》，網址：http://tcsd.lib.ntu.edu.tw/。

Biodiversity Heritage Library, Biodiversity Heritage Library，網址：https://www.biodiversitylibrary.org/。

Cambridge University,"Cambridge Dictionary"，網址：https://dictionary.cambridge.org/。